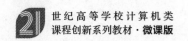
21世纪高等学校计算机类
课程创新系列教材·微课版

U0168233

操作系统

第2版

谌卫军 / 编著

清华大学出版社

北京

内 容 简 介

本书是清华大学本科生选修课"操作系统"的教材，主要介绍操作系统的基本概念和基本原理，包括进程管理、死锁、存储管理、I/O设备管理和文件系统等，内容涵盖了现代操作系统所应具有的各个功能模块。

"操作系统"是一门比较难的专业课程，内容较为单调枯燥、晦涩难懂，学生不易掌握。本书作者具有丰富的教学经验，对教学规律、课程内容和学生特点有深入的理解。因此，在写作本书时，能够生动活泼、通俗易懂地讲述复杂的原理概念，这一点已经在教学实践中得到了充分的验证。另外，为了配合课程的内容，在每一章的末尾，附有大量的习题，以便读者及时地复习相关的内容。

本书适合作为高等院校计算机、软件、自动化和电子等专业本科生的操作系统课程教材，也适合正在学习操作系统的广大科技人员、软件工程师和青少年学生参考，尤其对于即将参加研究生入学考试的学生来说，本书是一本不可多得的参考书。

图书在版编目(CIP)数据

操作系统/谌卫军编著. —2版. —北京：清华大学出版社，2022.9
21世纪高等学校计算机类课程创新系列教材：微课版
ISBN 978-7-302-59712-4

Ⅰ．①操⋯　Ⅱ．①谌⋯　Ⅲ．①操作系统－高等学校－教材　Ⅳ．①TP316

中国版本图书馆 CIP 数据核字(2021)第 258772 号

责任编辑：黄　芝　薛　阳
封面设计：刘　键
责任校对：郝美丽
责任印制：曹婉颖

出版发行：清华大学出版社
　　　　网　　　址：http://www.tup.com.cn，http://www.wqbook.com
　　　　地　　　址：北京清华大学学研大厦 A 座　　　邮　　编：100084
　　　　社 总 机：010-83470000　　　　　　　　　邮　　购：010-62786544
　　　　投稿与读者服务：010-62776969，c-service@tup.tsinghua.edu.cn
　　　　质量反馈：010-62772015，zhiliang@tup.tsinghua.edu.cn
　　　　课件下载：http://www.tup.com.cn，010-83470236
印　装　者：北京嘉实印刷有限公司
经　　销：全国新华书店
开　　本：185mm×260mm　　印　张：17.25　　　　字　　数：420 千字
版　　次：2012 年 5 月第 1 版　　2022 年 9 月第 2 版　　印　　次：2022 年 9 月第 1 次印刷
印　　数：1～1500
定　　价：59.80 元

产品编号：094689-01

前　言

操作系统是计算机系统中必不可少的系统软件。一方面,它能有效地管理计算机的各个功能部件,使之正常运转;另一方面,它给用户提供了一个方便灵活、安全可靠的工作环境。对于普通的计算机用户,操作系统是一个操作环境,是执行各种应用程序的一个平台,用户可以在它上面编辑文档、上网聊天、播放视频等。而对于程序员,操作系统则是一组抽象的应用程序编程接口,程序员可以利用这些接口函数来编写丰富多彩的应用程序。因此,了解操作系统的基本原理,能够帮助人们更好地使用计算机,更好地编写应用程序。

"操作系统"是计算机专业的一门核心课程,包含许多重要的专业基础知识。然而,由于它的内容较为单调枯燥、晦涩难懂,使得不少学生对它望而生畏、敬而远之。如何来解决这个问题呢? 我们认为,关键还是在于教师的正确引导,在于有一本好的教材,能够以生动活泼、通俗易懂的方式来阐述复杂的原理概念,把晦涩难懂的知识点真正讲清楚、讲明白。事实上,难懂只是一个结果,其原因还是没有讲清楚。本书的作者具有丰富的教学经验,曾经荣获霍英东教育基金会高等院校青年教师奖、北京市高校青年教师教学基本功比赛一等奖、宝钢优秀教师奖、清华大学青年教师教学优秀奖、清华大学清韵烛光第一届"我最喜爱的教师"评选活动"十佳教师"等奖项和荣誉,对教学规律、课程内容和学生的特点有深入的理解,这对于教材的编写毫无疑问是大有裨益的。

本书遵循操作系统课程的教学大纲要求,内容共分为 6 章。第 1 章是操作系统概述,主要介绍操作系统的基本概念、发展历史和运行环境;第 2 章是进程管理,主要介绍进程和线程的基本概念、进程间通信、经典的进程间通信问题以及进程调度;第 3 章是死锁,主要介绍死锁的基本概念、死锁的检测和解除、死锁的避免及预防;第 4 章是存储管理,主要介绍单道程序存储管理、分区存储管理、页式和段式存储管理以及虚拟存储技术;第 5 章是 I/O 设备管理,主要介绍 I/O 硬件、I/O 控制方式、I/O 软件以及外部存储设备;第 6 章是文件系统,主要介绍文件的基本概念、目录的基本概念以及文件系统的实现。另外,为了配合课程的内容,在每一章的末尾都附有大量的习题,以便读者及时地复习相关内容。本书还提供教学课件和教学大纲等资源,读者可从清华大学出版社官网下载。作者为书中部分内容录制了教学视频,请读者先扫描封底刮刮卡内二维码,再扫描书中章节对应二维码,即可观看视频。

本书是清华大学本科生课程"操作系统"的教材,该课程已经实施了十多年的时间。在教学实践过程中,我们根据各方面的反馈情况,不断地进行更新和完善,目前已进入了较为成熟和稳定的阶段。同时,这门课程也得到了学生的认可,取得了较好的成绩。在历届的教学评估中,曾多次进入了全校的前 5%。

2012 年本书的第 1 版问世,受到了广大读者的欢迎,目前已重印了 10 次。为了感谢读者的厚爱,今年我们对本书进行了更新,删除了陈旧过时的内容,增加了新近的进展,并对每一章的内容几乎都进行了重写,融入了我们对操作系统的最新理解。

在本书的写作过程中,得到了许多人的关心和帮助,在此一并表示感谢。

最后,我要特别感谢我的父母和家人,谢谢他们的关心、理解和支持。尤其是我的两个女儿谌玥颖和谌玥然,她们总是能给我带来开心和快乐。

谌卫军

2022 年 7 月于清华园

目 录

V

第1章 操作系统概述

1.1 计算机与应用程序

1.1.1 功能强大的计算机

第三次工业革命是人类文明史上继蒸汽技术革命和电力技术革命之后科技领域里的又一次重大飞跃,其最著名的标志就是计算机(Computer)的发明和应用。计算机的发展历史可以追溯到中国古代的算盘。算盘是一种辅助计算工具,人们在进行算术运算时,无需复杂的心算,只要使用一些固定的口诀来拨弄几下算珠,就可以把答案算出来。1642 年,法国物理学家帕斯卡利用机械齿轮原理,发明了第一部能计算加减法的计算机。1671 年,德国数学家莱布尼茨发明了一种能做四则运算的手摇式计算机,这些工作都是早期的机械式计算机的代表。20 世纪初,随着电子管的出现,计算机有了新的发展。1946 年,由于第二次世界大战的军事需要,美国宾夕法尼亚大学和有关单位研制成功了第一台真正意义上的电子计算机——电子数字积分仪与计算机(Electronic Numerical Integrator And Computer,ENIAC)。几十年过去了,计算机取得了迅猛的发展,其使用的元件也经历了四代的变化:第一代的电子管、第二代的晶体管、第三代的集成电路和第四代的大规模集成电路。如今,电子计算机的功能已不仅仅是计算,它已完全渗入了人类的活动领域,成为人们工作和生活必不可少的工具。在我们的周围,有着各种各样的计算机,如笔记本电脑、台式计算机、手机、平板电脑等。当然,PlayStation 游戏机也可以看成是一台计算机,只是它的输入/输出设备稍微有点另类。

现代计算机的功能非常强大,能够为人类做许许多多的事情。例如,在中国古代,在一些书香门第或官宦家庭,为了培养一个人的人文素养,通常都要求他掌握四项基本的技能,即琴棋书画。对于这四项技能,如果能做到样样精通,那么就是一个高雅的人,是一名文人雅士。当然,对于现代人来说,在"分数压倒一切"的背景下,不要说精通这四项技能,只要会其中的一项就很不容易了。但是计算机就能够做到样样精通。首先是弹琴,这对于计算机来说是小菜一碟,计算机合成的音乐很早以前就有了。其次是下棋,这更是计算机的强项,计算机不仅能够下棋,而且下得非常好。2016 年 3 月,由谷歌公司开发的 AlphaGo 程序,就战胜了当时的围棋世界冠军李世石。李世石是韩国职业围棋手,在围棋领域属于世界顶尖水平,曾经获得过十多个世界围棋个人赛冠军,但是在和 AlphaGo 的对决中,却以 1∶4 的比分落败。第三种技能是书法,这对于计算机来说是再简单不过的了,什么样的字体它都能打印出来,如宋体、楷体、隶书等。第四种技能是画画,这也不是什么难事,在计算机的控制下,能够在布匹上刺绣,甚至还能编织任意图案的毛线衣!

除了琴棋书画,计算机还能做到听说读写。所谓听,指的是语音识别技术,也就是说,人对着计算机说话,然后计算机就会把这些语音信号转换成相应的文字。例如,你需要把一篇稿子录入计算机当中,但是你又不想去敲键盘,因为敲键盘太慢、太辛苦了,这时就可以使用语音识别软件。你只要对着话筒把这篇稿子念一遍,它就被录入进去了,非常方便。再如,你在开车时,无法用手去接触手机,这时就可以通过语音命令的方式来操作手机,完成拨打电话、收发微信等任务。所谓说,指的是文语转换(Text-to-Speech,TTS)技术。它和语音识别正好相反,用于把文字变成声音。例如,我们上网去看今天的新闻,但是又不想用眼睛去看,因为看得比较累,这时就可以使用 TTS 技术,让计算机把新闻念给你听。再如,英国曾经有一位著名的理论物理学家霍金,他是一个全身瘫痪的人,除了大脑以外,身体的其他器官都处于肌肉萎缩状态,连说话都不行。那么他是如何与别人交流的呢?就是通过 TTS 技术。当他想要说话时,就用手指尖去操作一台计算机,输入他想要说的话,然后,计算机就采用 TTS 技术,把这句话转换成语音播放出来。TTS 技术的关键指标是自然度,一般来说,计算机合成出来的声音不是很好听,有一股机器味,就像电影《星球大战》中的机器人C-3PO,说起话来有点怪声怪气的。当然,现有的 TTS 技术已经取得了长足的进展,已经能够合成出比较好听、比较自然的声音。所谓读,指的是自然语言理解,也就是说,对于一段自然语言文字(如中文、英文等),计算机能够看懂它的意思是什么。自然语言理解有很多的应用,如机器翻译,能够把一种语言的文字翻译成另一种语言;再如互联网上的基于内容的智能搜索。我们可以向计算机提出各种问题,如"北京有什么好玩的地方",那么计算机就能够看懂这句话的意思,然后经过搜索,就会把北京的一些旅游景点列出来,如故宫、颐和园、圆明园、长城等。所谓写,就是说,计算机能够自动写作文。这其实也不是什么太难的事情,一般的做法是去搜集很多写得比较好的句子,然后把它们拼接在一起即可。曾经有人对某个国际学术会议的组织者表示不满,认为他们盲目扩大会议规模,而忽视了论文质量的审查。于是他就开了一个玩笑,把一篇计算机自动生成的"论文"提交给该会议,后来这篇论文居然被录用了。

那么,计算机为什么能够做这么多的事情呢?是不是它的内部结构非常复杂,比人的大脑还要复杂?答案是否定的!实际上,计算机的工作原理非常简单。从本质上来说,计算机是一种用来处理数据的通用途机器。它所能够做的事情只有一件:执行各种指令,如计算指令。因此,从某种意义上来说,可以把计算机看成是一个超级计算器。

图 1.1 是一个简化的计算机体系结构图。一般来说,一台计算机主要由三个部件组成:中央处理器(Central Processing Unit,CPU)、内存(Memory)和各种输入/输出(Input/Output,I/O)设备,如显示器、键盘、硬盘和鼠标等。其中,CPU 是计算机的"心脏",所有的计算都是在 CPU 上进行的;内存是计算机的"大脑",当计算机在运行时,所有的信息都存储在内存当中,包括指令和数据;而 I/O 设备是计算机的"手脚"和"五官",对于用户来说,正是通过这些 I/O 设备来与计算机打交道的;最后,所有的这些功能部件通过总线(Bus)连接在一起,即总线是各个部件之间数据传递的通道。

那么计算机是如何工作的呢?对于 CPU 来说,它的工作就是执行各种指令。指令是计算机运行的最小功能单元,是指挥计算机硬件运行的命令。指令包括不同的类型,如算术运算指令(即加、减、乘、除等运算)、逻辑运算指令(即逻辑与、逻辑或和逻辑非等运算)、移位

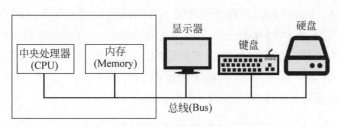

图 1.1　计算机体系结构图

操作指令、数据传送指令、输入/输出指令和转移指令等。

在计算机当中，一条指令通常包括两个部分：操作码和操作数。操作码指明了这条指令的功能，即它是干什么的；而操作数则是操作的对象，即对谁进行操作。操作数可以有多个，也可以没有。例如，假设要计算 1＋3，那么操作码就是加法，操作数有两个，即 1 和 3。

当然，对于 CPU 来说，它一般不会只执行一条指令，而是会执行很多条指令。如果把执行一条指令比喻为开了一枪，那么 CPU 就好比是一挺全自动的机关枪，能够持续不断地发射很多发子弹。具体来说，在执行一个程序时，指令和数据全部都存放在内存中。然后每次从内存中取出一条指令，通过总线送到 CPU 上去运行。该指令可能是一条算术运算指令，对两个数据进行加减乘除。也可能是一条内存访问指令，去某个内存单元存储或读出数据。也可能是一条数据比较指令或控制指令。当这条指令执行完以后，系统又从内存中取出下一条指令，送到 CPU 上去运行。就这样一条指令接一条指令地运行，直到程序运行结束，而且整个过程都是自动进行的，不需要人工干预。以上就是计算机工作的整个过程。

通过刚才的介绍可以知道，计算机的工作原理其实很简单，它就是在那里不断地执行指令。那么，为什么这么简单的工作原理，却能够完成那么多不可思议的任务，连人类的围棋世界冠军都被它打败了？原因主要有两个，首先，计算机的运算速度非常快。例如，如果让我们去心算一下 53 乘以 7 等于多少，那么一般人可能需要 1s 左右的时间才能给出正确的答案，但是对于计算机来说，它只需要十亿分之一秒就够了。其次，计算机的精度非常高，它可以不知疲倦地在那里计算，而且不会出错。例如，根据一项统计数据，计算机在访问磁盘时，每隔 10 亿个数据位才可能发生一个错误。总之，虽然计算机的工作原理很简单，但由于它速度快、精度高，所以能够实现很多不可思议的功能。

1.1.2　计算机程序

如前所述，计算机的主要工作就是执行指令，那么这些指令从何而来呢？来自程序。

计算机程序（Computer Program）就是计算机能够识别、执行的一组指令的集合。人们正是通过编写程序（Programming）来让计算机帮助解决各种各样的问题。那些以编程为本职工作的人，就称为程序员（Programmer）。有人开玩笑说我国的第一个程序员是大作家沈从文，因为他写了一本小说叫《边城》。

如何来编写程序？这个过程一般可以分为以下四个步骤。

第一步是需求分析。当我们拿到一个问题以后，首先要对它进行分析，弄清楚核心任务是什么，输入是什么，输出是什么，等等。例如，假设要编写一个程序，实现从华氏温度到摄氏温度的转换。显然，对于这个问题来说，输入是一个华氏温度，输出是相应的摄氏温度，而核心任务就是如何来实现这种转换。

4

第二步是算法(Algorithm)设计。对于给定的问题,采用分而治之的策略,把它进一步分解为若干个子问题,然后对每个子问题逐一进行求解,并且用精确而抽象的语言来描述整个求解过程。算法设计一般是在纸上完成的,最后得到的结果通常是流程图或伪代码的形式。例如,对于上述温度转换问题,可以设计出如下的算法。

S1. 从用户那里输入一个华氏温度 F

S2. 利用公式 $C = \dfrac{5}{9}(F - 32)$,计算出相应的摄氏温度 C

S3. 把计算出来的结果显示给用户看

第三步是编码实现。即在计算机上使用某种程序设计语言,把算法转换成相应的程序,然后交给计算机去执行。

我们知道,人类在进行交流时,使用的是自然语言,如汉语、英语和法语等,但是对于计算机来说,它是听不懂人类的自然语言的。因此,不能用自然语言来命令计算机,让它为我们干活。例如,假设想要知道 1 加 1 等于多少,那么不能拿起话筒,然后对着一台计算机说:"计算机,请你告诉我,1 加 1 等于多少?"这样做是不行的,计算机根本就不会答理你,因为它听不懂你说的话,也不知道需要干什么。计算机唯一能够懂的,只有它自己的语言:机器语言(Machine Language)。机器语言是与计算机硬件关系最为密切的一种计算机语言,在计算机硬件上执行的就是一条条用机器语言编写的指令。它采用的是二进制,只有两个基本符号即 0 和 1,每一条指令就是由若干个 0 和若干个 1 所组成的一个符号序列。例如,图 1.2 就是一段机器语言代码,其中每一行表示一条指令,有的指令长一点,有的指令短一点。

```
10001011010001011111100
00111011010001011111000
0000100001111110
10001011010011011111100
10001011010011011111010
1110101100000110
10001011010101011111000
10001001010101011111010
```

图 1.2　一段机器语言代码

显然,对于那些不太熟悉机器语言的人来说,看到这些 0101 所组成的字符串,完全就像看天书一样,根本就看不懂。因此,如果要采用机器语言来编写程序,那么工作效率将会极其低下,而且编写出来的代码的正确性也很难保证。例如,对于图 1.2 中的某条指令,如果不小心把其中的某个 1 写成了 0,那么这条指令的含义可能就完全变了,而整个程序的运行结果可能就完全不同了。

为了克服机器语言的缺点,人们提出了汇编语言的概念。它的基本思路是:用英文符号的形式来代替二进制的指令。例如,对于一条机器语言指令 00110101,我们可能不知道它的功能是什么。但如果用符号"add"来代替它,那么这条指令的功能就很容易猜到:它可能是一个加法运算,因为英文单词 add 就是加法的意思。所以说,采用汇编语言来编写程序,就比机器语言要方便得多,也容易得多。例如,对于图 1.2 中的机器语言代码,把它翻译为相应的汇编语言的形式,如图 1.3 所示。

显然,这段代码就比刚才的机器语言指令要好理解得多,虽然我们并不知道这种汇编语言的语法,但能大致地猜测出每条指令的功能。例如,mov 可能是一个赋值操作,cmp 可能是一个比较操作,jle 和 jmp 可能是跳转指令,等等。不过即便如此,这段代码看起来还是比较费劲,我们还是不太明白整段代码的功能是什么,不知道它解决的是什么问

```
mov     eax, dword ptr [ebp-4]
cmp     eax, dword ptr [ebp-8]
jle     00401048
mov     ecx, dword ptr [ebp-4]
mov     dword ptr [ebp-0Ch], ecx
jmp     0040104e
mov     edx, dword ptr [ebp-8]
mov     dword ptr [ebp-0Ch], edx
```

图 1.3　一段汇编语言代码

题。因此，对于汇编语言来说，它的层次仍然太低了，使用起来还是不太方便，程序开发和维护的效率比较低。另外，如前所述，在计算机硬件上执行的必须是机器指令，因此用汇编语言编写出来的程序就不能直接在计算机上运行，而必须先用专门的软件工具如汇编器（Assembler）把它翻译成机器指令的形式，然后才能够运行。

为了更好地进行程序设计，人们又提出了高级程序设计语言的概念。它的基本思路是：用一种更自然、更接近于人类语言习惯的符号形式（如英文语法、数学公式等）来编写程序，这样写出来的程序更容易理解和使用。例如，对于图 1.3 中的汇编语言代码，它所对应的 C 语言代码如图 1.4 所示。

显然，对于这样的一段程序，即使是没有学过 C 语言的人也能够很容易猜出，它的功能就是计算 x 和 y 中的较大值，然后把结果保存在 z 当中。

```
if(x > y)
    z = x;
else
    z = y;
```

图 1.4　一段 C 语言代码

与汇编语言一样，用高级语言编写的程序也不能直接在计算机上运行，因为计算机硬件只认识机器语言指令，其他的一概不认。所以先要用编译器（Compiler）把高级语言程序翻译成机器指令的形式，然后才能够运行。这里所说的编译器，其实也是软件，是一个专用的计算机程序，它能直接在计算机上运行。

程序设计的最后一个步骤是测试与调试程序。在编写程序时，由于各种原因，经常会犯一些错误，如少写或多写了一个字符、拼写错误等，但计算机是非常严格的，或者说是非常苛刻的，它不允许有任何错误存在，哪怕是再小的错误，它也会给你指出来。所以在编完程序以后，通常还要对它进行测试和调试，以确保程序能够正确运行。

在掌握了程序设计技术之后，就可以根据工作和生活中的实际需要，编写出各种各样、功能迥异的应用程序，这些在计算机、手机和平板电脑等硬件设备上运行的程序，使我们的工作更加便捷，使我们的生活更加丰富多彩。

1.1.3　计算机用户

计算机用户，即计算机的使用者，也是最为广泛的人群。我国目前在使用中的计算机数以亿计，是全球计算机用户最多的国家。

那么对于一般的用户来说，他们是如何去使用计算机的呢？答案就是应用程序，用户正是通过各种各样的应用程序来和计算机打交道的。

在工作中，人们经常使用 Word 软件来编辑文档，使用 Excel 来制作表格，使用 PowerPoint 来制作和演示文稿，使用 Foxmail 来收发电子邮件，使用卡巴斯基来防御病毒，使用 Visio 来画图，使用 MATLAB 来进行科学计算，使用 Photoshop 来编辑图片。如果你是一个程序员，还可以使用 Eclipse、Visual Studio 等集成开发环境，Access、MySQL 等数据库管理系统，Java、C++ 和 Python 等编程语言。

在生活中，人们经常使用 QQ 和微信进行网络聊天，使用各种浏览器来浏览网页，使用拼音输入法来输入汉字，使用 WinRAR 来压缩和解压缩文件，使用智能下载软件来下载网络文件，使用语音识别软件来输入语音，使用 OCR 软件来识别图片中的文字，使用电子词典来查阅单词，使用网盘来上传和下载文件，使用高清电子地图和 GPS 来导航，等等。

在娱乐方面,人们可以使用媒体播放器来看视频、听歌曲,使用英雄联盟、王者荣耀和魔兽世界等软件来玩游戏,使用抖音和快手等软件来观看短视频,使用 K 歌软件来唱卡拉 OK,等等。

总之,计算机用户就是通过各种各样的应用软件来使用计算机,这些软件是由程序员开发的,是运行在计算机这个硬件平台上的。

1.2　操作系统的概念

请读者思考一个问题:在一个计算机系统当中为什么要有操作系统?没有操作系统行不行呢?如前所述,用户是通过各种各样的应用程序来使用计算机的,那为什么还需要操作系统呢?

首先,应用程序的运行是需要环境支持的,既需要 CPU、内存和硬盘等硬件平台的支持,也需要操作系统这个软件平台的支持。具体来说,程序是由一条条指令组成的,这些指令的执行离不开 CPU。而程序本身的存在,是需要有一个栖息之地的,它平时以文件的形式存放在硬盘当中,然后在运行时再读入内存中。此外,软件平台的支持也是显而易见的,存放在硬盘上的程序文件,只有操作系统才能认得它,才知道它在硬盘上的组织方式、存储位置和文件的内部结构,才能把它里面的内容分门别类地读入内存的不同位置,然后让它开始运行。

其次,程序员在编写应用程序时也需要操作系统的帮助。有的读者可能会觉得奇怪,程序不就是由一条条机器语言指令所组成的吗?既然如此,程序员直接录入这些指令不就行了,为何还要操作系统的帮助呢?这种说法也有一定的道理,事实上,在计算机刚刚发明时,根本没有操作系统,程序员在编程时,的确是直接把一条条的机器指令输入计算机。但这种方式的缺点就是效率太低,而且容易出错。

举个例子,假设要编写一个 C 语言程序,该程序的功能是输入一个人名(如悟空),然后在屏幕上输出一句话:你好,悟空。请读者思考一下,如果要完成这样一个程序,需要多长的时间?显然,大概 1min 就够了,这取决于你按键的速度。以下是一个样例:

```
void main()
{
    char name[20];
    scanf("% s", name);
    printf("你好,% s", name);
}
```

但问题在于,C 语言是一种高级语言,它里面有很多库函数可以使用,如 scanf( )和 printf( ),这些函数最终会通过操作系统提供的系统调用来实现。如果不能使用高级语言,而是直接对硬件进行编程,直接用机器指令来控制硬件,那结果会怎么样呢?

如果这样,就会非常麻烦,需要考虑许多与硬件细节相关的问题,例如,需要了解键盘的工作原理,即当用户用手指按下某个键后,在计算机内部到底会发生哪些事情?如何才能把键盘缓冲区中的数据复制到内存?另外,还需要了解显示器的工作原理,即如何在屏幕上的某个特定位置显示一个字符？总之,如果程序员在编写每一个应用程序时,都要去考虑这样一些琐碎的细节问题,那么编程的效率将会极其低下。如果采用这种方式来编程实现刚才那个悟空你好的例子,那么需要花费多长时间呢？对于一个编程经验不够丰富的人来说,给个十天半个月也不一定能做出来。

所以说,程序的运行需要操作系统的支持,程序员的编程也需要操作系统的帮助,除此之外,组成计算机的各个硬件功能模块也需要操作系统来管理。例如,在一台计算机中,CPU 的个数是有限的,如果在某个时刻,有多个程序同时需要使用某一个 CPU,这时如何来协调？由谁来协调？另外,内存的大小也是有限的,但现在的很多应用程序都非常大,动辄十几个 GB 甚至几百个 GB,而且还要同时运行很多个应用程序,在这种情形下,显然会出现内存空间不够用的情形,那么内存应该怎么来管理？由谁来管理？

为了解决上面提出的这些问题,通常的做法就是在硬件和应用软件之间引入一层专门的软件。其功能主要有两个：一是管理系统的各个功能部件,如 CPU、内存、I/O 设备和文件系统等,使它们能正常运转；二是给上层的应用软件提供一个易于理解和编程的接口。这一层软件就是本书的主题：操作系统。

操作系统是计算机系统中的一个系统软件,它是一些程序模块的集合,这些程序模块能够以尽量有效、合理的方式来管理和分配计算机的软硬件资源,合理地组织计算机的工作流程,控制程序的执行并向用户提供各种服务功能,使用户能够灵活、方便、有效地使用计算机,使整个计算机系统能够高效地运行。

图 1.5 描述的是操作系统在整个计算机系统中的定位。对于不同的人来说,他眼中的操作系统是不一样的。

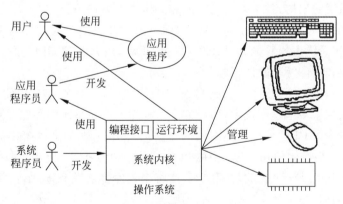

图 1.5　操作系统的定位

对于普通的计算机用户来说,他眼中的操作系统是一个运行环境。用户每天的工作,就是在这个运行环境中运行各种各样的应用程序,通过这种方式来使用计算机。

对于应用程序开发人员来说,他首先是一个计算机用户,因此,普通用户所具有的特点,同样也适用于他。除此之外,由于他的工作是开发应用程序,而在此过程中需要操作系统的帮助,因此他眼中的操作系统是一组抽象的 API(Application Programming Interface,应用程序编程接口)。例如,如果要在 Windows 操作系统上开发一个应用程序,那么就需要用到 Windows 的 API 函数。以下是一些 API 函数示例。

```
int WINAPI MessageBox(HWND hWnd,LPCSTR lpText,LPCSTR lpCaption,UINT uType);
HWND WINAPI CreateWindow(LPCSTR lpClassName,LPCSTR lpWindowName,…);
int WINAPI DrawText(HDC hDC,LPCSTR lpString,int nCount,LPRECT lpRect,…);
HCURSOR WINAPI LoadCursor(HINSTANCE hInstance,LPCSTR lpCursorName);
```

因此,应用程序员眼中的操作系统就是这些函数,他们正是利用这些函数来编写应用程序的,这样就非常方便,不用直接跟底层的硬件打交道。当然,这里讨论的是操作系统底层的 API 函数,是早期的 Windows 应用程序开发方法,而现在的程序员在开发应用程序时,使用更多的可能是高层编程语言所提供的库资源。

对于系统程序员即操作系统的设计者来说,操作系统是系统资源的管理者,即如何管理CPU、内存、输入/输出设备等系统部件,使它们能正常运转。此外,它还要给计算机用户提供一个良好的运行环境,给应用程序开发人员提供一个易于理解的编程接口。

既然不同的人眼中的操作系统是不一样的,那么在学习操作系统时,大家学习的内容就是不一样的。

对于普通的计算机用户,他们学习的主要是操作系统这个运行环境的使用方法,包括图形用户界面、命令行、系统设置、管理工具等。

对于应用程序开发人员,他们学习的主要是操作系统所提供的 API 函数库,包括有哪些常用的函数,这些函数的函数原型是什么,如何使用,等等。如果程序员不直接调用这些函数,而是使用高层编程语言所提供的资源库,那么他可能就感觉不到自己在跟操作系统打交道,也感觉不到自己获得了操作系统的帮助。

对于系统程序员或对操作系统内核感兴趣的人,他们学习的主要是操作系统的内部工作原理,即操作系统的架构、各个模块的功能和具体实现思路等。

本书所定位的读者对象是上述第三种人,即系统程序员或广大对操作系统内核感兴趣的人。我们把操作系统主要看成是系统资源的管理者,用来管理 CPU、内存、输入/输出设备、外部存储设备和文件等软硬件资源。

在操作系统中,用来管理 CPU 资源的功能模块,称为进程管理。我们知道,在现代计算机当中,普遍采用了多道程序技术,即允许多个程序同时在系统中存在并且运行。但一般来说,一台计算机中的 CPU 的个数是有限的,这样必然会出现多个程序在运行时会去竞争CPU 的情形。大家都需要使用 CPU 中的执行单元来执行指令,使用寄存器来存放数据。因此,为了使这种竞争处于可控的协调状态,使每个程序都能顺利地执行,操作系统的设计者就提出了进程的概念。

在操作系统中,用来管理内存资源的功能模块,称为存储管理。我们知道,在一台计算机当中,考虑到访问速度、价格、是否易失性等性价比方面的原因,内存的容量是有限的。而在内存中存放并运行的程序可以有很多个,而且有的程序非常大,在这种情形下,必然会出现内存空间不够用的问题。因此,在给定的内存空间大小固定不变的情形下,如何容纳尽可能多的程序去运行? 如何协调各个程序之间的竞争,使得每个程序都能顺利地执行? 这就是存储管理模块需要考虑的问题。

在操作系统中,用来管理输入/输出设备的功能模块,称为 I/O 设备管理。我们知道,在一台计算机当中,有着各种各样的输入/输出设备,如键盘、鼠标、显示器、打印机、扫描仪、麦克风等。这些设备的内部结构和工作原理是完全不同的,在这种情形下,如何用统一的、标准的方式来管理这些设备？如何对它们进行编程控制？如何使它们的访问方式更加简单、便捷？这就是输入/输出设备管理模块需要考虑的问题。

在操作系统中，用来处理文件相关事宜的功能模块，称为文件系统。我们知道，在一台计算机当中，如果想要永久地保存一些数据和信息，那么应该把它们存放在外部存储设备如硬盘上，为了便于管理，存储的基本单位是文件。那么文件的内部结构是什么？如何对文件进行组织分类？文件如何存储在硬盘上？如何访问文件的属性和内容？这些就是文件系统模块需要考虑的问题。

以上几个功能模块，就构成了一个基本的操作系统内核。从第 2 章开始，本书将逐一介绍各个功能模块的主要内容。

1.3　操作系统的发展历史

随着时代的变迁，操作系统也在不断地进化。作为系统资源的管理者，当计算机系统在不断变化、升级时，操作系统也会随之进行更新。

按照计算机硬件的演变时间线，操作系统的发展大致可以分为五个阶段：电子管时代、晶体管时代、集成电路时代、个人计算机时代和移动计算机时代。

1.3.1　电子管时代

早在 19 世纪 30 年代，英国数学家查理·巴贝奇(1792—1871)就制造出一台名为"分析机"的计算装置，这可以算是计算机的早期雏形。在 20 世纪 40 年代，人类开始尝试构造基于电子管的数字计算机，其中最有名的就是美国宾夕法尼亚大学的 ENIAC(Electronic Numerical Integrator And Computer，电子数字积分计算机)，它被认为是世界上第一台通用途的计算机。所谓通用途，即它能够重新编程，解决各种计算问题。

在电子管时代，计算机非常庞大，每台计算机都需要一组工程师来编程、操作和维护。所有的编程都是采用机器语言，没有汇编语言，也没有高级程序设计语言，更谈不上什么操作系统。程序的输入与输出主要通过纸带或卡片来完成。如图 1.6 所示，程序员的编程就是在纸带或卡片上编写机器语言指令，即二进制 0、1 形式的指令，然后把这样写好的程序交给计算机，计算机在计算出结果后，同样以这种纸带的形式输出结果。

在这种方式下，在一个程序员上机期间，他总是在控制台前调试程序，需要占用整台机器的所有资源，包括主机和外设等。各种操作主要靠手工来完成。另外，在上机过程中，一次只能完成一个功能，各个功能之间没有重叠。例如，当用户正在手工装入或取走纸带时，CPU 就停在那里等待，这样 CPU 的时间就浪费了。而当用户在思考问题或编写程序时，那些输入/输出设备也停在那里等待。显然，与计算机相比，用户操作的速度是非常慢的。因此，在这个阶段的主要问题是由于手工操作的效率低下造成了 CPU 等待的时间过长，从而导致了资源的浪费。

图 1.6　纸带编程

1.3.2 晶体管时代

从 20 世纪 50 年代中期开始,计算机的基本逻辑元器件由电子管改为晶体管,因此体积更小,重量更轻,运算速度更快,可靠性更高。内存储器大量使用磁性材料制成的磁芯,而外存储器采用磁鼓和磁盘。那时的计算机叫作主机(Mainframe),在主机上运行的叫作作业(Job),所谓作业,即一个或一组程序。

在晶体管计算机时代,为了克服上一阶段中的问题,提高计算机的使用效率,就必须把人从计算机旁边移开,尽可能地减少手工操作。因此,从 20 世纪 50 年代末到 20 世纪 60 年代中期,人们设计了批处理管理程序,来实现作业的自动转换处理,这就是操作系统的雏形。

批处理的基本思路是把程序员和操作员这两个角色分开,程序员负责编写程序,操作员负责操作计算机。具体来说,程序员在其他地方编写程序,然后把程序以卡片或磁带的形式提交给负责调度的操作员。然后,操作员把很多作业“成批”地输入计算机当中。最后,由常驻内存的批处理管理程序自动地去识别、装入一个作业,并运行它,运行结束之后,再去取下一个作业。由于这种简单的批处理方式是串行地执行作业,每次只执行一个作业,因此被称为“单道批处理”。例如,如果读者使用过 DOS 操作系统,就会知道,DOS 是一种基于命令行的操作系统,每次只能执行一条命令。但用户可以编写一个 .bat 文件,即批处理文件,把很多条命令都放在其中。这样,只要输入该批处理文件的名字,系统就会把它里面的每一条命令按照顺序依次执行。

这种简单的单道批处理方式提高了硬件的使用效率,但是它存在两个主要的问题。首先,程序的调试比较困难,因为程序员没有办法在现场实时地调试他的程序。其次,由于慢速的输入/输出处理仍然直接由 CPU 来控制,这就使 CPU 和输入/输出设备的使用忙闲不均。具体来说,由于输入/输出设备的访问速度比较慢,而 CPU 的计算速度非常快,因此在单道批处理的方式下,对于那些以计算为主的作业,在大部分时间内,外设都是空闲的;而对于那些以输入/输出为主的作业,虽然它们也要用到 CPU,但 CPU 的工作量小,且速度又快,因此在大部分时间内,CPU 都是空闲的。这样一来,就又造成了资源的浪费。

1.3.3 集成电路时代

集成电路(Integrated Circuit,IC)是 20 世纪 50 年代末期发展起来的一种新型半导体器件,它的基本思路是把一个电路中所需的晶体管、电阻、电容和电感等元件及布线互连一起,制作在一小块半导体晶片上,然后封装在一个管壳内,成为具有特定电路功能的微型结构。1964 年,IBM 公司推出了 System/360 系列计算机,这是世界上首次使用了小规模集成电路的计算机,在性价比上获得了重大的提升。从此,计算机进入了集成电路时代。

如前所述,单道批处理系统的一个问题是输入/输出设备与 CPU 之间的速度不匹配,为了解决这个问题,在 20 世纪 60 年代初,发展了通道技术和中断技术,这些技术的出现使得输入/输出访问与 CPU 计算可以重叠地进行。通道用于控制输入/输出设备与内存之间的数据传输,它有专用的输入/输出处理器,在启动后可以独立于 CPU 运行,从而实现了CPU 与输入/输出之间的并行工作。为了实现通道技术,又必须用中断技术来支持。中断是指 CPU 在收到外部中断信号后,停止原来的工作,转去处理该中断事件,在完成后重新回到原来的断点继续工作。

软件和硬件的发展总是相辅相成的,随着硬件技术的发展,如内存容量的不断增大、大容量辅助存储器的出现,以及通道和中断技术的出现等,计算机体系结构发生了很大的变化,相应地,为了充分利用这些硬件资源,提高它们的使用效率,软件系统也要随之发生变化。因此,在 20 世纪 60 年代中期到 20 世纪 70 年代中期,出现了多道批处理系统,这也标志着现代意义上的操作系统的出现。

所谓多道,即允许在内存中同时存放多个作业,由 CPU 以切换的方式为它们服务。如图 1.7 所示,假设在开始时作业 A 在 CPU 上运行,后来它需要进行输入/输出操作,因此 CPU 转而执行另一个作业 B,这样就使得多个作业可以同时执行。当然,所谓同时执行只是从宏观上来看,它们都处于运行状态但都没有运行完。但从微观上来看,各个作业实际上是在串行地运行,它们交替地使用 CPU 和输入/输出设备。

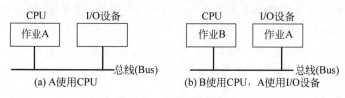

图 1.7 多道程序技术

如图 1.8 所示为单道和多道批处理的一个例子。有两个作业甲和乙,它们在运行过程中都要用到 CPU 和输入/输出设备,这里用实心横线段表示甲对输入/输出设备的使用,用横点线段表示甲对 CPU 的使用;用带有阴影的方框表示乙对输入/输出设备的使用,用双横线表示乙对 CPU 的使用。线段的长短表示使用时间的长短。

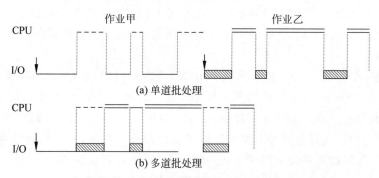

图 1.8 单道批与多道批处理的比较

在单道批处理的环境下,作业的执行是一个接一个的,先执行甲,然后再执行乙。而在多道批处理系统中,这两个作业的运行方式发生了变化,大家轮流去使用 CPU 和输入/输出设备,而且可以并发地进行。当一个作业在使用 CPU 时,另一个作业可以去使用输入/输出设备,这样就充分提高了设备的利用效率。从图 1.8 中可以看出,在多道批处理系统中,这两个作业完成的总时间要远远少于单道批处理。

那么如何去构造一个多道批处理系统呢? 这需要解决以下一些技术问题。

* 内存管理,由于在内存中同时存在多个作业,因此需要给每个作业都分配内存。
* 内存保护,系统要进行内存保护,以避免一个程序中的错误造成整个系统的崩溃,或是破坏其他程序的执行。

- CPU 调度，由于 CPU 只有一个，而作业有多个，因此需要在多个作业之间不断切换，每次选择其中的某一个执行。
- 作业间交互，系统还要去管理各个并发运行的作业之间的交互关系。

在当时的历史条件下，编写这样的一个系统是非常困难的。首先，这个系统非常复杂，而在当时，人们缺乏编写复杂软件系统的经验；其次，这个系统完全是用汇编语言来编写的，而汇编语言本身是一种低级语言，用它编写的程序，可读性和可移植性都比较差，这就增大了系统编写的难度。IBM 曾经推出了一个操作系统 OS/360，这是第一个为一系列计算机而设计的操作系统，它的目标是使所有的计算机（从最小的机器到最大的机器）都能运行这个操作系统。这个计划是于 1963 年提出的，但是直到 1968 年它才正式开始上线。而且在它发布的时候，就已经带着已知的一千多个 bug。由此可见，在当时要想编写一个操作系统有多么困难。但正是这些困难，引发了学者们的研究兴趣，越来越多的科研人员参与了进来，最终使操作系统成为一门重要的学科。

在多道批处理系统中，能够实现 CPU 与输入/输出设备之间的并发运行，这样就提高了系统资源的使用效率。但它也有一个缺点，即它没有从用户的角度出发，解决用户对响应时间的要求。例如，假设在一个多道批处理系统中，用户提交了一个很短的作业，如果它真正运行，那么很快就能得到结果。但由于系统中有很多其他的作业，而这个短作业不巧被卡在一些比较长的大作业后面，那就需要等其他任务都执行完了之后才能轮到它，这样对它来说就很不公平。实际上，在生活当中也有这样的例子，比如去银行存钱或取钱，这是一项非常简单的业务，由于金额很小，真正办理起来可能只要一两分钟的时间。但是在排队的时候，如果排在我们前面的正好是一个大客户，需要存一大笔钱，那就麻烦了，这就会使我们的等待时间变得极其漫长。显然，这对我们来说是很不公平的。大客户的等待时间长，那是应该的，因为他的处理时间也长。而我们的处理时间那么短，可是等待时间却比他还要长，这自然不太公平。

为了解决这个问题，在 20 世纪 70 年代中期，出现了分时（Timesharing）操作系统。所谓分时，指的是多个用户分享地使用同一台计算机。如图 1.9 所示，由于计算机主机还是比较昂贵的，因此只有一台。而终端比较便宜，它只包括显示器、键盘和通信等基本模块，因此可以做到人手一台。然后把这些终端与计算机主机相连。在使用时，所有的用户都共享主机的所有资源，都可以与系统立即交互，这样在调试程序时就比较方便，能实时地返回运行结果。分时系统的基本思路是把 CPU 的时间划分为一个个的时间片，然后让每个作业轮流运行，由于 CPU 的运算速度非常快，因此每个作业都感觉不到是在轮流运行，以为它是在独享主机。

下面来看一些分时操作系统的例子。CTSS 是由 MIT 开发的，它是较早的分时操作系统之一，在调度方面进行了一些开拓性的工作。MULTICS（MULTiplexed Information and Computing Service）是于 1963 年由 MIT、贝尔实验室和通用电气公司联合开始研制的，其设计

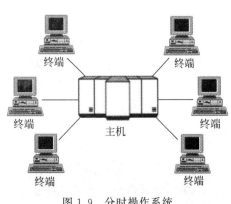

图 1.9 分时操作系统

目标是"公用计算服务系统"，也就是说，用户在自己家里使用终端并通过电话线来接入计算机主机，然后像使用水、电、煤气等生活资源一样来使用这台计算机的计算资源，并且缴纳相应的费用。但是人们低估了这个系统的研制难度，长期的研制工作却达不到预期的目标，因此贝尔实验室和通用电气公司相继退出了这个项目。不过，经过多年的努力，这个项目还是在 1969 年投入了使用。而且在 MULTICS 的研制过程中，引入了许多现代操作系统领域内的概念雏形，对随后的操作系统的发展，尤其是 UNIX 操作系统的成功，有着巨大的影响。

1969 年，在贝尔实验室退出了 MULTICS 操作系统的研究项目之后，它的两个研究员——Ken Thompson 和 Dennis Ritchie 在一台无人使用的 PDP-7 计算机上，开发了一款名为"太空旅行"的游戏，模拟一个飞行员驾驶一艘宇宙飞船在太阳系当中遨游，并且可以在各种星体上着陆。为了使这款游戏能够在 PDP-7 上顺利地运行，他们陆续开发了浮点运算软件包、显示驱动软件，并设计了文件系统、实用程序、命令解释器（Shell）和汇编程序。到了 1970 年，在一切完成后，他们给新系统起了一个名字，叫 UNICS（UNiplexed Information and Computing Service），这个名字显然是跟 MULTICS 开玩笑对着来的。后来，他们把 UNICS 更名为 UNIX。1970 年夏季，研究小组得到了一台新机器 PDP-11，因此想把 UNIX 系统从 PDP-7 移植到 PDP-11。但这项工作非常烦琐，因为整个系统都是用汇编语言来编写的。而且这种移植工作是一次性的，将来如果硬件条件再次发生变化，又得重新来过。因此，研究小组开始考虑用高级语言来重写整个系统，以提高系统的可移植性和可懂性。于是，Thompson 发明了 B 语言，但这种语言过于简单，数据无类型。1972 年，Ritchie 发明了著名的 C 语言，因此两人把整个系统用 C 语言重新改写了。由于两人的杰出工作，1984 年他们获得了 ACM 图灵奖。

由于 UNIX 是用高级语言编写的，因此它能够在不同的硬件平台之间移植，具有良好的可移植性，是一种能够在笔记本电脑、PC、工作站甚至是巨型计算机上运行的操作系统。可以说，UNIX 是现代操作系统的代表，从它问世以来一直到现在，都显示着强大的生命力。UNIX 运行时的安全性、可靠性以及强大的计算能力赢得了广大用户的信赖，已经成为一种不断发展的、商业化的操作系统。它后来演化出许多不同的版本，如 Berkeley 大学的 BSD 系统、Tanenbaum 的 MINIX 系统、Linus Torvalds 的 Linux 系统、IBM 公司的 AIX 系统等。

1.3.4　个人计算机时代

操作系统发展的第四个阶段是个人计算机时代，此时计算机普遍采用大规模集成电路来设计和实现。所谓大规模集成电路，即在一块芯片中集成了数以千计的晶体管。在术语称呼上，那时的计算机就不叫主机了，而是叫微型计算机（Microcomputer），简称微机，或者叫个人计算机（Personal Computer，PC）。顾名思义，那时的计算机已经足够便宜，已经深入到千家万户，可以做到人手一台。

1974 年，Intel 公司推出了 8080 芯片，这是第一款通用的 8 位 CPU 芯片，Intel 还聘请公司的顾问 Gary Kildall 为该芯片设计了 CP/M 操作系统，这是世界上第一个个人计算机操作系统。Gary 由此成立 Digital Research 公司，来进一步开发和销售 CP/M 系统，后来名声越来越大，在大约五年的时间内，完全统治了个人计算机的市场。20 世纪 80 年代初期，

IBM 设计了著名的 IBM PC,需要寻找一些能在上面运行的软件。微软公司抓住这个机会,先是推销了自己早期的拳头产品 BASIC 语言,随后又研发了一个操作系统,即磁盘操作系统(Disk Operating System,DOS),由此搭上 IBM 这趟蓝色列车。需要指出的是,无论是 CP/M 还是 DOS 系统,它们都是基于命令行的工作方式,即用户看到的是一个黑白颜色的字符界面,然后通过键盘输入各种命令,系统就会去执行这些命令。例如,如果用户输入"dir",那么系统就会显示当前目录下有哪些文件和子目录;如果用户输入"copy",系统就会进行文件复制;如果用户输入"cls",系统就会进行清屏,即把屏幕上显示的内容都清除掉。

之后,随着硬件的升级换代,操作系统也在不断地进化。1983 年,苹果公司推出了 Lisa,这是一款具有划时代意义的计算机,它具有 16 位 CPU、鼠标和硬盘,并带有一个支持图形用户界面和多任务的操作系统。由于价格比较昂贵,Lisa 在商业上没有成功。1984 年,苹果公司推出了 Macintosh 计算机,这是继 Lisa 之后第二款使用图形用户界面的计算机,由于它的售价更便宜、使用更方便,连计算机盲都会使用,因此获得了巨大的成功。时至今日,苹果计算机依然在世界上拥有许多热情而忠实的用户。在操作系统方面,在 Macintosh 上运行的系统叫 macOS,它的底层采用的是"类 UNIX 系统",然后上面封装了一层图形用户界面。

20 世纪 80 年代,微软公司也推出了基于图形用户界面的操作系统,名为 Windows。早期的 Windows 实际上只是一个图形用户环境,它必须运行在 DOS 系统上,换言之,它只是 DOS 系统上的一个应用程序。在开机时,启动的是 DOS 系统,然后用户在命令行中输入"win",这样就启动了 Windows 图形界面。微软确实善解人意,知道人人都喜欢"win",而不喜欢"lose"。1995 年,微软推出了 Windows 95 系统,这是一个真正意义上的独立的操作系统,它集成了许多操作系统方面的特性,包括出色的多媒体功能、人性化的操作方式和美观的图形界面等。Windows 95 获得了空前的成功,成为微软公司发展历史上的一个重要里程碑。后来,微软又陆续推出了 Windows 98、Windows 2000、Windows XP、Windows Vista、Windows 7、Windows 8 和 Windows 10 等不同版本的操作系统。

在个人计算机操作系统领域还有一类参与者,就是从 UNIX 派生出来的一系列的操作系统。1987 年,荷兰 Vrije 大学计算机系教授 Andrew Tanenbaum 模仿 UNIX 编写了一个教学用的操作系统,叫作 Minix。在系统功能和用户的使用方式上,该系统与 UNIX 是完全兼容的,但内部的实现机理则不太一样,采用的是微内核结构。1991 年,芬兰人 Linus Torvalds 在 Minix 的基础上,开发了一个免费、开源的操作系统,也就是 Linux。时至今日,Linux 已经成为当今世界上极为重要的开源软件之一。还有一个流行的 UNIX 衍生物是 FreeBSD,它源自伯克利大学的 BSD 项目(Berkeley Software Distribution,伯克利软件发行版)。另外,UNIX 类操作系统的用户,大多是一些经验丰富的程序员。与图形用户界面相比,他们更喜欢命令行方式的用户界面。而对于普通的计算机用户,他们如果想更方便地去使用这一类操作系统,可以安装一些开源的图形用户界面,如 Gnome 或 KDE。

1.3.5　移动计算机时代

1958 年,苏联工程师列昂尼德·库普里扬诺维奇研制出一种无线电话,可以通过电磁波技术在城市里的任何地方进行拨打。1973 年,美国摩托罗拉工程师马丁·库帕发明了世界上第一部商业化手机。最初的手机庞大而沉重,被戏称为"砖头"。随着技术的进步,手机变得越来越小,越来越轻,越来越美观,功能也越来越强大。目前,手机已经进入了千家万户,基本上人人都有手机。以我国为例,根据一项调查,我国用户的手机持有率高达 96%,位居全球第一。

早期的手机只有通话和短信等功能,换言之,它只是一种通信工具。后来出现了智能手机,所谓智能手机,是指像个人计算机一样,具有独立的操作系统,用户可以自行安装新的应用软件(如浏览器、即时聊天软件、游戏软件等),并可以通过移动通信网络来实现无线网络接入的手机类型的总称。换言之,智能手机类似于一台手持式的计算机,它的 CPU、内存和外存等核心硬件的配置都比较高,不逊于普通的计算机,只是在输入/输出设备上,由于"必须手持"这个条件的限制,使得输入/输出设备不像普通计算机那样方便、好用。具体来说,普通计算机使用的是大屏幕、标准键盘和鼠标,而手机的显示屏幕大小有限,然后触摸屏输入方式也不太方便。

世界上第一款智能手机是 IBM 公司于 1993 年推出的 Simon,它集移动电话、通讯录、个人数码助理、传真机、日历、世界时钟、计算器、记事本、电子邮件和游戏等功能于一身。其最大的特点就是没有物理按键,输入完全靠触摸屏操作。早期的智能手机还包括:诺基亚公司于 1996 年推出的 Nokia 9000 以及爱立信公司于 1997 年推出的 GS88。2008 年,苹果公司推出 iPhone 3G。自此,智能手机的发展开启了新的时代,iPhone 成为引领业界的标杆产品。

智能手机的工作离不开操作系统,在手机操作系统领域,可谓"江山代有才人出,各领风骚数百年"。当然,手机操作系统的一代可没有数百年之久,能坚持十多年就算不错了。1998 年,塞班(Symbian)公司成立,1999 年推出了 Symbian OS v5. x 操作系统。2000 年,全球第一款塞班系统手机正式出售。在随后的一段日子里,塞班操作系统成为主流,当时主要的手机厂商都采用了这个系统,如诺基亚、三星、爱立信、摩托罗拉、索尼爱立信等。不过好景不长,很快就进入了群雄逐鹿的阶段。黑莓操作系统(Blackberry OS)是加拿大 RIM(Research In Motion)公司推出的一款无线手持邮件解决终端设备的操作系统,它主要面向商务市场,系统的加密性能更强、更安全。2007 年,苹果公司在它的 iPhone 手机中采用了自己独立开发的智能操作系统 iOS,该系统采用封闭源代码形式,只能由苹果公司独家采用,它主打的是消费电子市场。2010 年,微软公司发布了一款手机操作系统 Windows Phone,想在手机领域再现 Windows 操作系统在个人计算机市场上的辉煌。起初,这个系统也获得了一些成功,一些大的手机厂商如三星、宏达纷纷加盟,甚至连塞班系统的所有者诺基亚公司也在 2011 年倒戈到 Windows Phone 阵营。

正所谓"螳螂捕蝉,黄雀在后",随着安卓(Android)系统的出现,这种群雄逐鹿的局面终于结束了。安卓最早并不是一个产品,而是一家公司的名字,该公司于 2003 年在美国加州 Palo Alto 市成立,主要研发手机操作系统。2005 年 8 月,谷歌(Google)收购了这家公司,以此为基础来进军手机市场。2007 年 11 月,谷歌领衔 47 家公司成立了一个组织叫作开放手机联盟(Open Handset Alliance,OHA),这 47 家公司有的做运营,有的做软件,有的做芯片,当然也有的做手机硬件。这个组织的目标是制定移动设备的统一的开放标准,这就与其他公司完全不同,无论是塞班、黑莓还是 iOS,它们都是封闭的系统,只能由相关的公司自己使用。而统一与开放,就意味着敞开大门,谁都能够使用。

OHA 组织的第一个产品就是安卓操作系统,这是一个基于 Linux 内核的移动设备平台。谷歌的策略就是：由它来负责开发、维护和更新这个操作系统,然后其他人直接去使用即可。2008 年 10 月,第一款运行了安卓操作系统的商业手机问世了,即 HTC 公司的 Dream。随后一路拔城夺寨,把其他的手机操作系统都打败了。为什么会这样呢? 一方面,这个系统是免费的,而且是开放源代码的。对于手机厂商来说,这就意味着制造成本的降低,因为不再需要从头到尾地来开发一个完整的操作系统,而只需要对现有系统进行个性化的定制和修改即可,而且该系统又是免费的,因此企业的人力成本和采购成本将急剧下降。另一方面,这个系统是由谷歌这样的大公司在维护,因此具有长期存在的预期,不用担心这个系统过两天就没有了。最后,更重要的是,安卓系统的出现,使得成为一家手机厂商的门槛一下子就降低了,谁都可以去做手机了。因为手机的硬件是标准化、模块化的,可以买现成的硬件模块来组装。然后现在手机的软件也是标准化的、现成的,在这种情形下,制造手机这件事情就没有太高的技术门槛了。基于上述这些原因,在 2010 年左右,国内迅速地涌现出许许多多新的手机厂商,安卓手机的数量出现了巨大的增长。而手机数量的增长,又带动了安卓应用程序的增长,更加增加了安卓手机的吸引力,从而形成了一个良性循环。最后,除了苹果公司的 iOS 系统以外,其他的手机操作系统全部都被打败了。

个人认为,安卓系统从丑小鸭变成白天鹅的故事,留给后人的启发就是：一个操作系统要想获得成功,最重要的是要构建一个好的生态系统。这个生态系统包括四个角色：手机厂商、操作系统厂商、应用程序开发商和手机用户。首先,操作系统厂商需要对手机厂商友好,使它们愿意采纳该系统,而最重要的办法就是开源和免费,从而帮助手机厂商降低成本和技术门槛;其次,操作系统厂商需要对应用程序开发商友好,如构建良好的开发环境,提供方便好用的编程接口等;最后,对于手机用户而言,他们主要是跟应用程序打交道,只要应用程序足够丰富,至于底层是采用何种软、硬件配置,他们其实并不是太敏感。

1.4　操作系统的类型

操作系统大致可以分为以下几种类型：主机操作系统、服务器操作系统、个人计算机操作系统、手持设备操作系统、嵌入式操作系统和实时操作系统。

主机也称为大型计算机,它们是一些体形硕大的计算机,有的需要占据大半个房间。大型计算机主要用作服务器,它的优点在于高可靠性、高可用性、高服务性以及强大的 I/O 处理能力,广泛应用于银行、保险、航空等商业领域。在设计目标上,主机操作系统要求能同时处理很多个作业,而且这些作业都需要巨大数量的 I/O 操作。例如,银行系统使用的大型计算机,在进行在线联机交易时,往往有成千上万人同时登录。主机操作系统通常提供三种类型的服务：批处理系统、事务处理系统和分时系统。批处理系统主要用于成批地处理作业,而不需要与用户进行交互。事务处理系统主要用于处理大量的事务请求,如银行的票据核算。分时系统允许多个远程用户同时登录并运行作业,如查询数据库。主机操作系统的一个例子是 IBM 公司开发的 OS/390。

服务器也是一种计算机,与普通的计算机相比,它具有更快的运算速度、更大的存储容量和更强大的 I/O 数据吞吐能力,并能够长时间地可靠运行。在网络环境下,服务器主要为其他客户机(如 PC 和智能手机等)提供计算或应用服务。在服务器上运行的就是服务器操作系统。服务器与客户机之间的数量关系往往是一对多,即多个用户可以通过网络同时登录一台服务器,并共享该服务器的硬件和软件资源。服务器可以提供打印服务、文件服务或 Web 服务。例如,在互联网上通过手机来浏览网页、看视频、玩游戏、预订火车票、订外卖等,其实都是和相应公司的网络服务器打交道。典型的服务器操作系统包括 Windows Server 系列、Linux、Solaris 等。

个人计算机操作系统就是运行在普通的 PC 上的操作系统,这也是人们最为熟悉和了解的一类操作系统,几乎每天都要和它打交道。它的主要特征包括如下。

- 供个人使用,功能强大。
- 用户界面友好,使用方便。
- 有丰富的应用软件,如文档编辑、收发邮件、浏览网页和视频播放等。
- 支持多任务,即允许同时运行多个应用程序。
- 支持多种硬件和外部设备,如多媒体设备、网络和远程通信等。

目前主流的个人计算机操作系统主要有运行在 PC 上的 Windows 和 Linux 系列操作系统,以及运行在苹果机上的 Mac OS 系列操作系统。

手持设备操作系统就是运行在手持式计算机上的操作系统。早期的手持式计算机称为个人数字助理(Personal Digital Assistant,PDA),具有电子词典、电子记事本、计算器、录音和移动通信等功能。目前的手持设备主要是指智能手机和平板电脑。如前所述,在这个领域,当前主流的操作系统只有两个,即谷歌公司的安卓系统和苹果公司的 iOS 系统。在这两个系统平台上,运行有大量的第三方应用软件(即 App)。

嵌入式操作系统(Embedded Operating System)就是运行在嵌入式系统环境中的操作系统。所谓嵌入式系统,就是以应用为中心、以计算机技术为基础,软硬件可裁剪,对功能、可靠性、成本、体积、功耗和应用环境有严格要求的专用计算机系统,是将应用程序、操作系统和计算机硬件集成在一起的系统。或者更加广泛地说,任何一个非计算机的计算系统都可以称为嵌入式系统。嵌入式系统在日常生活中有着极其广泛的应用,可以说数量庞大、无处不在。例如,微波炉、机顶盒、汽车、机器人、自动售货机、视频电话、智能防火防盗系统、国家电力监控网等,这些都是嵌入式系统的例子。嵌入式系统与手持式设备不同,一般来说,嵌入式系统中运行的应用软件是存放在只读存储器中,这意味着用户不能像手机那样,随意地下载并运行 APP。这也是可以理解的,我们总不能下载一个俄罗斯方块游戏到微波炉上玩。

作为在嵌入式环境下使用的操作系统,嵌入式操作系统不仅具备普通操作系统所具有的各项功能,同时还要符合嵌入式的一些特点。例如,在性能上要求实时性和可靠性;在硬件资源上,只能使用非常有限的资源;另外,整个系统的各个功能模块要求可裁剪。常见的嵌入式操作系统包括 VxWorks、嵌入式 Linux、QNX、uC/OS 等。以 VxWorks 为例,它是由美国 WindRiver(风河公司)开发的一款嵌入式操作系统,在通信、军事、航空、航天等高精尖技术及实时性要求非常高的领域中有着广泛的应用。在著名的火星登陆探测器上,使用的就是 VxWorks 操作系统。

实时操作系统(Real-Time Operating System,RTOS)是指使计算机能及时响应外部事件的请求,在规定的严格时间内完成对该事件的处理,并控制所有实时设备和实时任务协调一致地工作的操作系统。它的主要特征有两个,一是实时性,要求系统对外部请求在严格的时间期限内做出反应;二是可靠性,要求系统高度可靠。实时系统分为硬实时和软实时两种。所谓硬实时系统,即在某一个时刻或某一段时间范围内,必须执行某个特定的操作,绝不能有任何例外。常见的应用领域包括工业过程控制、航空航天和军事等,典型的例子如汽车装配流水线、火箭发射、核电站的控制与监测等。例如,在发射火箭时,要求多级火箭之间的分离既不能过早,也不能过迟,更不能该分离而不分离。所谓软实时系统,即系统要求是实时的,但如果偶然错过了一次时间点,问题也不大,也不会对系统造成永久的伤害。典型的例子如媒体播放器,我们在观看一个视频时,要求视频的播放是连贯的、流畅的,中途不能有卡顿,这就是实时性的要求。但由于视频文件存放在硬盘时,往往是以压缩文件的格式存放的,这样,在播放该视频时,需要经历读硬盘、解压缩和播放等环节,这些环节都需要一定的时间,这样就有可能会出现卡顿的现象。但偶尔的卡顿并不会对观看效果造成太大的影响,这就是软实时。

1.5 承上启下的操作系统

扫码观看

操作系统是一个软件,那么,它和普通的应用软件有什么区别呢? 我们知道,CPU 的功能是执行指令。所谓的指令,其实就是一个二进制数,在形式上与字符、整数等数据类型并没有什么区别,那么操作系统的指令和普通应用软件的指令是一样的吗? 对于 CPU 而言,它在执行一条指令时,又是如何知道这条指令是来自操作系统,还是来自普通的应用软件? 另外,如果有一些事情是操作系统能做的,而普通的应用软件不能做,那如果它想做的话怎么办? 这些问题,就是本节需要讨论的内容。

1.5.1 内核态与用户态

显然,根据我们的常识,操作系统和普通的应用软件肯定是不一样的,是有其特别之处的。原因很简单,操作系统是系统资源的管理者,是一个大管家,家里的瓶瓶罐罐都是由它来管的。而普通的应用程序,可以看成是一位访客。显然,管家和访客的地位和权限自然是不一样的,尤其是家庭里一些比较私密、敏感的地方,是不允许访客去触碰的。因此,在设计、实现和运行一个操作系统时,会对底层的计算机硬件有所要求,要求它们提供一些硬件方面的支持,如特权指令。

特权指令(Privileged Instruction),也称为受保护的指令,就是指那些只有操作系统才有权使用的指令。如前所述,CPU 的功能是执行指令,即机器语言指令。如果把机器语言比喻为人类的自然语言,那么正如世界不同地方的人讲的是不同的语言,机器语言也是不一样的。每一款 CPU 都会有一个自己的、独特的指令集合,它只能执行这个集合中的指令,而其他的指令一概不理。不同 CPU 的指令集是不一样的,或者说,不完全相同。在指令执行的身份认同方面,在一个 CPU 所认识的所有指令中,有一些是所有程序都能执行的,有一些只有操作系统才能执行。例如,在一个计算机系统中,有一些硬件资源是禁止用户程序去直接访问的,因此,访问这些硬件资源的指令就是特权指令,它们只能由操作系统来使用。对输入/输出设备进行直接访问的指令也是特权指令,一般的用户程序都不能直接去访问磁盘、打印机等输入/输出设备。另外还有其他一些特权指令,如操作内存管理状态的指令、某些特殊的状态位的设置指令以及停机指令等,这些指令都是非常敏感、非常重要的,为了保证操作系统和各个应用程序能够顺利地运行,就必须对它们的使用进行限制,否则就根本没有办法保证系统的安全性和稳定性。例如,CPU 有一条指令叫停机指令,一旦执行该指令,那么系统就关机了。显然,对于这样一条指令,不可能让普通的用户程序执行,否则就可能会天下大乱。例如,家里有一个 6 岁的小朋友,最近对编程产生了浓厚的兴趣,开始自学汇编语言,并且编写了一个小程序,该程序只有一条指令 HLT(停机指令),然后该程序一运行,整个计算机就关机了。这显然是不可能的,操作系统不会允许这种事情发生。因为当这个小程序在运行时,在内存中可能还会有其他的应用程序在运行,如 Word 文档编辑器、PowerPoint 文稿演示等,如果直接关机的话,那么就可能会导致其他应用程序来不及存盘,从而丢失数据,这就是操作系统的失职了。因此,有一些指令是不能让普通的用户程序直接去执行的,只有操作系统才能执行。

既然操作系统提出了要求,即对于特权指令,只能由操作系统来使用,那么在硬件上如何做到这一点呢?这是通过 CPU 处理器的状态来实现的。也就是说,根据运行程序对资源和机器指令的使用权限,把处理器设置为不同的状态。多数系统把处理器的工作状态划分为内核(Kernel)态和用户(User)态两种。

所谓内核态,即操作系统的管理程序运行时的状态,它具有较高的特权级别,又称为系统态、特权态或管态。当处理器处于内核态时,它可以执行所有的指令,包括各种特权指令,也可以使用所有的资源,并具有改变处理器状态的能力。需要指出的是,内核态和超级用户不同,前者是指 CPU 的状态,后者是指一种特殊的计算机用户;前者主要是从硬件的角度去执行任何指令;而后者是从软件的角度来管理系统的软硬件资源,如用户账户、权限管理、文件访问等。超级用户执行的程序,不一定运行在内核态;而内核态程序也不一定是由系统管理员启动的,普通的用户也可以启动。

所谓用户态,即用户程序运行时的状态,它具有较低的特权级别,又称为普通态或目态。在这种状态下,不能使用特权指令,不能直接使用系统资源,也不能改变 CPU 的工作状态,并且只能访问这个用户程序自己的存储空间。

以 Intel 公司的 X86 系列处理器为例,386、486 和 Pentium 系列的处理器,都支持 4 个特权级别,即特权环 R_0、R_1、R_2 和 R_3。其中,R_0 的特权级别是最高的,它相当于双状态系统中的内核态。R_3 的特权级别是最低的,它相当于用户态。从 R_0 到 R_3,它们的特权级别依次降低。在不同的特权级别,它们所能运行的指令集合是不同的,而且相互之间具有包含关系。如果用 I_{R_0} 表示在 R_0 级别所能运行的指令集合,I_{R_1} 表示在 R_1 级别所能运行的指令集合,I_{R_2} 和 I_{R_3} 的含义也类似。那么它们之间就具有如下的包含关系:

$$I_{R_0} \supseteq I_{R_1} \supseteq I_{R_2} \supseteq I_{R_3}$$

每个特权级别都有保护性检查,如地址校验、输入/输出限制等,各个级别之间的转换方式也不尽相同。一般来说,Intel 的设计思路是在不同的级别分别运行不同类型的程序:R_0 运行操作系统的核心代码,R_1 运行关键设备驱动程序和输入/输出处理例程,R_2 主要运行其他受保护的共享代码,如语言系统的运行环境等;R_3 主要运行各种用户程序。但实际上,一些基于 X86 处理器的操作系统,如多数的 UNIX 系统、Linux 系统以及 Windows 系列操作系统,大都只用了 R_0 和 R_3 这两个特权级别,即前面讲的两态:内核态和用户态。

如前所述,只有操作系统程序才能执行特权指令,那么 CPU 如何判断当前正在运行的程序是操作系统程序还是普通用户程序呢?或者说,对于当前正在运行的这个程序,如果它去执行一些特权指令,那么 CPU 到底是允许还是不允许呢?这就需要用到程序状态字(Program Status Word,PSW)。程序状态字是 CPU 内部一个专门的寄存器,用来指示处理器的状态。它通常包括工作状态码、条件码和中断屏蔽码等。工作状态码用来指明 CPU 的当前状态,是内核态还是用户态,从而表明当前在 CPU 上执行的是操作系统还是一般的用户程序。条件码用来反映指令执行后的结果特征。中断屏蔽码用来指出是否允许中断。当然,不同处理器的程序状态字的格式及其包含的信息可能各不相同,这里就不详细介绍了。

另一个问题是状态的转换,即如何从用户态到内核态,以及如何从内核态到用户态。实际上,我们的最终目标很简单,就是修改程序状态字寄存器中的状态标志位,因为 CPU 正是根据它来判断当前状态的。但问题是:修改状态标志位这件事情本身就是一个特权指令,只有系统程序才能使用。因此,如果当前是处于内核态,那么没有问题,可以执行该指令,把状态从内核态修改为用户态;但如果当前是处于用户态,则不能执行该指令,不能实现状态的直接转换。当然,所谓的"不能执行该指令",不是说不允许程序员在编程时去使用该指令,程序员想写什么指令都是可以的,包括特权指令,写不写是程序员的自由。但问题是,如果普通的应用程序中出现了特权指令,那么 CPU 就会拒绝执行该指令。

但是这样的话就会带来一个问题:如果用户程序需要去使用那些特权指令的功能,那怎么办?例如,用户程序在执行的时候,经常要去使用输入/输出设备。例如,我们几乎每个程序都需要从键盘输入数据,然后在屏幕上显示数据。但是刚才说了,输入/输出设备的访问属于特权指令,用户态的程序不能直接执行,那么该如何解决这个问题呢?解决之道就是接下来要讲的系统调用。

1.5.2　系统调用

所谓系统调用(System Call),即用户程序通过访管指令或陷阱指令,来请求操作系统为其提供某种功能的服务。换言之,操作系统会把一些常用的内核功能封装为函数的形式,让用户程序去使用。用户程序不能亲自去执行相应的指令,但是可以请操作系统来帮忙。

以 POSIX 为例,POSIX 是 Portable Operating System Interface of UNIX(可移植操作系统接口)的缩写,它是一项国际标准(ISO/IEC 9945-1),定义了操作系统应该为应用程序提供的接口标准。POSIX 意在期望获得源代码级别的软件可移植性。换句话说,为一个POSIX 兼容的操作系统编写的程序,应该可以在任何其他的 POSIX 操作系统(即使是来自另一个厂商)上编译执行。

常用的一些 POSIX 系统调用包括:创建进程、执行程序、结束当前进程、安装文件系统、打开文件、关闭文件、读文件、写文件、移动文件指针、删除文件、创建目录、删除目录、更改当前工作目录、修改文件的保护位、读取当前时间,等等。

系统调用指令的实现过程如下。

- 当 CPU 执行到一条访管指令或陷阱指令时,即会引起一个中断,称为访管中断或陷阱中断。
- 处理器会保存中断点的程序执行上下文环境,包括程序状态字、程序计数器和其他一些寄存器里面的内容,然后 CPU 的状态被切换到内核态。换言之,从用户态到内核态的转换,不是通过指令来修改 CPU 的状态标志位,而是由 CPU 在中断时自动完成的。
- 处理器会把控制权转移到相应的中断处理程序,然后调用相应的系统服务。
- 当中断处理结束后,CPU 会恢复被中断程序的上下文环境,因此,CPU 被恢复为用户态,并且回到中断点继续执行。

图 1.10 是系统调用的示意图。用户程序运行在用户态,操作系统程序运行在内核态。如果在用户程序中想要调用一个系统服务,如从键盘输入数据或在屏幕上显示数据等,就执行一条系统调用指令。此时 CPU 就会产生一个陷阱中断,并从用户态升级为内核态,然后跳转到中断处理程序去执行,在中断处理程序中再去调用相应的系统服务程序。这里通常需要用到一个数组,数组的下标是系统调用的编号,而数组元素的值是相应的系统调用函数的入口地址。当这些事情做完以后,又回到了中断点,同时 CPU 的状态也从内核态恢复为用户态,这样就可以继续执行系统调用后面的其他指令了。

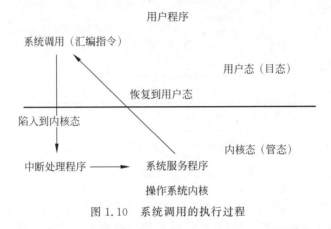

图 1.10　系统调用的执行过程

系统调用指令通常是以汇编语言代码的形式存在的,有的读者可能会觉得奇怪,既然系统调用如此重要、如此常见,那我们平时编程的时候为何又从未碰到过呢?原因在于,我们平时在编程时使用的一般都是高级程序设计语言,一般不会使用汇编语言等低级语言。在这种情形下,为了编程的方便,一般不会直接去启动系统调用,而是通过各种库函数来间接地启动系统调用。

如图 1.11 所示,假设编写了一个简单的 C 语言程序,该程序首先通过 scanf() 函数输入一个整型变量 x 的值,然后把它加 1,再用 printf() 函数把结果打印出来。其中,scanf() 和 printf() 都不是程序员自定义的函数,而是标准的 C 语言的库函数,是可以直接使用的。如果对这个 C 语言程序进行编译、链接,然后运行。那么当这个程序在运行时,通常情形下都是处于用户态,即用户程序在运行时的状态。但是当它在调用 scanf() 或 printf() 函数时,CPU 的状态就会发生变化。以 printf() 函数为例,在 C 语言编程环境中,该函数一般不会以源代码的形式存在,而是以编译好的目标代码的形式存在,即它内部的代码为机器语言指令(可以反汇编为汇编指令,便于阅读)。在 printf() 函数中,它自己并不能完成在屏幕上打印数据的功能,因为这需要用到特权指令,只能由操作系统来完成。因此,printf() 函数的工作主要是一些辅助工作,如根据格式控制字符串来创建待打印的字符串,并根据系统服务的编号来准备参数,然后就启动系统调用指令,由操作系统来完成剩余的工作。同时,CPU 的状态就从用户态变成了内核态。等系统调用结束以后,CPU 的状态又从内核态恢复为用户态,并去执行 printf() 函数后面的语句。当 printf() 函数结束后,又会回到 main() 函数继续往下执行。总之,在程序的整个运行过程中,既有普通的函数调用,也有系统调用。如果是普通的函数调用,那么 CPU 的状态不会发生变化。但如果是系统调用,那么 CPU 的状态就会在用户态和内核态之间来回切换。

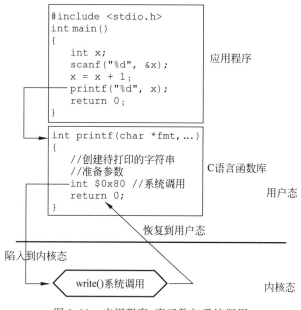

图 1.11　应用程序、库函数与系统调用

　　事实上，对于 POSIX 而言，它虽然称为系统调用，但更准确地说，其实也是库函数，这些库函数会调用相应的系统调用，这样才能实现源代码级别的系统兼容性。另外，如前所述，Windows 操作系统与应用程序开发人员的接口是 API，程序员只要使用 API 函数就可以编写 Windows 窗口程序。但这里说的 API 其实也是库函数，并不是真正的系统调用，有些 API 函数是通过系统调用来实现的，而有些 API 函数可能就是直接运行在用户态的普通函数。不过无论如何，对于一个操作系统而言，其实最重要的，就是要保证操作系统与程序员之间的接口（即库函数或 API）一定要保持稳定性和兼容性，这样，历史上积累下来的一代又一代的应用程序就可以持续地使用了。

　　总之，有了系统调用以后，问题就得到了解决。一方面，它支持了特权指令，保护了系统的安全，只有操作系统才有资格去执行特权指令。另一方面，对于普通的用户程序，它虽然不能直接去执行特权指令，但它的需求也能通过系统调用的方式来间接地得到满足。例如，对于关机问题，虽然不能直接去执行关机指令，但可以通过系统调用的方式请操作系统来帮忙。在 Windows 系统中如果单击"关机"按钮，实际上就是这种方式。此时，如果 Word 仍然在编辑文档，系统就会提示我们是否要存盘。

习　　题

一、单项选择题

1. 操作系统是（　　）。

　　A. 资源的分配者　　　　　　　　　　B. 硬件与应用程序之间的接口

　　C. 系统服务的提供者　　　　　　　　D. 上述三者均是

2. 操作系统提供给应用程序的接口是（　　）。

A. 系统调用　　　　　B. 中断　　　　　　C. 子函数　　　　　D. 原语

3. 在设计多道批处理系统时,首先要考虑的是(　　)。

　　A. 灵活性和可适应性　　　　　　　　B. 系统效率和吞吐量

　　C. 交互性和响应时间　　　　　　　　D. 实时性和可靠性

4. 操作系统中采用多道程序设计技术来提高 CPU 和外部设备的(　　)。

　　A. 利用率　　　　　B. 可靠性　　　　　C. 稳定性　　　　　D. 兼容性

5. CPU 状态分为用户态和内核态两种,从用户态转换到内核态的唯一途径是(　　)。

　　A. 修改程序状态字　　　　　　　　　B. 中断屏蔽

　　C. 中断　　　　　　　　　　　　　　D. 进程调度程序

6. 在单处理机系统中,可并行的是(　　)。

　　(Ⅰ) 进程与进程　　(Ⅱ) 处理机与设备　　(Ⅲ) 处理机与 DMA　　(Ⅳ) 设备与设备

　　A. Ⅰ、Ⅱ和Ⅲ　　B. Ⅰ、Ⅱ和Ⅳ　　C. Ⅰ、Ⅲ和Ⅳ　　D. Ⅱ、Ⅲ和Ⅳ

7. (　　)操作系统允许在一台主机上连接多台终端,多个用户可以通过各自的终端同时交互地使用计算机。

　　A. 网络　　　　　B. 分布式　　　　　C. 分时　　　　　D. 实时

8. 一个多道批处理系统中仅有 P1 和 P2 两个作业,P2 比 P1 晚 5ms 到达,它们的计算和 I/O 操作顺序如下。

　　P1:计算 60ms,I/O 80ms,计算 20ms

　　P2:计算 120ms,I/O 40ms,计算 40ms

　　若不考虑调度和切换时间,则完成两个作业需要的时间最少是(　　)。

　　A. 240ms　　　　　B. 260ms　　　　　C. 340ms　　　　　D. 360ms

9. 处理器执行的指令被分成两类,其中一类称为特权指令,它只允许(　　)使用。

　　A. 操作员　　　　　B. 联机用户　　　　　C. 操作系统　　　　　D. 目标程序

10. 下列选项中,在用户态执行的是(　　)。

　　A. 命令解释程序　　　　　　　　　　B. 缺页处理程序

　　C. 进程调度程序　　　　　　　　　　D. 时钟中断处理程序

二、填空题

1. 列举两个你所知道的操作系统名称:＿＿＿＿＿＿＿＿＿和＿＿＿＿＿＿＿＿＿。

2. CPU 的工作状态可以分为两种:＿＿＿＿＿＿＿＿＿＿和＿＿＿＿＿＿＿＿＿＿。

3. CPU 通过哪一个寄存器来设定它的工作状态?＿＿＿＿＿＿＿＿＿＿。

4. 用户进程从用户态转换为内核态的唯一途径是＿＿＿＿＿＿＿＿＿＿。

5. 用户程序通过＿＿＿＿＿＿＿＿＿＿来请求操作系统为其提供某种功能的服务,如 I/O 操作。

6. 从资源管理的角度来看,操作系统的主要功能可以分为 4 个模块:进程管理、存储管理、＿＿＿＿＿＿＿＿＿＿和＿＿＿＿＿＿＿＿＿＿。

7. 实时操作系统的两个基本特征是:＿＿＿＿＿＿＿＿＿和＿＿＿＿＿＿＿＿＿。

第2章 | 进 程 管 理

进程管理是操作系统的一个核心功能模块,也是本书的主要内容之一。本章将介绍进程和线程的基本概念、进程间的通信方式、进程间的同步与互斥问题,以及进程的调度算法。

2.1 进 程

2.1.1 程序的执行

用户在使用计算机时,主要是在跟各种各样的应用程序打交道,即在计算机上运行和使用这些应用程序。在平时,一个应用程序往往是以可执行文件的形式存放在计算机硬盘上的。例如,在 Windows 操作系统当中,后缀名为"exe"的文件一般就是一个可执行文件。"winword.exe"是一个文档编辑软件,"iexplore.exe"是一个网页浏览器,"WeChat.exe"是计算机版的微信聊天程序,等等。这些应用程序在安装完成后,就以文件的形式存放在硬盘上。当我们想去运行某个应用程序时,可以在资源管理器中用鼠标去双击相应的可执行文件,或者是在系统"开始"菜单栏中单击相应的图标,这样,系统就会把这个程序从硬盘装入内存,然后启动它去运行。为什么先要把它从硬盘装入内存呢? 因为硬盘是一种块设备,它的最小访问单位是数据块。而在运行一个程序时,必须把它放在一种可以随机访问的存储器(如内存)当中。所以硬盘一般用来存放文件,这些文件被切分为一个个的数据块存放在硬盘当中。而内存一般用来存放正在执行中的程序,这些程序一字节一字节地存放在内存单元中。当一个程序被装入到内存并开始运行后,整个运行过程也很简单。如前所述,所谓程序,就是计算机能够识别、执行的一组指令的集合。因此,所谓程序的运行,就是每次从内存中取出一条指令,然后通过总线把它送到 CPU,然后在 CPU 中执行该指令。当一条指令执行完以后,再从内存中取出下一条指令,送到 CPU 去执行。就这样一条接一条地执行指令,直到整个程序运行结束。

如前所述,一条指令通常包括两个部分:操作码和操作数(或者操作数的地址)。操作码指明了这条指令的功能,它是干什么的;而操作数则是操作的对象,即对谁进行操作。操作数可以有多个,也可以没有。例如,对于如下一条 ARM 汇编指令:

```
add  r1,r2,r3
```

它的操作码是"add",即加法,操作数有 3 个,即 r1、r2 和 r3 这三个寄存器,其功能是把 r2 和 r3 中的值相加,结果保存在 r1 当中。

但是这种写法是一种汇编指令的形式,而 CPU 只认识机器语言指令,因此需要用汇编器等软件工具把它翻译为机器指令的形式。事实上，在可执行文件和内存中存放的都是二进制形式的机器语言指令。例如，上述汇编指令所对应的机器指令可能是：

1010111001010011

这是一个 16 位的二进制数，其中，最高的 7 位"1010111"表示操作码"add"的编码，接下来的 3 位"001"表示寄存器 r1 的编码（即十进制数 1 的二进制表示为 001，下同），接下来的 3 位"010"表示寄存器 r2 的编码，最后 3 位"011"表示寄存器 r3 的编码，把它们全部连在一起，就是整条指令的编码。

有了机器语言指令以后，下一步就是要把它们送到 CPU 去执行了，因此，需要了解一下 CPU 的工作原理。

CPU 是 Central Processing Unit（中央处理器）的缩写，顾名思义，它是计算机的中枢神经系统，好比是人的大脑，它的功能就是执行指令。

请读者思考一下，在 CPU 当中会有哪些功能部件呢？首先，既然 CPU 的工作是执行指令，那前提条件是先得有指令，而程序运行时指令是存放在内存当中，既然如此，首先要做的一件事情，就是把指令从内存装入 CPU，这件事情由控制单元（Control Unit）来完成。另外，当 CPU 拿到一条机器语言指令以后，如前所述，所谓的指令，其实就是一个二进制数，那 CPU 如何知道这个二进制数代表什么含义，是要去执行什么操作呢？所以这就需要对指令进行分析，弄清楚它的功能是什么，这部分工作也是由控制单元来完成的。其次，在分析清楚了指令的功能以后，接下来的任务就是如何去完成这条指令，这也是由一个功能部件来完成的，即执行单元（Execution Unit）。最后，当一条指令在执行的时候，可能需要去访问数据，而数据也是存放在内存当中的。但由于内存与 CPU 之间存在着速度不匹配的问题，CPU 的访问速度非常快，而内存的访问速度相比而言比较慢，因此，如果把数据都保存在内存当中，就会影响指令的执行速度。如何来解决这个问题？这就需要另外一个功能部件，即寄存器组（Register File），它由若干个寄存器组成，用于在内存与 CPU 执行部件之间暂存数据。

如图 2.1 所示，在一个 CPU 当中，最重要的就是三个功能部件：控制单元、执行单元和寄存器组。

控制单元的首要任务是从内存中读取指令，这主要是通过两个寄存器来完成的，即 PC（Program Counter，程序计数器）和 IR（Instruction Register，指令寄存器）。我们知道，要想去内存读取一条指令，首先得知道这条指令所在的内存单元的起始地址，这个地址就存放在 PC 寄存器当中。所谓地址，其实也就是一个二进制数据。有了这个地址以后，控制单元就可以通过地址总线把它告诉给内存，内存就会去相应的内存单元，把其中存放的指令通过数据总线返回给控制单元，保存在 IR 寄存器中。总之，有了 PC 和 IR 这两个寄存器以后，就能完成指令的读取功能。接下来，需要对 IR 中的指令进行分析，弄清楚它的功能是什么，是执行加减乘除等算术运算，还是执行与或非等逻辑运算，或者是执行移位运算等，这部分工作是由专门的解码硬件来完成的。当然，除了指令的分析以外，控制单元还必须落实这条指令的执行。具体来说，解码器会根据指令分析的结果，向相应的执行功能部件发出准确的控制信号，控制指令的执行过程。通过上述介绍可以知道，控制单元参与了一条指令执行的整个过程，包括取指、分析和执行。除此之外，它还有一个功能就是能够自动地连续地执行

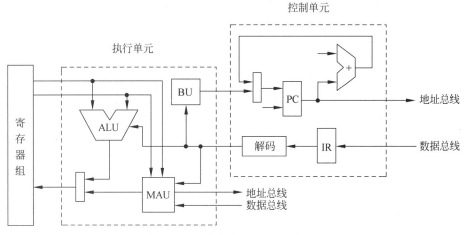

图 2.1　一个简化的 CPU 结构图

指令。换言之，它不仅是执行单独的一条指令，而是会自动地、连续地执行一大批指令。打个比方，早期的步枪属于单发步枪，即每次发射完之后，弹壳不会自动退出，也无法连续击发，必须手工拉栓，完成退壳和下一发子弹的上膛，然后才能发射。后来出现了自动步枪，可以连续发射，如果把扳机扣到底，很快子弹就全部打出去了。显然，CPU 中的控制单元，就类似于自动步枪，可以自动地、连续地执行很多条指令。它是怎么做到这一点的呢？实际上，由于指令在内存当中一般是连续存放的，因此，当上一条指令被取出以后，PC 寄存器的值就会自动发生变化，做一个加法运算，从而指向了下一条指令。

执行单元可以看成是 CPU 的"计算器"，即真正执行计算任务的地方。当然，如果不要求那么准确，可以把计算机看成是人类的计算器。然后在计算机当中，可以把 CPU 看成是计算机的计算器。然后在 CPU 当中，又可以把执行单元看成是 CPU 的计算器，也就是一层套一层。在执行单元的内部，又可以分为不同的功能部件，包括算术逻辑部件（Arithmetic Logic Unit，ALU）、移位器、乘法/除法器、分支单元（Branch Unit，BU）和内存访问单元（Memory Access Unit，MAU）等，每个部件负责完成不同的功能。例如，算术逻辑部件用来实现算术运算和逻辑运算等操作，移位器用来把一个二进制数左移或右移若干位，乘法/除法器用来处理浮点数、大整数的乘法和除法运算，分支单元用来实现分支和跳转功能，内存访问单元用来读写内存数据，等等。对于每一条指令而言，如何来选择相应的功能部件呢？这就是由控制单元所发出的控制信号来进行选择的。

下面对照图 2.1 来讨论一下一个程序执行的整个过程。首先，在 PC 寄存器中存放了该程序的第一条指令的起始地址，这个地址被打到地址总线上，并且向内存发出读操作的控制信号，然后内存就会把这条指令读出来，放在数据总线上，从而传给了 CPU，CPU 把这条指令保存在 IR 寄存器当中。接下来，译码器会对这条指令进行分析，弄清楚这条指令的功能是什么，然后会生成相应的控制信号，并发给执行单元，在执行单元内部选择相应的功能部件来完成这条指令。当这条指令执行完以后，PC 寄存器的值会自动进行一个加法运算，这样就得到了第二条指令的起始地址，然后又去重复刚才的步骤，把第二条指令从内存中取出来，然后分析并执行。就这样一条指令接一条指令地执行，直到整个程序运行结束。当然，如果某条指令是分支或跳转指令，那么就可能会直接去修改 PC 寄存器的值，即直接给出下一条指令的起始地址。另外,在指令的执行过程中,尤其是在执行算术运算或逻辑运算的时候,需要用到若干个数据,这些数据可能存放在内存或 CPU 的寄存器中。存放在寄存器中的优点是速度快,但缺点是容量有限,因此,选择在什么时候把哪些内存数据临时保存在哪些寄存器当中,这实际上是对编程技术的考验。不过幸运的是,只有汇编语言程序员才需要直接去跟寄存器打交道,对于高级语言程序员,这部分辛苦的工作是由编译器来完成的。

最后来讨论一下 CPU 中的寄存器。寄存器是位于 CPU 内部的一些小型存储区域,可以用来暂时存放数据、指令和地址。与 CPU 一样,寄存器也是一种公共的共享资源,并不隶属于某个特定的程序。不同厂商生产的不同类型的处理器,其寄存器组的设计可能是不一样的。

图 2.2 是 Intel 公司 IA-32 架构处理器中寄存器组的设计方案。它包括 16 个基本的用于程序运行的寄存器,这些寄存器可以分为以下四组。

- 8 个 32 位的通用寄存器(General-purpose Register),包括 EAX、EBX、ECX、EDX、EBP、ESI、EDI 和 ESP,这些寄存器主要用来存放操作数和指针。
- 6 个 16 位的段寄存器(Segment Register),包括 CS、DS、SS、ES、FS 和 GS,这些寄存器主要用来存放段选择符(Segment Selector)。
- 1 个 32 位的程序状态与控制寄存器(Program Status and Control Register),该寄存器名为 EFLAGS,用来存放当前正在 CPU 上执行的程序的状态信息和访问控制信息。在其他的处理器中,这个寄存器一般称为程序状态字(PSW)。
- 1 个 32 位的指令指针寄存器(Instruction Pointer Register),该寄存器名为 EIP,用来存放即将执行的下一条指令的起始地址。在其他的处理器中,这个寄存器一般称为程序计数器(PC)。

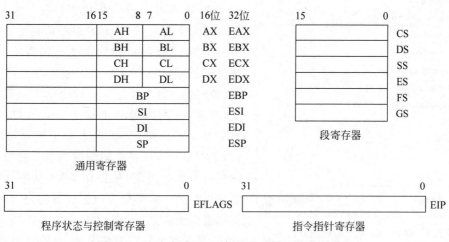

图 2.2　Intel 公司 IA-32 架构处理器中的寄存器组

IA-32 是一种 32 位的体系结构,因此,除了段寄存器以外,每个寄存器的长度默认为 32 位。考虑到兼容性,这组寄存器也可以摇身一变,成为 8086 和 80286 处理器中的寄存器组。具体来说,对于通用寄存器,可以只使用它们低 16 位的那一半。例如,EAX 是一个 32 位的寄存器,如果只想访问该寄存器低 16 位的那一半,可以使用另外一个名称即 AX,而 AX 恰好就是 8086 和 80286 处理器中相应寄存器的名称,这样就实现了兼容。其余的寄存器也是类似的,EBX、ECX、EDX、EBP、ESI、EDI 和 ESP 都是 32 位的寄存器,而 BX、CX、DX、BP、SI、DI 和 SP 都是 16 位的寄存器。另外,对于 AX、BX、CX 和 DX 来说,又可以把它们一分为二,即分为高 8 位和低 8 位,然后每一部分当成一个独立的寄存器来访问。例如,AX 可以拆分为 AH 和 AL,这些都是沿用了早期的做法。

在 Intel 64 体系结构中,采用的是 64 位模式,对寄存器组的设计也进行了调整。例如,通用寄存器有 16 个,包括 RAX、RBX、RCX、RDX、RDI、RSI、RBP、RSP、R8~R15,其中,R8~R15 是 8 个新增加的通用寄存器。另外,这些寄存器虽然都是 64 位的,但也可以只访问低 32 位的那一半,用来存放 32 位的操作数,此时寄存器的名称为 EAX、EBX、ECX、EDX、EDI、ESI、EBP、ESP、R8D~R15D。

2.1.2 为何引入进程

上面讨论了程序的执行过程,即把硬盘上的可执行文件装入内存,然后一条指令接一条指令地送到 CPU 去执行,直到整个程序运行结束。有的读者可能会觉得奇怪,既然能够执行程序了,这就意味着已经能够使用计算机了,在这种情形下,为什么还要引入进程(Process)这个概念呢? 在一个操作系统当中,如果没有进程,行不行呢?

我们知道,为了提高计算机系统中各种资源的使用效率,在现代操作系统中广泛采用了多道程序(Multi-programming)技术,使得多个程序能够同时在系统中存在并运行。

如图 2.3 所示为 Windows 系统中的任务管理器,在这个列表框中列出了当前正在运行的所有应用程序,如 PowerPoint 程序、PDF 阅读器、画图程序、Word 编辑器、媒体播放器等,有很多应用程序正在系统中存在并运行。

图 2.3 Windows 系统的任务管理器

为了使读者对多道程序技术有一个更深刻的印象,这里可以讲一个故事。有一天,在一所大学的一个实验室里,大家都在认真地工作。只有一个学生,他的自我约束能力稍微差一点,在那里玩游戏。这时,实验室的大门突然被推开了,他们的导师走了进来。这个学生一看导师来了,吓了一大跳,赶紧把这个游戏窗口给关了。可是关完了以后,又露出来一个网页浏览器窗口,正在显示一些花里胡哨的内容。此时导师离他只有五步的距离,他强作镇静,又把这个浏览器窗口给关了。可是令他很惊讶的是,在这个浏览器窗口的背后,又露出来一个 QQ 聊天窗口。此时,导师离他只有两步之遥,他有点慌张了,用颤抖的手把这个 QQ 聊天窗口给关了。这时导师已经走到了他的身边,顺便看了一下他的显示器屏幕,只见屏幕上正在播放一部热门连续剧。

在多道程序系统中,各个程序之间是并发执行的,它们共享系统的资源。但是在通常的情形下,计算机中的 CPU 只有一个,在任何时候都只能有一个程序来使用它。即使是多核 CPU,其内核的个数也是有限的,而同时运行的程序的个数却是很多的(基于这个原因,后文在讨论 CPU 时均指单核 CPU,不再赘述),因此 CPU 需要在各个运行的程序之间来回切换,一会儿运行这个程序,一会儿运行那个程序,这样的话,要想描述这些多道的并发活动过程就变得非常困难。

另外,各个程序在运行时需要共享系统的资源,尤其是 CPU 资源,这样就会带来针对共享资源的竞争访问问题。例如,以下是一小段 x86 汇编语言程序。

```
POP  DS
MOV  DX,000E
MOV  AH,09
INT  21
MOV  AX,4C01
```

这段汇编语言程序的具体功能并不重要,但读者应该可以从中体会到,每一个程序在运行时,都要经常性地去访问 CPU 中的寄存器,以上代码中的 DS、DX、AH 和 AX 都是寄存器的名称。但问题在于,CPU 只有一个,CPU 中的那些寄存器也只有一份,而现在每一个程序运行时都要用到这些寄存器,然后大家还要进进出出,来回切换,轮流去使用,这样就会使问题变得非常复杂,如果应对不当,就可能会妨碍程序的正常运行。例如,一个程序在运行时,把另外一个程序的数据给破坏了。因此,为了更好地解决这些问题,操作系统的设计者们提出了进程的概念。

2.1.3 什么是进程

何谓进程? 简单地说,一个进程就是一个正在运行的程序。这个定义虽然很简单,但是却包含很多丰富的内容。一个进程至少应该包括以下几个方面的内容。

- 程序的代码,既然进程是一个正在运行的程序,自然需要这个程序的代码。
- 程序的数据。
- CPU 寄存器的值,包括通用寄存器、程序计数器、程序状态字等。
- 堆(Heap),堆是用来保存进程运行时动态分配的内存空间。
- 栈(Stack),栈有两个用途,一是用来保存运行上下文信息;二是在函数调用时,用来保存被调用函数的形参和局部变量等信息。
- 进程所占用的一组系统资源,如地址空间和打开的文件等。

总之,进程包含正在运行的一个程序的所有状态信息。

显然,进程和程序是两个既有联系又有区别的概念,两者不能混为一谈。程序是一个静态的概念,它由两部分内容组成:代码和数据。进程是一个动态的概念,它也由两部分内容组成:程序和该程序的运行上下文。例如,iexplore.exe 是位于硬盘上的一个可执行文件,它就是一个程序。如果双击该文件,让它运行起来,那么在系统的任务管理器当中,就可以看到增加了一个新的进程。有的读者可能会问:对于同一个程序,如果运行两次,那是算一个进程还是两个进程呢? 例如,同时打开了两个 Word 窗口,分别编辑两个不同的文档。这时,应该算是两个进程,因为它们的代码虽然是一样的,但是运行上下文是不一样的。

图 2.4 描述了程序与进程之间的差别。图 2.4(a)是一个静态的程序,它有两个函数,即主函数 main()和子函数 A()。图 2.4(b)是一个动态的进程,可以看到,除了静态的程序以外,它还增加了一些新的内容,包括堆、栈、通用寄存器的值、程序计数器的值等,这些都是

该程序在运行时所产生的运行上下文。

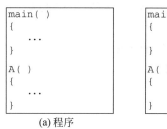

图 2.4　程序与进程

上面的内容有点抽象，有些读者可能不太好理解，这里再详细讨论一下。我们知道，引入进程的目的，是在多道程序环境下，如何来更好地组织和管理程序的运行。也就是说，最终的目标，是让所有的程序都能顺利地、互不干扰地运行。而对于每一个程序而言，当它在运行时，需要用到哪些资源，又会带来哪些改变呢？

一个静态的程序本身是以可执行文件的形式存放在硬盘上的，当它要运行时，系统首先要把它装入到内存当中，所以它需要的第一个资源是一段内存空间。在这段内存空间中，用来存放该程序的代码和数据。代码没有什么问题，就是由一条条的机器指令组成的，而且在运行的时候，其内容也不会发生变化。但是数据就不一样了，一个程序在运行时需要用到不同类型的数据。第一种数据是全局变量，全局变量在程序开始运行时就要占用内存空间，而且在程序运行的整个过程中一直存在。第二种数据是局部变量，即在某个函数中定义的形参或内部变量，这种变量只能在该函数内部使用，而且是在函数调用发生时才会分配空间，在函数调用结束以后其空间就会被释放，然后这部分空间位于栈当中。第三种数据是动态变量，即在程序运行的过程中，通过相应的函数（如 C 语言的 malloc( )函数）申请的动态内存空间，这部分空间位于堆当中。需要指出的是，无论是什么类型的变量，在程序的运行过程中，它们的值都有可能会发生变化，也就是说，相应的内存单元的内容可能是会变的。尤其是对于局部变量和动态变量，连它们所在的内存空间都是动态分配和释放的。以上就是一个程序在运行时对内存资源的需求，用代码段来存放代码，用数据段来存放全局变量，用栈来存放局部变量，用堆来存放动态变量。

除了内存以外，在程序的运行过程中，还需要用到 CPU 资源，尤其是 CPU 中的寄存器，包括通用寄存器、段寄存器、程序状态字和程序计数器等。每当我们执行一条指令时，这些寄存器中的值都有可能会发生变化。

在这种情形下，当一个程序在运行时，在任何一个时间点，如果要给这个程序的这次运行做一个刻画或描述，或者说用带有闪光灯的相机拍一下，这就是进程要做的事情。打个比方，我们在看一场足球赛的实况录像时，可以在 33 分 18 秒时暂停一下，然后看看此时各个球员的站位、队形和体力等信息。在程序运行时这些信息就叫作运行上下文。

最后，可以用一个生活中的例子来描述进程的基本概念。假设有一位计算机科学家，他有两个女儿。暑假时，学校放假，两个孩子都在家里待着，这位可怜的父亲不得不放下手头的工作，临时客串起洗菜工、厨师、洗碗工、家教、儿童看护等兼职工作。有一天中午，他的大女儿嚷嚷着要吃蚂蚁上树这道菜。老父亲虽然没有做过，但是他有办法，于是上网搜索了一下，结果找到几十页关于如何做蚂蚁上树的菜谱和图片，然后从图片中挑选出最满意的一张,下载了相应的菜谱,并按照上面的要求买了一些原料,如粉丝、肉末、葱、姜和调料等,然后边看边学边做。

在这个例子中,把菜谱比喻成算法,因为它详细描述了烧菜的整个过程;把粉丝、肉末这些原材料比喻为输入数据;把计算机科学家比喻成 CPU,因为他是烧菜的,好比 CPU 是执行程序的。那进程是什么呢?进程就是按照菜谱去烧菜的过程。在烧菜的过程中,菜谱(也就是代码)不会发生变化,但是原材料(也就是数据)会发生变化。当然,对于不同的厨师来说,这个变化可能是不一样的。好的厨师,能够把粉丝和肉末变成蚂蚁上树;一般的厨师,能够把粉丝和肉末变成粉丝炒肉末;而技术不过关的厨师,能够把粉丝和肉末变成黑乎乎的一团。总之,程序等于算法加数据,即菜谱加原料。但是光有程序本身是没有什么意义的,程序要运行起来才有意义,才能解决问题。就好像光有菜谱和原料是没有意义的,它们并不能吃,只有按照菜谱把蚂蚁上树做出来,我们才能吃得上。

再假设当这位科学家正在厨房里忙活时,他的小女儿跑了进来,说她的胳膊被蚊子咬了,肿了一个大包,还特别痒。怎么办呢?烧菜的事情只能先放在一边了,先处理一下蚊子包,以免被挠破了。但他毕竟是一位计算机科学家,做事情有条有理,所以他先是在菜谱上做了一些标记,把当前的状态信息都记录了起来,包括现在已经做到了哪一步、粉丝已经泡了多长时间、肉末已经加了哪些调料等,这样,当他回过头来继续做蚂蚁上树时,就会心中有数。这里所说的状态信息,其实就是刚才说的程序的运行上下文。然后,他又去找了一本医疗手册,查到了相关的内容,然后按照上面写的指令一步步地执行,处理小女儿胳膊上的蚊子包。当处理完之后,他就回到厨房继续烧菜。在这个例子当中可以看到,科学家这个CPU,从一个进程(烧菜),切换到了另一个进程(医疗救护),每个进程所执行的程序是不一样的,一个是菜谱,一个是医疗手册。

2.1.4 进程的特性

进程具有三个特性,即动态性、独立性和并发性。

如前所述,进程是一个正在运行的程序,它是一个动态的概念,在程序的运行过程中,它的状态是在不断变化的。例如,一个程序在运行过程中,它是一条指令接一条指令地执行,而每执行一条指令,CPU 中那些通用寄存器的值都可能会发生变化,程序计数器的值肯定也会变化,它需要指向下一条即将执行的指令。另外,内存中的数据也在不断变化,如果对某个全局变量或局部变量的值进行了修改,那么相应的内存单元的内容就发生了变化。如果调用了某一个函数,那么就会在栈中分配新的空间。如果该函数调用结束了,相应的空间又会被释放。如果申请了一块动态内存空间,那么堆空间的内容就会发生变化,诸如此类,一切都在变化当中。

进程的第二个特性是独立性,一个进程是一个独立的实体,是计算机系统资源的使用单位。每个进程都有"自己"的 CPU 寄存器和内部状态,在它运行时独立于其他的进程。当然,这个"自己"是带引号的,也就是说,在物理上只有一个 CPU,它里面也只有一套寄存器,每个寄存器只有一份,例如,程序计数器只有一个。但是每一个进程都会有一个独立的、属于自己的逻辑上的程序计数器。有的读者可能会有疑问,物理上的寄存器指的是真正的硬件寄存器,这个是比较好理解的,那什么是逻辑寄存器?为什么要引入逻辑寄存器?它们的存在形式是什么?如何去使用它们呢?

如前所述，在多道程序系统中，往往有多个程序同时在内存中运行，它们都需要用到 CPU 资源，都要去访问 CPU 中的寄存器。在这种情形下，如何来进行组织和协调，使得每一个程序都能顺利地运行，而不会相互地干扰和妨碍？这就是引入逻辑寄存器的原因。如图 2.5 所示，在物理上只有一个 CPU，而且在 CPU 中也只有一套硬件寄存器。但是每一个进程都有一组相互独立的逻辑上的寄存器，如逻辑 PC、逻辑 SP、逻辑 AX、逻辑 BX 等。所谓逻辑寄存器，其实就是一个个的内存变量，这个内存变量的存放位置后面还会介绍。假设一个进程正在 CPU 上运行，这时它可以正常地执行指令，也可以对物理寄存器中的值进行读写操作。过了一段时间，它的时间片用完了，它要离开了，要轮到别的进程来运行了，这时，系统就会把物理寄存器中的值保存在其相应的逻辑寄存器当中，相当于是把现场保护起来，把所有的值都备份起来，然后就可以放心地走了。后来，当重新轮到这个进程去运行时，系统就会将其逻辑寄存器中的值装入相应的物理寄存器当中，即恢复它上次离开时的原貌，这样，这个进程就可以继续往下运行了，也可以继续对物理寄存器中的值进行读写操作。总之，对于每一个进程，当它要走时，就把所有寄存器的值打包带走，而当它下次回来的时候，再把这些数据恢复到物理寄存器中。这样，对于这个进程来说，就好像它一直在占用着物理寄存器，从未离开，也从未被打断过，但实际上，大家是轮流使用的。

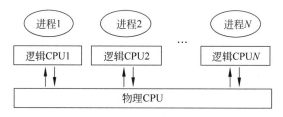

图 2.5　物理 CPU 与逻辑 CPU

有的读者可能会有疑问，如前所述，一个进程在运行时，既要用到 CPU 资源，也要用到内存资源。逻辑 CPU 解决的是 CPU 寄存器的备份问题，那么内存当中的内容是否也需要备份呢？这是不需要的。CPU 是一种竞争性的共享资源，它只有一个，大家轮流使用。而内存不一样，它可以同时容纳多个不同的进程，而且操作系统会确保每一个进程只能访问它自己的内存空间，而不能去访问其他进程的内存空间。所以当一个进程离开 CPU、不再运行的时候，并不用担心自己内存空间中的内容会被人破坏。

进程的第三个特性是并发性，也就是说，从宏观上来看，各个进程是同时在系统中相互独立地运行。如图 2.6 所示，假设有 4 个进程 A、B、C、D 在系统中并发地运行。但这种并发运行只是从宏观上来说的，而实际上，从微观上来看，在某一个特定的时刻，只有一个进程在运行，换言之，各个进程之间实际上是一个接一个地顺序运行。因为 CPU 只有一个，所以在某一个时刻只能有一个进程去使用它。从图 2.6 中可以看出，开始是进程 A 在运行，然后是进程 B 在运行，然后是进程 C 在运行，最后是进程 D 在运行，接下来又开始了新的一轮，先是进程 A，然后分别是进程 B、进程 C 和进程 D。当然，后面会进一步地阐述，每一个进程在轮到它运行时，并不一定会把分配给它的时间片全部用完，可能中途就会暂停，转而去执行 I/O 操作了。

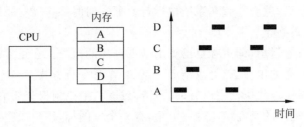

图 2.6 4 个进程并发运行

2.1.5 进程的创建与终止

一个进程是在什么时候、由谁来创建的呢？一般来说,主要有 3 个引起进程创建的事件。

首先,在系统初始化的时候会创建新进程。当一个操作系统启动之后,一般都会创建一些进程。例如,它可能会创建一些前台进程,负责处理与用户的交互,也可能会创建一些后台进程,在那里默默地做一些工作,如 Web 服务器、E-mail 服务器等。另外,在 Windows 操作系统中,有一个名为"启动"的文件夹,如果用户把一些应用程序的快捷方式复制到该文件夹下,那么当系统启动时,就会自动去运行这些程序,创建相应的进程。

其次,在一个正在运行的进程当中,如果执行了创建进程的系统调用,那么也会创建新进程。

最后,用户可以发出请求,创建一个新进程。这主要是指用户与系统之间的交互。例如,在基于命令行的操作系统(如 DOS、Linux)中,用户可以输入想要运行的程序名,这样就能运行一个程序,创建一个新进程。而在基于图形用户界面的操作系统(如 Windows)中,这就更容易了,用户只要选中某个应用程序的图标,然后双击即可。

虽然在上述 3 种情形下,都能创建一个新的进程,但是从本质上来说,在技术上其实只有一种创建新进程的方法,即在一个已经存在的进程中,通过调用系统调用或库函数来创建一个新进程。这个创建者既可以是用户进程,也可以是系统进程。例如,在 Linux 操作系统中,可以用 fork() 函数来创建一个新进程; 在 Windows 操作系统中,可以用 CreateProcess() 函数来创建一个新进程。

例如,在 Visual Studio 编程环境中,如果运行下列程序,那么当该程序在运行时,它本身是一个进程。然后当它运行到 CreateProcess() 函数调用时,又会创建一个新的、独立的进程,即 IE 浏览器进程。

```
# include < windows.h >
int _tmain( int argc, _TCHAR * argv[])
{
    STARTUPINFO si = {sizeof(si)};
    PROCESS_INFORMATION pi;
    TCHAR szCommandLine[] = TEXT
        ("C:\\Program Files\\Internet Explorer\\iexplore.exe");
    CreateProcess(NULL, szCommandLine, NULL, NULL,
        FALSE, 0, NULL, NULL, &si, &pi);
    return 0;
}
```

一个进程被创建后，就会一直在系统中运行。那它何时终止呢？一般来说，在以下 3 种情形下，一个进程会被终止。

第 1 种情形是自愿退出，即进程自己提出结束进程的请求。在正常情形下，如果一个进程已经完成了它应该做的工作，就可以结束。例如，在命令行方式下，在上面这个例程中，当 _tmain() 函数的所有代码都执行完以后，就会结束进程，把控制权交还给系统。而在图形界面中，在大多数应用程序的交互窗口的右上角，有一个×图标，用户在完成任务后，只要单击该图标，这个程序就会运行结束。当然，并不是所有的程序都能全身而退，有的程序在运行时，可能会发现严重的错误。例如，一个进程在运行时需要用到一个配置文件，但是当它试图打开这个配置文件时，发现该文件已经被人删掉了，或者说该文件已经被损坏了，无法打开，这时，这个进程就无法再继续执行下去，只好退出。

第 2 种情形是致命错误，也就是说，在进程的执行过程中，由于程序设计的缺陷，造成了一些致命的错误，例如，执行了非法指令、出现了除 0 错误、出现了内存访问错误等，这时，系统就会自动中止这个进程的运行。在这种情形下，进程自己并不知道犯了错误，所以也就不会主动地退出，而是由操作系统发现了错误以后，把它强制性地踢了出来。

第 3 种情形是被其他进程所杀。一般来说，操作系统会提供一些系统调用函数，用来把一个进程从系统中清除出局。在 UNIX 系统中是 kill( ) 函数，在 Windows 中是 TerminateProcess( )函数。当然，如果一个进程想要把另一个进程杀死，它必须要有足够的权限。

2.1.6　进程的状态

扫码观看

如前所述，一个进程并不总是一直占用着 CPU 在运行，有时它也可能会待在旁边休息。那么如何来描述一个进程的当前状态呢？一般来说，从一个进程被创建开始，一直到它的生命结束为止，在这一段时间内，它只可能处于 3 种基本状态之一：运行状态（Running）、就绪状态（Ready）和阻塞状态（Blocked）。当然，在具体的实现当中，有的操作系统设置的状态个数可能不是三个。例如，可能把它们缩减为两个，即把就绪状态和阻塞状态合二为一，统称为暂停状态。或者是把它们扩展为五个，即再增加两个状态——创建状态和结束状态，分别表示进程刚刚创建，以及进程已经结束运行这两种情形。但无论如何，最基本、最核心的还是运行、就绪和阻塞这 3 种状态。

所谓运行状态，是指进程占有 CPU，正在 CPU 上运行。显然，处于这种状态的进程数目必须小于或等于 CPU 的数目。如果在计算机系统中只有一个 CPU，那么在任何时刻，最多只能有一个进程处于运行状态。

所谓就绪状态，是指进程已经具备了运行的条件，但是由于 CPU 正忙，正在运行其他的进程，所以暂时不能运行。不过，只要把 CPU 分给它，它就能够立刻执行。用一句老话来说，就是"万事俱备，只欠东风"。

所谓阻塞状态，也称为等待状态（Waiting），是指进程因为等待某种事件的发生而暂时不能运行的状态，例如，它正在等待某个输入/输出操作的完成，或者它与其他的进程之间存在某种同步关系，需要等待其他进程给它输入数据。在这种情形下，即使 CPU 已经空闲下来了，这个进程也还是不能运行。

对于就绪状态和阻塞状态，它们既有相同点也有不同点。相同之处在于，进程都处于暂停状态,都没有在运行。不同之处在于,它们暂停的原因是不一样的,导致就绪状态的原因是外因,是操作系统不给进程 CPU 时间;而导致阻塞状态的原因是内因,是进程自身的问题。

关于进程的三个基本状态,可以举一个生活当中的例子来加以说明。例如,假设我们的自行车坏了,需要把它推到修车师傅那里去修理。那么对于这辆自行车来说,当它被交给修车师傅以后,就可能处于 3 种状态之一。第一种状态是运行状态,即修车师傅正在修理这辆自行车。第二种状态是就绪状态,即修车师傅正在忙着修理别人的自行车,而我们的自行车正在旁边等待,只要修车师傅一空闲下来,就会来帮我们修理。第三种状态是阻塞状态,即该自行车需要更换一个配件,而修车师傅那里正好没有这个配件,他已经派人去买了。这时,即使他空闲下来,也没有办法帮我们修车。

图 2.7 是进程的状态及其转换图,从中可以看出,对于进程的 3 种基本状态,即运行、就绪和阻塞,可以有 4 种转换关系。

第一种转换是从运行状态转换成阻塞状态。例如,当一个进程正在 CPU 上运行时,它可能需要进行一些输入/输出操作,如从用户那里输入一些数据。但是相对于高速运行的 CPU 而言,用户按键的动作是很慢很慢的,因此操作系统不会允许这个进程继续占用着 CPU,在那里一直等待,而是会把它变成阻塞状态,然后调用其他进程去运行。

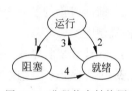

图 2.7　进程状态转换图

第二种转换是从运行状态转换成就绪状态。如前所述,在系统中有很多进程,大家轮流去执行,而这项工作主要是由 CPU 的调度程序来完成的。具体来说,当一个进程在 CPU 上正常运行时,如果操作系统的调度程序认为它已经连续运行了足够长的时间,就会暂停它的运行,把它从运行状态变为就绪状态,然后再调度其他进程来运行。这样每个进程都能得到运行的机会,因此比较公平。

第三种转换是从就绪状态转换成运行状态,这与刚才讲的第二种转换正好相反。这个转换也是由 CPU 调度程序来完成的。即如果一个进程已经在就绪状态等待了足够长的时间,而别的进程都已经轮流使用过 CPU 了,那么调度程序就会选中它,重新占用 CPU 去运行。

第四种转换是从阻塞状态转换成就绪状态。刚才说过,一个进程处于阻塞状态的原因是它正在等待某个事件的发生,如等待数据的输入,那么当这个事件发生以后,该进程就已经具备了继续运行的条件,所以操作系统就会把它从阻塞状态转换成就绪状态。如果在这时,CPU 是空闲的,没有其他进程在运行,那么该进程就会立即占用 CPU 去运行,即又从就绪状态转换成运行状态。如果当前已经有其他进程在 CPU 上运行,那么该进程就需要在就绪状态等待一段时间,等 CPU 空闲以后再去运行。

在一个进程的运行过程中,如果没有涉及输入/输出操作,也没有涉及与其他进程之间的同步关系,那么它就会不停地在运行和就绪这两个状态之间来回地转换,一会儿使用 CPU,一会儿交出 CPU,就这样不断地循环,一直到该进程运行结束为止。而且这种转换完全是自动进行的,是由操作系统,确切地说,是由 CPU 调度程序来完成的。而对于进程本身,或者说,当我们在编写这个程序的时候,并不会意识到这些。我们还以为它一直处于运行状态。仍以修车为例,当我们把自行车推到修车店去修理时,修车师傅往往会说,先放在

第 2 章

那,下午来取。这时我们应该明白,修车师傅并不会花整整一个下午来帮你修车,他同时接了好多个活呢,他只不过会找一个空闲的时间段来帮你修。

请读者再思考一个问题,在课堂上,教师一般会使用 PowerPoint 程序来展示课程的内容,当这个程序在运行时,就成为一个进程。请问当教师正在滔滔不绝地讲课时,这个进程最有可能处于什么状态? 有的读者可能会回答运行状态,但更有可能的是阻塞状态。判断一个进程是否处于运行状态,不是看它是否位于内存当中,而是看它是否正在 CPU 上运行。当教师正在滔滔不绝地讲课时,他或她并没有触碰键盘或鼠标,此时 PPT 进程在大多数情形下是处于阻塞状态,没有运行,它正在等待用户的键盘或鼠标输入。事实上,如果这时启动 Windows 的任务管理器,可以看到 PPT 进程的 CPU 时间为 0,这说明它此时并未使用 CPU。

2.1.7 进程控制块

前面讨论的都是进程的基本概念,那么在一个实际的操作系统中,如何来设计和实现进程机制呢?

在计算机科学中,一个重要的公式是:程序=数据结构+算法。进程管理模块,其实也是一个程序,只不过这个程序稍微有点大、有点复杂,是属于操作系统的一部分。既然是一个程序,自然也是由算法和数据结构这两部分组成,因此,首先就是要设计一个合理的数据结构,用来描述进程的概念。事实上,到目前为止,我们所讲的关于进程的内容还只是停留在概念的层面上,只有把它落实到一个具体的数据结构上,它的形象才比较真实,才更容易理解。举一个生活中的例子,每次我们去医院体检时,医院都会给每一位参加体检的人发放一张体检表,然后把每一项检查的结果都记录在这张表格中。因此,体检表就是用来描述和管理一次体检的数据结构。

在操作系统中,用来描述和管理一个进程的数据结构就是进程控制块(Process Control Block,PCB)。系统为每一个进程都维护了一个相应的 PCB,用来保存与该进程有关的各种状态信息。当然,所谓 PCB,只是操作系统基本原理里面的说法,对于一个真实的操作系统来说,它可能不叫作 PCB,而是叫另外一个名字。例如,在 Linux 系统中,它叫作"任务结构体"。但是无论叫什么名字,每一个操作系统在实现进程管理模块时,一般都会定义这样的一个数据结构。

如表 2.1 所示,在一个典型的操作系统中,一个 PCB 主要包含进程管理、存储管理和 I/O 管理三方面的信息。

表 2.1　PCB 的主要内容

进 程 管 理	存 储 管 理	I/O 管 理
CPU 寄存器的值(包括通用寄存器、PSW、PC 和 SP 等)	基地址寄存器的值	I/O 设备列表
	长度寄存器的值	当前工作目录
进程描述信息(进程号、进程状态等)		进程打开文件列表
进程调度信息(优先级)		
……		

在进程管理方面,如前所述,一个进程在运行过程中,需要竞争式地去使用 CPU 资源,包括其中的寄存器,因此,当一个进程暂时离开 CPU 时,需要把寄存器的值临时存放起来,以便将来回来时能够恢复原貌。前面曾经讲过逻辑寄存器和物理寄存器的概念,物理寄存器只有一份,而逻辑寄存器则是每个进程都有一份。逻辑寄存器是通过内存变量来实现的,那么这些变量存放在什么地方呢?其实就是 PCB 当中的相应字段。另外,为了便于管理,系统会为每一个进程分配一个编号,好比是一个人的名字,只不过这个名字不如张三、李四这么亲切,而是像监狱里的囚犯一样,是一个冷冰冰的数字。一个进程在运行过程中,它的状态是在不断变化的,在运行、就绪和阻塞之间来回切换,因此,这个状态信息也需要保存起来,并且及时地更改。最后,还有一些跟调度有关的信息,如进程优先级、调度参数等,这些信息是给系统的调度程序使用的,在进行调度决策时作为参考。

在存储管理方面,存放的是该进程在实现系统的存储管理机制时所用到的一些数据结构。以页式存储管理为例,如果操作系统采用的是页式存储管理,那么对于每一个进程来说,在内存中都会有一张页表,用来实现地址映射。而该页表的起始地址和长度信息,就必须保存在该进程的 PCB 当中。

在 I/O 管理方面,一个进程在运行过程中,会去使用各种各样的 I/O 设备,也会去访问外部存储设备上的数据文件,因此,这些信息也需要保存在该进程的 PCB 当中。

总之,一个进程的 PCB 就好比是该进程的档案卡,里面记录了有关该进程的各种各样的详细的描述信息。在进程的运行过程中,这些信息也在不断地发生变化。当然,对于不同的操作系统,其 PCB 中所包含的内容并不是完全相同的,这里只是列出了一些大概的内容。

以下是一个例子,是 Linux 操作系统中的进程控制块的实现。它用一个名为 task_struct 的结构体类型来描述 PCB,包括很多字段,如进程的状态、进程的标识、进程的优先级、与存储管理有关的数据结构、进程的打开文件列表等。每一种信息都用一个字段来实现。

```
struct task_struct
{
    ...
    volatile long state;
    pid_t pid;
    unsigned long rt_priority;
    struct mm_struct * mm, * active_mm;
    struct files_struct * files;
    ...
};
```

有了数据结构以后,事情就好办多了。我们可以用 PCB 来描述进程的基本情况以及它的运行变化过程,把 PCB 看成是进程存在的唯一标志。也就是说,当需要创建一个新进程时,就为它生成一个 PCB,然后把它的内容初始化一下。当需要撤销一个进程时,只要回收它的 PCB 即可。而对于进程的组织和管理,也可以通过对其 PCB 的组织和管理来实现。这样,对于读者来说,进程就不再仅仅是一个停留在思维层面的、比较虚的一个概念,而是一个实实在在、看得见也摸得着的东西。PCB 好比是一个进程的档案,对进程的管理就是通过对其 PCB 的管理来实现的。那么进程的 PCB 是存放在什么地方呢？是存放在内存当中,具体来说,是存放在操作系统的数据区中。由于每一个 PCB 都是一个结构体,因此,从操作系统的角度看,它相当于是会创建一个结构体数组,这个数组的每一个元素是一个结构体类型,用来存放一个进程的 PCB。

2.1.8　状态队列

在一个多道程序系统中,往往有很多个进程同时存在,而每一个进程的状态也在不断地发生变化。由于 CPU 的个数有限,因此处于运行状态的进程个数也是有限的。在单核 CPU 系统中,在任何时候最多只能有一个进程处于运行状态,各个进程需要轮流去使用 CPU。假设时间片的长度为 20ms,这意味着在 1s 内,可能要进行几十次的进程切换。另外,有些进程处于就绪状态,有些进程处于阻塞状态,而它们阻塞的原因可能又各不相同。因此,对于一个操作系统而言,采用什么样的方式把所有进程的 PCB 组织起来,将会直接影响对进程的管理效率。

那么如何来组织和管理 PCB 呢？一种自然而然的想法就是把各个进程的 PCB 按照它们的状态组织成一些状态队列。也就是说,由操作系统来维护一组队列,用来表示系统中所有进程的当前状态,不同的状态分别用不同的队列来表示。例如,处于运行状态的进程构成运行队列,处于就绪状态的进程构成就绪队列,而处于阻塞状态的进程,则根据它们阻塞的原因分别构成相应的阻塞队列。然后,对于每一个进程,根据其状态把它的 PCB 加入到相应的队列当中。当一个进程的状态发生变化时,例如,从运行状态变成就绪状态,或者从阻塞状态变成就绪状态,就把它的 PCB 从一个状态队列中脱离出来,加入另外一个队列中。在具体实现上,从数据结构的角度,所谓队列,可以用链表的方式来实现。

图 2.8 是状态队列的一个例子,其中列出了就绪队列和各种不同类型的阻塞队列。就绪队列只有一个,所有处于就绪状态的进程都包含在该队列中。阻塞队列有多个,每一个队列代表一个不同的阻塞事件,如 I/O 设备访问或某个信号量等。另外,这里没有把运行队列包含进来,原因在于:如果是单核 CPU 的系统,在任何时候,最多只能有一个进程在 CPU 上运行。这就意味着,在运行队列中,最多只有一个进程。因此也就没有必要单独设置一个队列,只要用一个指针去指向该进程即可。

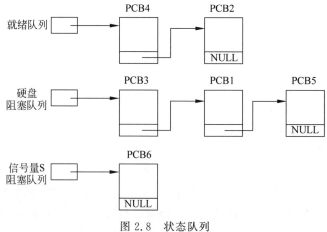

图 2.8　状态队列

假设在某个时刻,进程 3 对硬盘的输入/输出操作已经完成,那么它的状态就要发生变化,从阻塞状态转换成就绪状态。所以要把它的 PCB 从阻塞队列中摘下来,挂到就绪队列中去。

2.1.9　进程模型

有了进程这个概念以后,在计算机系统运行的任何时刻,总是有多个用户进程同时位于内存当中,要么在运行,要么处于就绪或阻塞状态,而操作系统内核的代码,也时不时地会去运行一下。下面通过一个例子,来描述它们之间的关系。

如图 2.9 所示,假设在内存中有 3 个用户进程 P1、P2 和 P3,操作系统内核的代码和数据也位于内存当中。在刚开始时,这 3 个用户进程都处于就绪状态,然后在 t1 时刻,CPU空闲出来,系统的调度程序就会选择一个进程去运行。假设 P1 被选中了,那么它的状态就会从就绪变成运行,然后它的指令就会一条接一条地被送到 CPU 去执行。在 t2 时刻,P1启动了一次系统调用,例如,它要去读写一个硬盘文件。这时,操作系统就要接手了,接手的过程前面已经讲过,在执行系统调用指令时,CPU 会产生一个陷阱中断,并从用户态升级为内核态,然后跳转到中断处理程序去执行,在中断处理程序中再去调用相应的系统服务程序。在这个过程中,P1 的运行上下文会被妥善地保存起来。在启动了相应的 I/O 操作(如硬盘读写)以后,系统会把 P1 的状态从运行修改为阻塞,并把它的 PCB 挂在相应的阻塞队列。然后,调度程序会去运行,从处于就绪状态的 P2 和 P3 中选择一个进程去运行。假设选定的是 P2,因此,就会恢复 P2 在上次离开时的运行上下文,把 P2 的逻辑寄存器的值写入物理寄存器。然后在 t3 时刻,P2 开始运行,其状态从就绪变为运行。

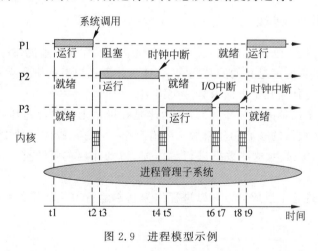

图 2.9　进程模型示例

在 t4 时刻,P2 的时间片用完了,此时在硬件上会产生一个时钟中断,在中断发生后,CPU 的正常运行被打断,跳转到中断处理程序去执行,这样,操作系统又一次接管了系统的控制权。它会保存 P2 的运行上下文,把它的状态从运行变为就绪。然后调用调度程序,选择下一个进程 P3,并恢复它的运行上下文。在 t5 时刻,P3 的状态从就绪变为运行。

在 t6 时刻,进程 P1 的 I/O 操作完成了。注意,刚才讨论的都是 CPU 资源,而 I/O 设备是和 CPU 不一样的硬件资源,两者是可以真正地同时工作的。换言之,从 t3 时刻开始,这个 I/O 设备就一直在工作。然后在 t6 时刻,这一次 I/O 操作完成了,因此,I/O 设备就会向 CPU 发出一个 I/O 中断，打断它的正常运行。CPU 被打断后，跳到中断处理程序去运行，因此，操作系统又开始工作了。由于这是一次 I/O 中断，是在 I/O 操作完成后产生的，而这次 I/O 操作是由 P1 启动的，因此内核代码就会去把 P1 唤醒，把它的状态从阻塞修改为就绪，然后调用调度程序去运行。调度程序在运行时，发现 P1、P2 和 P3 这 3 个进程都具备运行的条件，至于选择哪一个，就要看调度算法的安排了。这里假设它决定让 P3 继续执行。在 t8 时刻，P3 的时间片用完，其状态从运行变为就绪，然后系统再让 P1 运行。

通过上面这个例子，我们基本了解了多道程序系统中进程的运行模式。具体来说：

- 在系统中会有很多个进程，每个进程的状态是在不断变化的，在不同的时刻它需要用到的资源也是不一样的。
- 系统内核也在内存中，它不时会出来运行一下，它上位的方法就是中断。
- 进程之间的切换由系统内核来完成。
- 系统内核并不一定以独立进程的形式存在，当一个用户进程在运行时，如果由于中断等原因跳转到系统内核的代码，此时可能会发生进程的切换，也可能不发生。
- 不同的硬件资源可以在物理上同时工作，即所谓的并行。

2.2　线　　程

自从 20 世纪 60 年代人们提出进程这个概念以来，在操作系统中一直都是以进程来作为独立运行的基本单位，直到 20 世纪 80 年代中期，人们才又提出了更小的能独立运行的基本单位，即线程（Thread）。

2.2.1　为何引入线程

扫码观看

既然已经有了进程，为何还要引入线程这个概念呢？凭直觉来说，肯定是因为进程这个概念存在一些不足，不能满足我们的某些需求，所以才要提出新的概念来补充和完善。那么进程的问题和不足是什么呢？下面来看一个案例。

假设要编写一个简单的视频播放器，其功能是在屏幕上播放经过压缩的媒体文件。在具体实现上，这个播放器的核心功能模块主要有三个：一是从媒体文件中读取数据，并保存在内存缓冲区当中；二是对这些数据进行解压缩，得到原始视频数据；三是把视频数据在屏幕上播放出来。

如何来编程实现这个播放器？在以进程作为基本运行单位的操作系统当中，一种简单的实现办法如下。

```
main( )
{
    while(true)
    {
        Read( );
        Decompress( );
        Play( );
    }
}
```

```
Read( ) { ... }
Decompress( ) { ... }
Play( ) { ... }
```

也就是说,对于上述三个功能模块,分别用三个函数来实现。Read()函数负责读取硬盘文件,Decompress()函数负责解压缩,Play()函数负责播放。然后在main()函数当中分别去调用这三个函数。另外,由于视频文件一般比较大,所以并不是一次性把整个文件都读进来以后再去解压缩和播放,而是把它切分为若干段,用循环语句来处理。在第一轮循环当中,把第一段数据读进来,对它进行解压缩并且播放出来,然后再进行第二轮循环,处理第二段数据,依此类推。

显然,在这种实现方式下,只要一个进程就可以了。但是这种实现方式可能存在一些问题。首先是播放的连贯性问题。由于数据是分段处理的,然后每段数据都要经过 Read(读取)、Decompress(解压缩)和 Play(播放)这三个环节,假设对第一段数据进行读取操作用 R1 表示,解压缩操作用 D1 表示,播放操作用 P1 表示,后面的第二段、第三段数据以此类推。在这种情形下,循环语句执行的函数调用序列就是 R1、D1、P1、R2、D2、P2、…,也就是说,在任意两次相邻的播放之间(如 P1 和 P2),都会有一次读取和解压缩操作。所谓的读取,即从硬盘上把一段数据读入到内存中,这是一个输入/输出操作,需要访问外部设备,耗时较长。而对于解压缩操作,需要对内存中的数据进行解压缩,这就涉及大量的计算工作,也需要时间。因此,如果数据的读取和解压缩时间过长,那可能就会影响到播放的连贯性,即出现播放卡顿的现象,从而造成用户体验不太友好。

其次,在这种方式下,由于各个函数之间不是并发地执行,这就会降低对系统资源的使用效率。有的读者可能会有疑虑,Read()、Decompress()和 Play()这三个函数虽然是顺序执行的,没有并发执行,但整个进程也一直在运行啊,中间并没有休息,这怎么会降低效率呢?我们来仔细分析一下。对于 Read()函数,它的功能是从硬盘文件中读取一块数据,并把它保存在内存缓冲区当中,因此,它的任务主要是以输入/输出操作为主,而较少使用 CPU。事实上,由于外部设备的访问速度较慢,因此,当一个进程在访问外部设备时,系统往往会把这个进程从 CPU 上拿下来,进入阻塞状态,然后让其他的进程去运行。也就是说,当这个进程运行到 Play()函数时,输入/输出设备在那里忙得不亦乐乎,而 CPU 却并没有在执行该进程的代码。反之,对于 Decompress()函数,它的功能是对内存缓冲区中的数据进行解压缩,并生成原始的视频数据,保存在另一块内存缓冲区中。这个工作主要是用 CPU 来进行计算,而不会涉及输入/输出操作。也就是说,当这个进程运行到 Decompress 函数时,CPU 在那里忙得不亦乐乎,而输入/输出设备却闲得无事可做。显然,这种方式是不太合理的。如果能够把这两件事情重叠起来同时运行,一个去使用输入/输出设备,另一个去使用 CPU,大家互不影响,又能同时运行,这样,系统的资源就得到了充分的利用,而这个进程的运行速度也会得到提高,这岂不就两全其美吗?

为了加深读者的印象,再举两个生活中的例子。不少朋友周末时喜欢在网上看视频,如电影、电视连续剧等。在观看视频时,如果仔细观察,会发现在网页播放器的下方有两个进度栏,一个是下载进度栏,一个是播放进度栏,然后这两个进度栏是同时在往前走的,当然速度可能不太一样。这说明在播放网络视频时,并不是先一次性地把整个视频的数据下载到本地,然后再播放,而是边下载边播放,这两件事情同时在进行。为什么能做到这一点呢?这是因为这两件事情所用到的系统资源是不一样的,一个是网络带宽,另一个是 CPU 和显示器。所以,如果两件事情所用到的资源是不一样的,那么就应该合理地安排,让这两件事情同时运转起来,这样,工作的效率就提高了。

另外一个例子,在清华大学的观畴园食堂,有一个卖麻辣烫的窗口,此窗口的师傅就是一个工作效率很高的人。卖麻辣烫需要两个环节,一是跟学生交谈,完成点餐,从而确定此份麻辣烫的配菜有哪些;二是把这些配菜倒在一个铁篮子内,然后浸没在一个长条形的汤锅里去煮熟。对于这个师傅来说,他的工作流程并不是顺序进行的,也就是说,先为学生甲服务,先点餐后煮熟,等学生甲的麻辣烫做好以后,再去为学生乙服务,他不是这样做的。为了提高效率,他把点餐和煮制这两件事情同时进行。具体来说,先给学生甲点餐,然后放入锅中去煮,但是在煮的过程中,又去给学生乙点餐,也就是说,甲的煮制与乙的点餐是同时进行的。而且由于他的锅比较大,一次可以放 4 个铁篮子,所以他最多可以给 4 位同学点餐。在这个例子当中,点餐用到的资源是食堂师傅,而煮制用到的资源是锅,由于这两个资源是不一样的,因此就可以让这两件事情同时运转起来。

回到视频播放器的例子,显然,在单进程的方式下,没有办法让数据读取和解压缩这两件事情同时运转起来,虽然它们所用到的系统资源是不一样的。

有的读者可能会说,既然单进程不行,那么可以使用多个进程来实现,因为进程之间是可以并发运行的。例如,可以分别编写三个程序,第一个程序用来读取数据,第二个程序用来解压缩,第三个程序用来播放。然后让这三个程序同时运行,每个程序对应于一个进程。这样做行不行呢? 能否满足我们的需求呢?

采用多进程的方法,固然可以利用进程间并发运行的特点,让这三件事情同时运转起来。但是如果这样做的话,又会带来新的问题。首先,进程之间存在着同步与互斥问题,即谁先做谁后做,以及访问了共享缓冲区等,详细的内容本章后面再阐述。其次,这三个进程之间如何进行通信、共享数据呢? 如果是刚才的单进程的方案,则没有这个问题。因为对于一个进程的各个函数来说,它们所看到的地址空间是相同的,因此在各个函数之间的数据交流是没有问题的。例如,如果定义一个全局变量,那么这三个函数都可以看到该变量,可以很方便地对它进行读写操作。但是在多进程的情形下,每一个进程的地址空间是各不相同的(详细内容请参见第 4 章"存储管理"),因此,在一个进程里定义的全局变量和数组,或者申请的动态内存空间,在其他的进程中是不能访问的。如果读者不太好理解这一点,可以想一想,在你的计算机中,在 PowerPoint 进程中定义的全局变量,能够在 QQ 进程中访问吗? 显然不能。但如果是这样的话,那么第一个进程从硬盘读入的数据如何交给第二个进程? 第二个进程解压缩以后得到的原始视频数据如何交给第三个进程?

那么如何来解决上面提出的这些问题呢? 通过刚才的分析可以知道,进程这个概念已经不够用了,需要提出一种新的实体,这种实体必须满足两个特性:一是各个实体之间可以并发地运行,就像各个进程之间可以并发运行一样;二是实体之间可以共享相同的地址空间,就像在同一个进程内部的各个函数,它们共享该进程的地址空间一样。只要能够提出这样一种新实体,那么刚才的问题就迎刃而解了。这种实体就是线程。

2.2.2　线程的概念

所谓线程，即进程当中的一条执行流程。读者可以把它想象为山间的一条小溪，哗啦哗啦地从山上流下来。

为了加深对线程这个概念的理解，有必要再对进程的概念做一个回顾，因为线程是从进程中发展出来的。我们可以从两个方面来理解进程。一方面，可以从资源组合的角度来看待进程，它把一组相关的资源组合起来，构成了一个资源平台，或称资源环境，其中包括地址空间（如代码段、数据段）、打开的文件等资源。另一方面，可以从运行的角度来看待进程，因为根据定义，进程就是一个正在运行的程序，这是它的一个本质特征。所以从这个角度，可以把它看成是代码在这个资源平台上的一条执行流程，也就是线程。

在图 2.10 中，方框表示资源平台，带有箭头的线段表示代码的执行流程。读者也可以把这个方框看成是一个池塘，这条线段就表示一条蝌蚪在池塘里游动的路线，这样就比较形象。

在进程这个概念刚刚提出时，资源平台和执行流程这两者的关系是密不可分、一一对应的。一方面，每一个进程都会提供这样的一个资源平台；另一方面，在这个资源平台上，有且仅有一条执行流程。所以一般也不会去对这两者加以区分，当我们说到一个进程时，既是指它的资源平台，又是指它的执行流程，常常把它们混为一谈，不进行区分。但是后来，由于实际

图 2.10　线程

应用的需要，人们觉得必须把这两者分隔开来，资源平台就是资源平台，而代码的执行流程就称为线程。

这样，就可以得到一个式子：进程＝线程＋资源平台。这样做的优点是：

- 在同一个进程当中，或者说，在同一个资源平台上，可以同时存在多个线程。
- 可以用线程作为 CPU 的基本调度单位，使各个线程之间可以并发地执行。
- 由于各个线程运行在相同的资源平台上，因此它们可以共享相同的地址空间，可以方便地进行数据的共享与交流。

既然线程是代码在进程的资源平台上的一条执行流程，那么是不是该平台上的所有资源都能共享呢？也不是。有些能够共享，有些不能。一个进程所拥有的资源，实际上就是前面谈到过的进程控制块（PCB）中的主要内容，包括进程管理方面的信息、存储管理方面的信息和文件管理方面的信息，所有这些资源又可以分为两部分。

一部分是共享资源，包括进程管理方面的大部分信息，如进程的标识符 ID、优先级和状态等，存储管理方面的信息，如代码段、数据段、堆等，以及文件管理方面的信息，如打开的文件等，这些都是进程一级的资源，是该进程内部的所有线程都能共享和使用的资源，因此整个进程只有一份。例如，一个进程中的代码都是共享的，对于其中的每一个函数，A 线程可以调用它，B 线程也可以调用它。全局变量和动态内存空间也是共享的，只要知道变量的名字或动态内存空间的起始地址，所有的线程都可以去访问。另外，在一个线程中打开的文件，可以在另一个线程中进行读写操作。

另一部分是独享资源，主要是两个，即 CPU 寄存器的值和栈，这部分资源是线程所独有的，每一个线程都有自己独立的一份，N 个线程就有 N 份。

为什么寄存器资源是线程独享的呢？因为在线程的运行过程中，它们是必不可少的硬

件资源。每个线程在执行时都要用到 CPU 寄存器，而且在每执行一条指令时，寄存器中的值很可能会发生变化。例如，在执行每条指令后，程序计数器(PC)的值肯定会发生变化，程序状态字(PSW)的值也会发生变化，通用寄存器的值也可能会发生变化，这种情形与进程之间的并发执行是类似的。因此，为了防止各个线程在并发执行的时候相互干扰，每一个线程都需要一组独立的逻辑寄存器。当一个线程离开 CPU 时，就把物理寄存器中的值保存在逻辑寄存器当中，然后当这个线程重新开始运行的时候，再把逻辑寄存器中的值写入物理寄存器，即恢复它上次离开时的运行上下文。

为什么栈资源也是线程独享的呢？因为在一个线程的运行过程中，可能会发生函数调用，即在一个函数中调用了另一个函数。前面说过，在函数调用发生时，需要在栈当中分配一段内存空间，即所谓的栈帧，用来存放这次函数调用的形参和局部变量。另外，在线程运行时，也需要用到栈，用来保存一些运行上下文。在这种情形下，栈必须是独享的，每个线程都有自己独立的栈，不能共享，否则就可能会出问题。例如，如果栈也是共享的，那么假设 A 线程在运行时进栈了两个数据，然后它被打断，切换到线程 B 去运行，B 在运行时也进栈了两个数据，然后被打断，回到 A 运行。那么当 A 重新运行时，它想要把先前进栈的两个数据出栈，但如果它这么做，就出错了，因为它得到的可能是 B 刚刚进栈的两个数据。因此，如果栈资源也是共享，就会使线程之间的并发运行变得非常困难。

最后，可以对线程和进程做一个比较。

(1) 进程是系统资源的分配单位，在没有出现线程这个概念之前，进程同时还是 CPU 的调度单位。但是在出现了线程之后，进程就只作为资源的分配单位，而线程成为 CPU 的调度单位。

(2) 进程拥有一个完整的资源平台，而线程只独享必不可少的资源，如寄存器和栈。

(3) 线程同样具有就绪、阻塞和执行这三种基本状态，同样具有状态之间的转换关系。那些适用于进程的状态和状态转换关系，同样也适用于线程。

(4) 线程能有效地减少并发执行的时间和空间开销，具体来说：

- 线程的创建时间比进程短。这是因为一个线程所独占的资源是很少的，它的大部分资源都是与其他线程共享的，因此在创建一个线程时，与创建一个进程相比，它所需要的内存空间就少得多，所花的时间也很短。事实上，在很多系统中，创建一个线程要比创建一个进程快 10~100 倍。
- 线程的终止时间比进程短。
- 同一进程内的各线程的切换时间比进程短。当然，这必须是同一个进程内的线程，若是不同进程的线程之间的切换，那其实就相当于是两个进程之间的切换。
- 由于同一进程的各线程间共享内存和文件资源，可直接进行不通过内核的通信，从而减少了通信的开销。

总之，由于线程必须依附在某个进程之中，而且线程所独占的资源也比较少，因此它们又被称为是轻量级的进程。

有的读者可能会问，在一个进程当中，可以同时运行多个线程。那么我们人类呢？是单线程还是多线程？这个可能因人而异，有的人喜欢专注于一件事情，而有的人则善于十个指头弹钢琴。据说小孩子在哭闹时，大人只要在边上打开电视，再打开洗衣机，然后拍小孩的背，一会儿孩子就睡着了。理论依据是小孩子最多同时关注两件事情，如果有三件事情需要同时关注,他/她就只能睡觉了。

2.2.3 线程的实现

与进程一样,线程的实现也包括两个方面的内容:数据结构和算法。在数据结构上,用来描述和管理一个线程的数据结构就是线程控制块(Thread Control Block,TCB)。对于每一个线程,都会创建一个相应的 TCB,用来保存与该线程有关的各种信息。系统对线程的管理,也是通过 TCB 来进行的。

TCB 的内容主要包括两个部分,一是线程自身的管理信息,如线程标识符(通常是一个整数,它唯一地标明了某个线程)、线程状态、调度信息等;二是在进程资源平台上线程所独享的那些资源,包括 CPU 寄存器的值和栈指针。至于那些共享资源,本身已经存放在 PCB 中,这里就不用再重复了。

在算法上,需要一些功能模块来实现对线程的操作和管理,如创建新线程、终止一个线程、等待某个线程结束、主动让出 CPU 等。

那么以上的数据结构和管理程序是存放在什么地方呢?这就与线程的具体实现方式有关了。在操作系统当中,线程的实现主要有两种方式:用户线程和内核线程。

所谓用户线程,即在用户空间中实现的一种线程机制,它不依赖于操作系统的内核,而是由一组用户级的线程库函数来完成线程的管理。

用户线程具有如下一些特点。

- 由于用户线程的维护是由相应的进程通过线程库函数来完成的,不需要操作系统内核去了解这些线程的存在,因此它可以用于那些不支持线程技术的操作系统。换言之,在系统内核还是面向进程,以进程作为资源分配和 CPU 调度的基本单位,但在用户空间再增加一层,即线程管理的库函数,有了这一层后,就能实现线程机制。

- 每个进程都需要它自己私有的 TCB 列表,用来跟踪记录它的各个线程的状态信息,TCB 由线程库函数来维护。

- 用户线程的切换也是由线程管理库函数来完成的,不需要从用户态切换到内核态,所以速度特别快。通常的进程间的切换是由系统内核来完成的,需要把 CPU 的状态从用户态切换到内核态,然后进行进程调度,然后又要从内核态回到用户态运行。而对于用户线程来说,这些操作都是在用户态下通过普通的函数调用的方式来完成的,因而速度很快。

用户线程的实现机制有一个比较大的缺点,即阻塞性的系统调用应该如何实现的问题。因为在这种方式下,对于一个进程当中的各个线程而言,如果其中有一个线程发起系统调用而引起阻塞,那么整个进程都无法运行。因为在操作系统眼中,调度的基本单位是进程,操作系统只知道进程,而不知道进程内部有多少个线程。因此,当该进程内部的某个线程发出系统调用的请求时,操作系统会认为是整个进程发出的,因此就把整个进程都阻塞起来。这实际上是一个比较严重的问题,因为引入线程的目的就是为了增加并发性,使得各个线程可以在同一个资源平台上并发地运行。而如果像现在这样,一个线程被阻塞了,就会影响其他的线程,使别的线程也无法运行,这样就使线程之间的并发性打了一个很大的折扣。因此,现在大部分的系统都不再采用这种方式。

所谓内核线程,即在操作系统的内核当中实现的一种线程机制,由操作系统内核来完成线程的创建、终止和管理。它有如下一些特点。

- 在支持内核线程的操作系统中,由内核来维护进程和线程的上下文信息,即 PCB 和 TCB 都存在于内核空间中,由内核程序来维护,而一般的用户程序不能访问。
- 线程的创建、终止和切换都是通过系统调用的方式来进行的,需要从用户态转换到系统态,由内核程序来完成,因此系统开销比较大。
- 在一个进程中,如果某个线程由于发起系统调用而被阻塞,并不会影响其他线程的运行。这是因为线程是由操作系统来管理的,操作系统知道每一个线程的存在,而且 CPU 的调度单位也是线程,因此当一个线程被阻塞后,操作系统就会选择另外一个线程去运行,而这两个线程可能属于同一个进程,也可能属于不同的进程。这样,线程之间的并发运行就不会有任何问题。
- 由于线程是 CPU 调度的基本单位,时间片是分配给线程的,因此,如果一个进程内的线程越多,它获得的 CPU 时间可能就越多。打个比方,在过年时,人们有个风俗习惯就是给小孩压岁钱。一般来说,给压岁钱的时候是按人头来算的,每个孩子都要给,因此,如果一个家庭的孩子越多,得到的压岁钱也就越多。

大部分现代操作系统,如 Windows、Linux 和 Mac OS,普遍采用了内核线程的实现方式,以线程作为调度的基本单位。

这里再稍微讨论一下 Linux 的进程和线程。在 Linux 系统中,实际上并不区分进程和线程,也没有用到这两个术语,它使用的术语叫任务(Task),用来管理任务的数据结构叫任务结构体(task_struct)。这里的逻辑是这样的:对于进程和线程,它们在并发执行上并没有任何区别,都是程序内的一条执行流程。它们的区别仅在于资源平台的不同,线程的资源是进程的一个子集。而对于每一种资源,在具体实现时,无非是用一个数据结构来描述。所以在这种情形下,Linux 用一种统一的方式(即任务)来实现进程和线程是完全可行的。具体来说,在任务结构体中,对于每一种资源,都会有一个指针型的成员变量,来指向相应的描述该资源的数据结构。例如,对于虚拟内存空间,会有一个数据结构来描述,然后在任务结构体当中就会有一个指针来指向这个数据结构。在这种情形下,如果用 fork 系统调用来创建一个传统意义上的新进程,那么系统会创建一个新的任务结构体,另外再复制一份父进程的相关的数据结构,所以这就得到两个完全相同的进程,就像克隆人一样;但如果用 clone 系统调用来创建一个传统意义上的新线程(使用时要设置好相应的参数),那么系统也会创建一个新的任务结构体,但是数据结构就不复制了,而是把任务结构体中的指针指向父任务的相应的数据结构,这样就实现了资源的共享。也就是说,父任务相当于一个普通的进程,而子任务相当于该进程当中的一个线程。

2.2.4 线程库

从程序员的角度,如何来实现多线程编程呢?这就需要用到线程库,它给程序员提供了一组 API 函数,用来创建和管理线程。

对于不同的操作系统和编程语言,线程库的实现方式是不一样的。对于 UNIX 系列操作系统(包括 Linux 和 macOS),大部分都支持 POSIX 标准的 Pthreads 库,而对于 Windows 系列操作系统,也有自己的一套库函数。另外,Java 语言也能实现多线程编程。

Pthreads 定义了六十多个与线程管理有关的函数,包括:创建一个新线程、终止当前线程、等待某个线程结束、主动让出 CPU 给其他线程、创建并初始化一个线程的属性，等等。

在 Windows 操作系统当中，也有一些与线程管理有关的 API 函数，例如，可以用 CreateThread()函数来创建一个新线程，用 WaitForSingleObject()函数来等待某个线程结束。

以线程创建为例，虽然不同线程库的实现方式不太一样，但基本的思路都差不多。一般来说，当需要创建一个新线程时，就去调用相应的库函数，并设定其参数。其中最主要的一个参数，就是新线程的入口函数名。这是什么意思呢？我们知道，对于一个 C 语言程序，它里面有且仅有一个主函数 main()，这个函数就是整个程序的入口，当程序开始运行时，首先执行的就是 main()函数。类似地，当我们要启动一个新的线程时，也要指定该线程的入口函数，即当该线程开始运行后，被调用的第一个函数。当然，一个线程并不一定只有一个函数，在入口函数中，可以去调用其他的函数，也可以出现函数的多重调用。

下面来看一个例子，在 Visual Studio 编程环境中，可以编写如下的一个程序。该程序主要由两个函数组成，其中，_tmain()是主函数(标准的 C 语言程序的主函数名是 main，而 Visual Studio 项目把它改名为_tmain)，它的功能是创建一个新的线程，然后在屏幕上打印一句话“我是本尊线程”，并打印该线程的标识符，最后等待子线程结束。ThreadMao()函数就是我们要创建的新线程的入口函数，它的功能是在屏幕上打印一句话“我是毫毛线程”，然后打印该线程的标识符。这里所谓的本尊和毫毛，是借鉴了西游记当中孙悟空的一项本领，每当他需要外援时，就拔下一根毫毛，吹口气，然后就能变出一个新的孙悟空。

```
# include < windows. h>
DWORD WINAPI ThreadMao(LPVOID);
int _tmain(int argc, _TCHAR * argv[])
{
    HANDLE hThread;
    hThread = CreateThread(NULL, 0, ThreadMao, NULL, 0, NULL);
    printf("我是本尊线程,id =  % d\n", GetCurrentThreadId());
    WaitForSingleObject(hThread, INFINITE);
    return 0;
}
DWORD WINAPI ThreadMao(LPVOID p)
{
    printf("我是毫毛线程,id =  % d\n", GetCurrentThreadId());
    return 0;
}
```

以下是该程序的一次运行结果。

```
我是本尊线程,id = 5300
我是毫毛线程,id = 11176
```

有的读者对于这个输出结果可能会觉得有点疑虑，为什么本尊线程的打印在前，毫毛线程的打印在后呢？在主函数当中，不是先创建了子线程，然后再打印吗？这个问题需要再仔细讨论一下。

从程序的运行来看，在编写完上述源代码以后，经过编译链接，会得到一个可执行程序，然后运行这个程序，相当于就创建了一个进程。对于任何一个进程来说，它至少会有一个线程，即主线程，主线程的入口函数就是_tmain()。在主函数的执行过程中，通过调用CreateThread()创建了一个新的线程，该线程的入口函数为ThreadMao()。这样一来，这个进程内部就会有两个线程，一个是主线程，一个是刚刚创建的新线程。

这里的关键在于，有的读者可能会把创建线程与函数调用这两件事情混淆起来，事实上，这两件事情是不一样的。对于CreateThread()函数，当它被调用时，执行的是它自己的代码，然后它的工作仅仅是创建了一个新线程，即创建了相应的TCB，并设定该线程的入口函数为ThreadMao()，然后把线程的状态设置为就绪，这样就完了，就要返回到主函数去了。当然，在返回之前，系统内核也有可能会调用调度程序，看看下面应该安排哪一个线程去CPU上运行，有可能是新线程，也有可能是主线程，这就涉及具体的调度算法了，但无论如何，在创建一个新线程时，并不是像函数调用那样，就直接跳转到相应的入口函数去执行。图2.11详细描述了整个进程的执行过程。

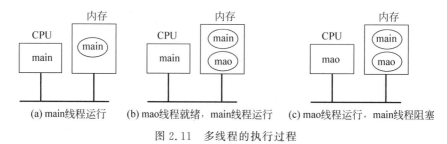

(a) main线程运行   (b) mao线程就绪，main线程运行   (c) mao线程运行，main线程阻塞

图2.11　多线程的执行过程

如图2.11(a)所示，当这个进程刚开始运行时，只有一个main线程，它处于运行状态，即正在CPU上运行，运行的代码就是_tmain()函数。当main线程执行到CreateThread函数调用时，又会创建一个新的线程mao，包括创建相应的数据结构TCB，并将其状态设置为就绪。这样，该进程就会有两个线程，而且这两个线程都处于可以运行的状态。此时系统内核的调度程序需要做出一个决策，是继续执行当前的main线程呢，还是去执行新的线程mao？在本例中，系统选择了main线程继续往下运行，如图2.11(b)所示。这样，main线程就会在屏幕上打印一句话"我是本尊线程"，然后调用WaitForSingleObject()函数，这个函数调用的功能是等待mao线程运行结束。这里就涉及线程之间的同步问题，即谁先做谁后做的问题。例如，在一个主线程中创建了若干个子线程，让它们分别去完成一部分计算功能，当这些子线程全部完成任务之后，在主线程当中还要去做一些善后工作，把这些计算结果做一个统计。显然，在这种情形下，主线程和各个子线程之间就会有一个同步问题，主线程虽然首先启动，但是它必须等各个子线程全部结束以后，它自己才能结束。在本例中也是类似的，main线程需要等待mao线程先运行完，因此它调用了WaitForSingleObject()函数，但是在这个函数调用中，main线程会进入阻塞状态，让出CPU，系统不会让一个无所事事的线程在CPU上浪费时间。当main线程被阻塞后，CPU空闲下来，因此调度程序就会安排mao线程去运行，如图2.11(c)所示。mao线程的入口函数是ThreadMao()，因此该函数的代码将会被执行，在屏幕上打印一句话"我是毫毛线程"。当mao线程运行结束以后，该进程就只剩下一个main线程了，main线程会被唤醒，然后去CPU上运行，但后面已

经没有什么代码了,因此它也很快就运行完了。以上就是该进程运行的整个过程。请读者思考一个问题：在这个例子当中,如果删掉_tmain()函数中的那条 WaitForSingleObject 语句,那么程序的输出结果是否一样？为什么？

2.2.5 一个例子

下面来看一个具体的例子,通过这个例子来复习一下进程和线程的基本概念。

【问题描述】 在一个实际的工程项目中,软件平台采用的是某一种实时的嵌入式操作系统。该项目有两个.c 源文件,如下所示。在源文件 1.c 当中,任务 A 循环地从一个 Socket 中接收数据；任务 B 每隔 100ms 向该 Socket 发送一条响应消息,而这个定时功能是由文件 2.c 中的任务 C 来实现的。任务 C 和任务 B 之间通过同步信号量来实现任务间的同步。请分析该操作系统中的"任务"的概念,它相当于通常所说的进程还是线程？为什么？

```
                        源文件 1.c

int g_nSockId;                  //socket 标识,全局变量
semId g_synSemId;               //信号量标识,全局变量

void testInit(void)             //初始化函数
{
    创建 Socket,建立连接;        //g_nSockId 被赋值

    /* taskSpawn()函数的功能:创建一个任务,它的参数为"任务名"
        "优先级""栈大小""函数名""函数的输入参数" */
    /* 创建任务 A */
    taskSpawn("tTestTskA", 50, 2000, testTskA, 0, …);
    /* 创建任务 B */
    taskSpawn("tTestTskB", 50, 2000, testTskB, 0, …);
}
void testTskA(void)
{
    char * pChRxBuf;
    pChRxBuf = (char *)malloc(100);
    while(1)
    {
        recv(g_nSockId, pChRxBuf, …);
        …
    }
}
void testTskB(void)
{
    char pChTxBuf[100] = "Send message back every 100ms";
    while(1)
    {
        semTake(g_synSemId);
        send(g_nSockId, pChTxBuf, …);
    }
}
```

在源文件 1.c 中,首先定义了两个全局变量。第一个全局变量是 g_nSocketId,即

socket 标识;第二个全局变量 g_synSemId 是用来实现任务间同步的信号量标识。接下来定义了一个初始化函数 testInit(),先是创建 Socket,建立连接。然后调用 taskSpawn()函数创建了两个任务 A 和 B。

函数 testTskA()是任务 A 的入口函数,它的功能是循环地从 socket 当中接收数据,并且保存在一个缓冲区当中。函数 testTskB()是任务 B 的入口函数,它的功能是每隔 100ms 向 Socket 发送一条响应消息。

```
                              源文件 2.c

    extern semId g_synSemId;
    void test(void)
    {
        创建同步信号量,并初始为空;          //即使用变量 g_synSemId
        /* 创建任务 C */
        taskSpawn("tTestTskC", 50, 2000, testTskC, 0, …);
    }
    void testTskC(void)
    {
        while(1)
        {
            taskDelay(100);      /* 延时 100ms,同时释放 CPU 资源 */
            semGive(g_synSemId);
        }
    }
```

在源文件 2.c 中,首先用一个 extern 语句来表明在这个源文件中需要用到源文件 1.c 中的全局变量 g_synSemId。然后在 test()函数中,先是创建了一个同步信号量,并把它初始化为空,然后创建了任务 C。函数 testTskC()是任务 C 的入口函数,它的功能就是循环地延迟 100ms,等 100ms 结束后,通过信号量去唤醒任务 B。

以上就是这两个源文件的主要功能,当然,在这个程序当中,有一些技术细节目前还不是很清楚,如信号量、优先级等概念,但没有关系,因为这里的目标并不是要彻底地弄懂这段代码,而是在刚刚介绍的进程和线程基本概念的基础上分析一下,这里所说的任务到底是线程还是进程。

我们认为,这里所说的任务应该是线程。原因主要有以下两点。

• 从任务的创建来看,它所需要的参数是任务的优先级、栈空间的大小以及函数名,换言之,任务这个实体具有独立的优先级和栈空间,而这些都是创建一个线程所必不可少的。

• 在不同的任务当中,它们都能使用相同的全局变量。例如,任务 A 和任务 B 都使用了 g_nSockeId 这个全局变量,任务 B 和任务 C 都使用了 g_synSemId 这个全局变量。这说明,在这些任务之间,可以很方便而直接地去使用共享的内存单元,而不需要经过系统内核来进行通信,而这正好就是线程的特点,即同一个进程中的所有线程都可以方便地去共享该进程中的各种资源,包括内存地址空间和文件资源。

2.3　进程间通信与同步

所谓进程间通信(Inter-Process Communication,IPC),顾名思义,就是在进程之间的信息交流与协调。现代操作系统采用的一般是多道程序技术,同时有多个进程在运行。在这些并发执行的进程之间,可能有两种关系。

第一种是相互独立,即进程之间没有任何关联关系,包括直接关系和间接关系,进程之间唯一的关系就是针对 CPU 的竞争,大家都需要使用 CPU。在这种情形下,在进程之间不需要进行通信,而是由调度器来协调在何时运行哪一个进程。例如,在编写一个 Word 文档的时候,可以同时把 MP3 播放器打开,放一些音乐,这两个进程之间没有什么关联关系,因此也不需要通信。

第二种是相互关联,即进程之间存在着某种关联关系,可能是直接关联,也可能是间接关联,这时,在它们之间可能就需要进行相互交流,这样才能使各个进程得以顺利运行。例如,有两个进程都需要去使用一个共享变量或共享文件,或者一个进程需要把一大块数据传递给另一个进程,这时,在进程之间就需要进行相互通信。

对于进程间通信,需要讨论以下三方面的问题。

一是进程之间如何通信,如何相互传递信息。

二是当两个或多个进程在访问某个共享资源的时候,如何确保它们能顺利地进行,而不会相互妨碍,这样的问题称为进程间的互斥问题。

三是当进程之间存在着某种依存关系时,如何来调整它们之间的运行次序,这样的问题称为进程间的同步问题。

在日常生活中,这种同步和互斥问题也是非常多的。例如,如果我们去教室上自习,那么教室的座位就是共享资源,大家都能使用,但是在任何一个时刻,在同一个位子上只能坐一个人,这就是进程间的互斥。当然,有时在一个位子上可能坐了两个人,这就是另外的问题了。再如,几个同学一组做大作业,大家都有分工,有的做需求分析,有的做系统设计,有的编写代码,有的做测试,有的写文档,那么在这些人之间,就有一个先后顺序问题。只有需求分析做完了,才能做系统设计;只有系统设计做完了,才能编写代码;只有代码写完了,才能进行测试;而文档的编写工作贯串在整个软件开发过程中。所以这就是一个进程间同步的问题。

另外,虽然这里讨论的是进程间的同步与互斥,但这些问题同样也适用于线程,因为线程之间也是并发执行的,它们也需要共享资源,也可能存在某种先后顺序。事实上,对于同一个进程当中的各个线程,它们共享同一个地址空间,又经常会相互协调去共同完成一项任务,因此,在线程之间可能更需要考虑 IPC 问题。

2.3.1　进程间通信方式

进程间的通信方式可以分为两大类:低级通信和高级通信。

所谓低级通信,指的是进程之间只能传递很少量的控制信息,一般来说只有一个字节或一个整型变量。例如,后面将要介绍的信号量和信号都是低级通信方式。

所谓高级通信,指的是进程之间可以传送任意数量的数据,一般不是一或几个字节,而是一大块数据，如一个文件或一个缓冲区的内容。这种方式主要包括共享内存、消息传递和管道。

请读者思考一个问题，进程之间能否通过共享内存单元的方式来进行通信？例如，对于低级通信，可以设置一个全局变量，然后各个进程都来访问。对于高级通信，可以设置一个全局数组，作为共享缓冲区，然后有的进程往里面写，有的进程从里面读。

这种实现方法是行不通的，前面在介绍进程的基本概念时曾经说过，进程的地址空间是相互独立的，一个进程无法访问另一个进程的地址空间。也就是说，在一个进程中定义的全局变量和全局数组，是无法在另一个进程中访问的。一方面，我们在程序中定义的变量名，在经过编译链接后都会变成地址，因此，如果在两个不同的进程中定义名字相同的两个变量，那么它们所对应的内存地址是不同的。另一方面，对于不同的两个进程，即使用相同的内存地址去访问，访问的也不是同一个东西。因为这里的地址指的是虚拟地址，而虚拟地址要经过地址映射以后才能得到真正的物理内存地址。因此，我们就不能通过这种简单的全局变量或全局数组的方法，来实现进程之间的通信。当然，如果是线程之间的通信，那就没有问题，因为同一个进程内部的各个线程共享该进程的地址空间。因此，在进程中定义的全局变量和数组，可以被该进程的所有线程所访问。

下面介绍一下进程间的几种高级通信方式。第一种是共享内存。共享内存是操作系统提供的一种功能，现代操作系统普遍采用虚拟存储管理，每个进程都有自己独立的虚拟地址空间，然后由操作系统负责把这些虚拟地址空间映射到物理内存（详细内容请参见第 4 章"存储管理"）。所谓共享内存，就是操作系统提供一些 API 函数，允许多个进程把自己虚拟地址空间中的某些部分共享出来，映射到相同的一块物理内存区域。通过这种方式实现进程间的信息交流和共享，如果一个进程对这块区域的内容进行了修改，另一个进程立即就能看到修改以后的结果。

第二种高级通信方式是消息传递。所谓消息，就是由若干数据位所组成的一段信息。消息传递就是进程之间通过发送和接收消息来交换信息。与共享内存一样，消息机制也是由操作系统来维护的，它一般提供两个操作，即消息的发送和消息的接收。如果两个进程 P 和 Q 想要进行通信，那么它们需要做的事情是：先在两者之间建立一个通信链路，然后调用发送和接收操作来交换消息。

第三种高级通信方式是管道。管道通信是由 UNIX 操作系统首创的，也是它的一大特色。由于管道通信方式的有效性，后来的一些系统相继引入了这种技术。管道通信是以文件系统为基础的，如图 2.12 所示，所谓管道就是连接两个进程之间的一个打开的共享文件，它专门用于进程之间的数据通信。发送进程可以源源不断地从管道的一端写入数据流，而接收进程在需要时可以从管道的另一端按先进先出的顺序读出数据。管道的读写操作即为普通的文件操作 write/read，而且数据流的长度和格式没有限制。另外，在对管道文件进行读写操作的过程中，在发送进程和接收进程之间也要进行正确的同步和互斥，以确保通信的正确性。但这部分工作是由系统自动来完成的，对用户来说是透明的。

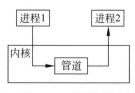

图 2.12　管道通信

请读者思考一个问题：共享内存和管道这两种方式，哪一个更快？应该是共享内存的速度更快，因为这是在内存中进行的操作，而管道以文件系统为基础，而文件系统的访问速度相对来说要慢一些。

2.3.2　进程的互斥

　　为什么在操作系统中会存在进程的互斥问题呢？这主要有两方面的原因。首先,现代操作系统普遍采用了多道程序技术,同时有多个进程在内存中运行。不过这种并发运行只是宏观上的。在微观上,由于 CPU 只有一个,因此在任何时刻,最多只能有一个进程在 CPU 上运行,即各个进程是在顺序地执行,大家轮流去使用 CPU。那如何来实现这种轮流呢？这是通过时钟中断来实现的。当一个进程运行了一段时间以后,会发生时钟中断,然后操作系统会把当前运行的进程拿下来,换另一个进程去运行。互斥发生的第二个原因就是多个进程竞争地访问同一个共享资源,从而引发了互斥。

　　下面通过一个例子来阐述进程互斥的基本原理。如图 2.13 所示,假设有两个进程,它们都涉及对一个共享变量 count 的访问。如果在这两个进程执行之前,count 变量的值为 1,请问,当它们执行完之后,该变量的值是多少？

```
进程 1                      进程 2
tmp1 = count;               tmp2 = count;
tmp1 ++;                    tmp2 = tmp2+2;
count = tmp1;               count = tmp2;
```

图 2.13　两个进程的互斥

　　结果可以分为以下三种情形来讨论。

　　第一种情形,假设进程 1 先执行,当它执行完第一条语句 tmp1＝count 后,假设此时发生了一次时钟中断,表明它的时间片用完了,这时操作系统就会把它从 CPU 上拿下来,并把它从运行状态变为就绪状态,然后调度进程 2 去执行。假设进程 2 很顺利地执行了所有的三条指令,其结果是把 count 变量的值赋为 3。后来,当进程 1 重新开始执行时,它是从第二条指令开始继续往下执行,先把 tmp1 加 1,使之变为 2,然后再把该值赋给 count,因此,最后 count 变量的值为 2。

　　第二种情形,假设进程 2 先执行,当它执行完第一条语句 tmp2＝count 后,假设此时发生了一次时钟中断,表明它的时间片用完了,这时操作系统就会把它从 CPU 上拿下来,并把它从运行状态变为就绪状态,然后调度进程 1 去执行。假设进程 1 很顺利地执行了所有的三条指令,其结果是把 count 变量的值赋为 2。后来,当进程 2 重新开始执行时,它也是从第二条指令开始继续往下执行,因此,最后 count 变量的值为 3。

　　第三种情形,假设进程 1 先执行,当它执行完所有的三条语句后,会把 count 变量的值修改为 2。然后进程 2 执行,在执行完它的三条语句之后,又会把 count 变量的值修改为 4。

　　当然,还可以分析其他的情形。但原理是一样的,也就是说,对于相同的两个进程,如果它们执行的先后顺序不同,而且时钟中断发生的位置也不同,那么最后的运行结果就有可能不相同。对于这种类型的问题,有一个专门的名字,即"竞争状态"。所谓竞争状态,是指两个或多个进程对同一个共享数据进行读写操作,而最后的结果是不可预测的,它取决于各个进程的具体运行情况。

　　如何来解决这个问题呢？既然问题产生的根源在于两个或多个进程对同一个共享数据

进行读写操作,这个共享数据可能是共享的内存、共享的文件,或者是其他各种共享的资源。那么解决的办法也很简单,即在同一个时刻,只允许一个进程去访问该共享数据。也就是说,如果当前已经有一个进程正在使用这个共享数据,那么其他的进程暂时就不能去访问。这就是进程间的互斥的概念。

当然,正如前面所说的,进程的地址空间是相互独立的,在一个进程中不能访问另一个进程中的全局变量。因此,在本例中,使用全局变量作为共享变量,不是太准确,如果是两个线程之间的互斥问题,可能更严谨一些。

对于进程间互斥问题,可以用一种抽象的形式来表示,即把一个进程在运行过程中所做的各种事情分为以下两类。

(1) 进程内部的计算或其他的一些事情,肯定不会导致竞争状态的出现。

(2) 对共享内存或共享文件的访问,可能会导致竞争状态的出现。我们把完成这类事情的那段程序称为“临界区”,把需要互斥访问的共享资源称为“临界资源”。

注意临界区指的是一小块程序片段,也就是说,在一个完整的程序当中,有些代码是需要去访问共享资源的,那么这一段代码就叫作临界区。而其余的代码可能并不需要去访问共享资源,与资源竞争无关,那么相应的代码就称为非临界区。如图 2.13 所示,对于进程 1 来说,图中的三条语句需要去访问共享变量 count,因而就成为临界区,而该进程除了这三条语句之外,可能还会有其他的语句,如果它们不需要访问 count 变量,那就是非临界区。另外,每个进程的临界区代码可能是不一样的,例如,进程 2 的临界区就是另外三条语句。

在这种情形下,如果能设计出某种方法,使得任何两个进程都不会同时进入它们各自的临界区中,那么就可以避免竞争状态的出现。不过,光是满足这个要求还不够,因为这有可能会降低共享数据的使用效率。为此,人们提出了实现互斥访问的三个条件。

(1) 任何两个进程都不能同时进入临界区,这是进程互斥的基本要求。

(2) 当一个进程运行在它的临界区外面时,即当该进程不需要访问共享资源时,不能妨碍其他的进程进入临界区。

(3) 任何一个进程进入临界区的请求应该在有限时间内得到满足。

由于进程之间是并发执行的,每个进程启动的先后顺序可能不太一样,它们的临界区所在的位置也可能不太一样,因此,确实存在两个进程需要同时进入临界区的情形,或者说,一个进程已经在临界区当中,然后轮到另一个进程运行时,也需要进入临界区。在这种情形下,通常的做法是让先来的进程先进去,对于后来的进程,当它想要进入临界区的时候,必须把它拦下来,怎么拦呢? 这就取决于具体的实现方法,有的是阻塞性的方法,即当一个进程无法进入临界区时,系统会把它阻塞起来,进入阻塞队列,从而让出 CPU;也有的是非阻塞性的方法,即当一个进程无法进入临界区时,通过在 CPU 上执行循环检测语句,卡在那里不往下进展,直到其他进程退出临界区。

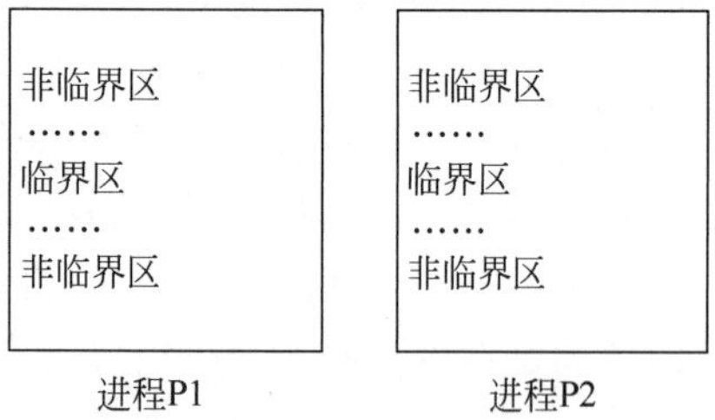

最后,再把进程间互斥问题总结一下。问题描述如图 2.14 所示,有两个进程 P1 和 P2(多个进程也是一样的),它们的代码结构是类似的,开始是执行非临界区的代码,然后是临界区的代码,对某个共享资源进行访问,最后又是非临界区的代码。由

进程P1	进程P2
非临界区 …… 临界区 …… 非临界区	非临界区 …… 临界区 …… 非临界区

图 2.14　进程互斥的问题描述

于两个进程在各自的临界区中都要对同一个共享资源进行访问，因此，需要采取某些措施，使得这两个进程之间不会出现前面提到的竞争状态的问题。

2.3.3　基于关闭中断的互斥实现

最简单的一种互斥实现方法就是关闭中断。也就是说，当一个进程进入了它的临界区之后，做的第一件事情就是先把中断关闭，然后再去执行临界区的代码。当它从临界区退出时，再把中断打开。这里所说的中断，主要是指 I/O 中断。

为什么关闭中断能实现进程间互斥呢？因为操作系统是由中断来驱动的，只有当发生中断（如时钟中断、输入输出中断等）时，操作系统才能获得控制权，才有可能把一个进程从CPU 上拿下来，并让另一个进程去运行。例如，假设开始时是进程 A 在 CPU 上运行，后来发生了一个时钟中断，于是就跳转到操作系统去执行。操作系统如果发现进程 A 的时间片已经用完，就会把它从 CPU 上拿下，把它的当前状态信息保存到它的 PCB 中，然后执行调度程序，选择另一个就绪进程 B 去运行。

如果进程在进入临界区后，先把中断关闭了。在这种情形下，就不会再发生中断，操作系统也就没有机会上手执行，也无法再调度其他进程去运行。换句话说，进程之间的切换就不会出现，就只有一个进程在运行，在这种情形下，该进程可以随便地去访问共享数据，没有人与它竞争。那些想与之竞争的进程，甚至是那些不想与之竞争的进程，都被拒之门外。所以说，关闭中断虽然能够实现进程间互斥，但效率不高。不过，对于操作系统内核而言，这种方法不失为一种简单有效的互斥方法，因此，它们经常使用该方法来更新内部的一些重要的数据结构，如内核使用的变量或链表等。这样，当它们在更新这些数据时，就不会受到其他进程的干扰。

在使用基于关闭中断的互斥实现方法时，如果一个进程在关闭中断后，在临界区中执行大量的计算，而不是真正去访问临界资源，那么就会影响系统的性能，使其他进程长时间得不到运行。另外，这种方法也不适用于用户进程，不能让用户进程也使用该方法来实现互斥，否则就会给系统的稳定性和可靠性带来风险。例如，如果某个用户进程把中断关闭了，然后在它的程序中有一个死循环，这样，一方面该进程无法向前进展，始终在 CPU 上执行死循环语句；另一方面由于中断始终关闭着，操作系统和其他进程也无法执行。这样一来，整个系统就处于一种停滞的状态，谁也动弹不了。最后，如果在计算机系统中存在多个CPU，这种方法也是不可行的。因为在多 CPU 的系统中，即使一个进程在运行时关闭了中断，也没有用，因为在其他 CPU 上面运行的那些进程，仍然有可能会进入临界区，去访问共享资源，这样就无法实现互斥。

2.3.4　基于繁忙等待的互斥实现

互斥实现的另一类方法是基于繁忙等待的方法。所谓繁忙等待，其实生活中也有类似的情形。例如，我们平时给一个人打电话，拨了号码以后，如果听见占线的忙音，说明对方正在跟别人通话，暂时打不进去。所以只好挂了电话，等一会儿再拨。如果还是占线，那就再等一会儿。就这样不断地尝试，直到拨通为止。在实现进程间互斥时，也可以采用类似的方法。当然，具体的实现方法有很多种，这里只介绍其中的几种。

1. 加锁标志位法

比较容易想到的一个办法是加锁标志位法,它的基本思路是设置一个共享变量 lock,如图 2.15 所示,该变量可以被各个进程所访问。在刚开始时,该变量的值为 0,表示没有进程位于其临界区内。然后,当某一个进程想要进入其临界区时,先查看一下这个共享变量的值,若该值为 1,说明已经有某个进程在它的临界区内,因此就用 while 语句循环等待。直到 lock 变量的值变成 0,说明没有其他进程在其临界区,因此可以进去。在进去之前,先要把 lock 设置为 1,这样,别的进程就无法再进入。另外,当进程退出临界区时,还要把 lock 变量的值重新设置为 0,从而允许其他进程进入其临界区。换言之,这个 lock 变量有点像是红绿灯,规则就是绿灯行、红灯停。

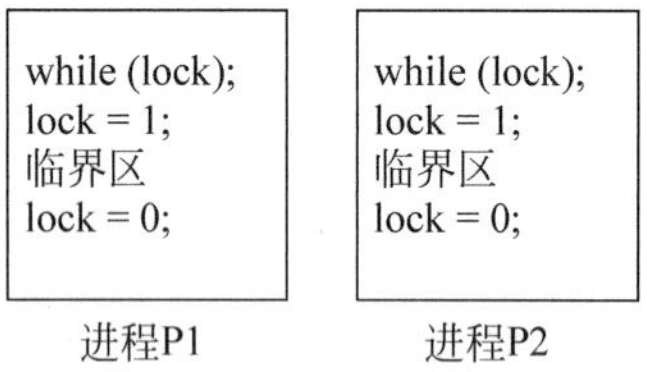

```
while (lock);        while (lock);
lock = 1;            lock = 1;
临界区              临界区
lock = 0;            lock = 0;
```

进程P1   进程P2

图 2.15   加锁标志位法

我们可以用一个现实生活中的例子来说明加锁标志位法。例如,假设我们要去图书馆借一本书。借书的流程一般是:在去图书馆之前,先上网查询一下,看看这本书有没有被借走。如果已经被借走了,就没有必要白跑一趟了。所以等待两天,然后再上网查询一下,看别人还回来了没有,如果还是没还,就再等两天。直到有一天发现这本书已经还回来了,这时,我们就可以去一趟图书馆,把它借回来。

请读者思考两个问题,加锁标志位法是否可行?它有没有什么问题?事实上,这种方法存在一个很大的问题,也就是说,我们引入 lock 共享变量的目的是解决对临界区当中的共享数据的竞争状态问题,但这种做法,有可能会使得共享变量 lock 本身成为竞争访问的对象,由它引发出新的竞争状态。例如,当进程 P1 在执行第一条语句时,发现 lock 变量的值为 0,因此它就往下走,准备进入临界区。可是当它刚要执行第二条语句,把 lock 变量的值修改为 1 时,突然发生了一个时钟中断,然后又调度了另一个进程 P2 去执行。P2 在执行的时候,发现 lock 变量的值还是 0,所以它就进入了自己的临界区。随后,当 P1 再次运行的时候,它也会直接进入临界区,这样,就有可能出现两个进程同时位于它们的临界区的情形。所以问题依然存在,只不过出现的概率会小一点。也就是说,如果这个时钟中断早一点发生,或者晚一点发生,都不会有问题,只有当它出现在第一条语句和第二条语句之间时,才会出现这个问题。

仍以图书馆借书为例,假设我们事先已经上网查询好了,想要借的那本书在图书馆还有,所以就兴冲冲地骑着自行车过去了。可是到了图书馆一看,却怎么也找不到那本书了,原来就在从宿舍去图书馆的这一段时间里,这本书就已经被人借走了。

2. 强制轮流法

强制轮流法的基本思想是:每个进程严格地按照轮流的顺序来进入临界区。也就是说,对于每一个进程而言,只有当轮到它时,它才能进入临界区;如果没有轮到它,即便此时临界区没人访问,也不能进去。在具体实现上,如图 2.16 所示,有两个进程 P0 和 P1,它们都需要多次地、反复地进入临界区。在这种情形下,可以使用一个共享变量 turn,用来表明当前哪一个进程有资格进入临界区。如果 turn 等于 0,表示进程 P0 有资格进入;如果 turn 等于 1,表示进程 P1 有资格进入。对于每一个进程,当它试图进入临界区时,先查看一下变量 turn 的值,如果还没有轮到自己,就循环等待。直到轮到自己后,才能进入。另外,当一个进程退出临界区时,还要修改 turn 变量的值,把权利交给下一个进程。

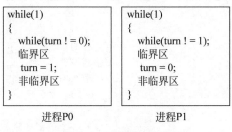

图 2.16　强制轮流法

强制轮流法真正地从软件上解决了多个进程同时进入临界区的问题,它可以保证,在任何时刻最多只有一个进程位于临界区。例如,对于进程 P0 的代码片段,无论时钟中断出现在什么地方,都不会出现多个进程同时进入临界区的问题。但这种方法也有缺点,它违反了前面所说的互斥访问三条件中的第二个条件,即当一个进程运行在它的临界区外面时,不能妨碍其他的进程进入临界区。例如,假设 turn 变量的当前值为 1,表明现在只有进程 P1 才有资格进入临界区。但如果进程 P1 正在忙着做其他的一些事情,例如,它正在非临界区中进行一些很费时间的计算工作,一时半会儿还做不完。而此时进程 P0 又想进入临界区,但由于还没有轮到它,又进不去。所以这就造成了这样一种局面:想要进去的人没有资格,进不去。而有资格进去的人,又在忙着做别的事情,暂时不想进去。这样一来,就造成了资源使用上的浪费。

3. Peterson 方法

1981 年,G. L. Peterson 提出了一种基于繁忙等待的算法,可以真正有效地解决进程间互斥问题。事实上,在此之前,已经有其他的科学家曾经提出过类似的算法,但比较烦琐,而 Peterson 提出的方法则较为简练。作为一个并发进程或线程的同步关系算法,它是非常精彩的,通过这个例子,读者也能体会到并发程序设计的困难和复杂性。

Peterson 方法由两个函数组成:enter_region()和 leave_region()。如图 2.17 所示,当一个进程想要进入它的临界区时,首先调用 enter_region()函数,该函数的主要功能是判断在当前情形下,能否安全地进入临界区。如果不能,就停在那里循环等待。只有当这个函数执行完以后,才能进入临界区。另外,当进程从临界区退出时,还要调用 leave_region()函数,进行一些后处理,以便让其他进程能够进入临界区。这两个函数是配对使用的,它们的参数都是当前进程的进程号,即 0 或 1。

以下是 enter_region()和 leave_region()函数的具体实现。注意该算法只能处理两个进程的互斥问题,如果有多个进程,则需对该算法进行修改。另外,这里虽然讨论的是进程之间的互斥问题,但事实上,由于两个进程的地址空间不同,因此无法直接共享相同的全局变量,即对于全局变量 turn 和 interested 数组,无法被两个不同的进程所访问。因此,准确地说,这里应该是两个线程之间的互斥问题。

图 2.17　Peterson 方法

```
# define   FALSE   0
# define   TRUE    1
# define   N       2                     //进程的个数
int turn;                                //轮到谁?
int interested[N];                       //兴趣数组,初始值均为 FALSE
void enter_region(int process)           //process = 0 或 1
{
        int other;                       //另外一个进程的进程号
        other = 1 - process;
        interested[process] = TRUE;      //表明本进程感兴趣
        turn = process;                  //设置标志位
        while(turn == process && interested[other] == TRUE);
}

void leave_region(int process)
{
        interested[process] = FALSE;     //本进程已离开临界区
}
```

  Peterson 方法是一种很精妙的算法,它能够保证在任何情形下,无论时钟中断发生在什么地方,都能实现进程间的互斥,即在同一个时刻,最多只能有一个进程位于临界区中。

  先考虑比较简单的一种情形,假设进程 P0 先运行,那么当它在调用 enter_region() 函数时,会把 interested[0]设置为真,把 turn 设置为 0,然后在执行 while 语句时,由于 interested[1]的值为假,因此它不会被 while 所拦住,而是很快就结束了 enter_region() 函数调用,从而进入了临界区。假设此时进程 P1 开始运行,它也调用了 enter_region() 函数。注意这里要区分全局变量和局部变量。对于 turn 和 interested 数组,它们是全局变量,总共只有一份,被所有的进程所共享。但是对于 process 和 other 这两个变量,它们是形参和局部变量,根据函数调用的特点,形参和局部变量存放在栈帧中,在函数调用发生时才分配空间,在函数调用结束后其空间被释放。因此,当进程 P0 在调用 enter_region() 函数时,会在自己的栈空间中分配一块栈帧,用来存放形参和局部变量,并在函数调用结束后释放该栈帧。而当进程 P1 在调用 enter_region() 函数时,过程也是类似的。这就意味着,对于 process 和 other 这两个变量,它们是与具体的函数调用相关的,不是像全局变量那样只有一份,而是每发生一次函数调用,就会有一份新的。也就是说,P0 在调用 enter_region() 函数时所看到的 process 和 other 变量与 P1 在调用 enter_region() 函数时所看到的 process 和 other 变量是不一样的。回到刚才的内容,假设进程 P1 开始运行,它也调用了 enter_region() 函数。那么当它执行到 while 语句时,此时 turn 为 1,interested[0]也为真,因此就会被卡在这里,无法往下进行。这样,就确保了只有 P0 位于临界区中。后来,P0 退出了临界区,并调用了 leave_region()函数,把 interested[0]修改为假,这样,P1 就不会再被 while 拦住,从而结束了 enter_region() 函数调用,进入了临界区。

  以上讨论的是 P0 在调用 enter_region()函数时一口气执行完中途未被打断的情形,如果中途被打断,会怎么样呢? 假设进程 P0 先运行,当它执行完 enter_region() 函数的第 9 行即修改 other 变量之后,发生了时钟中断,然后进程 P1 去运行,P1 也调用了 enter_region()

函数,假设它能一口气往下执行,那么当执行到 while 语句时,由于 turn 的值为 1,interested[0] 为假,因此它不会被 while 语句所拦住,顺利地进入了临界区。后来,当 P0 重新运行时,在 while 语句处,由于 turn 的值为 0,而且 interested[1] 为真,所以被拦住了。因此,在这种情形下,还是只有一个进程(即 P1)能够进入临界区。

再来考虑另一种情形,假设进程 P0 先运行,当它执行完 enter_region() 函数的第 10 行即修改 interested[0] 之后,发生了时钟中断,然后进程 P1 去运行,P1 也调用了 enter_region() 函数,假设它能一口气往下执行,那么当执行到 while 语句时,由于 turn 的值为 1,interested[0] 为真,因此这一次它会被 while 语句所拦住,无法进入临界区。后来,当 P0 重新运行时,在 while 语句处,由于 turn 的值为 0,而且 interested[1] 为真,所以也被拦住了。有的读者可能会觉得奇怪,现在 P0 和 P1 都被 while 语句拦住了,都无法向下进展,这不就是死锁吗?实际上不会死锁。因为过了一会儿,当 P0 的时间片用完之后,P1 会再次得到 CPU 去运行,而当它再次执行 while 语句时,此时条件已经发生了变化,turn 的当前值为 0,不满足第一个关系表达式,因此 while 语句就结束了,P1 也就进入了临界区。而 P0 即使再次得到 CPU,也会继续被 while 语句拦住,这样就能确保最终还是只有一个进程能够进入临界区。

当然,还有其他的情形需要考虑,时钟中断可能发生在 P0 和 P1 的不同位置,而且两者组合起来就更复杂了,这里就不再一一赘述,读者如果感兴趣,可以自行分析。另外,上述方法只是根据经验对特定的情形来进行分析,而不是理论上的证明,如果从证明的角度,可以用反证法,即假设 P0 和 P1 能够同时进入临界区,它们都没有被 while 语句拦住。在这种情形下,首先,对于 P0 和 P1,它们不可能同时执行 while 语句,换言之,不可能出现这样一种情形,即 P0 执行 while 语句,没有被拦住,进入了临界区,然后轮到 P1 执行时,也是从 while 语句开始执行(即上次时钟中断发生的位置),也没有被拦住,这是不可能的。因为在这种情形下,当它们在执行 while 语句时,interested[0] 和 interested[1] 的值肯定都是真,而 turn 的值要么是 0 要么是 1,因此,不可能两个人都没有被拦住。其次,既然两个进程不可能同时执行 while 语句,这意味着这两次 while 语句之间,至少存在一条额外的语句。例如,P0 执行 while 语句,没有被拦住,进入了临界区,然后轮到 P1 执行时,它不可能从 while 语句开始执行,至少要从它的上一条语句即修改 turn 变量开始执行,而如果是那样的话,P1 就会被拦住。

Peterson 方法有效地解决了进程间互斥问题,而且它还克服了强制轮流法的缺点,也就是说,如果某个进程自己没有位于临界区中,那么它不会妨碍其他进程进入临界区。例如,假设进程 1 一直在忙着处理其他一些事情,不想进入临界区,那么对于进程 0 而言,interested[1] 的值就始终为假,因此它可以多次地、反复地进入临界区。这样就提高了共享资源的使用效率,不会出现"想进去的进程进不去,不想进去的进程又占着资源"的情形。

4. 繁忙等待方法小结

无论是加锁标志位法、强制轮流法,还是 Peterson 方法,它们都是基于繁忙等待的策略。从本质上来说,它们都可以被归纳为同一种形式,即当一个进程想要进入它的临界区时,首先检查一下是否允许进入,如果允许,就直接进入;如果不允许,就在那里循环地等待。这种基于繁忙等待的策略,虽然能够满足我们的需要,实现进程之间的互斥访问,但它有两个缺点。一是浪费了 CPU 时间,因为当一个进程暂时无法进入临界区时,它就在那里不断地循环,此时 CPU 一直处于运行状态,但又没做什么有价值的事情,只是由于发热而温度升高,据说在冬天的时候有人喜欢运行一段死循环程序来让计算机变得暖和一些。二是这可能会导致出现预料之外的结果。例如,假设系统采用优先级调度算法,有一个低优先级的进程正在临界区中,此时,有一个高优先级的进程也就绪了,并试图进入临界区。在这种情形下,结果会如何呢? 结果是死锁。由于系统采用的是优先级调度算法,因此当高优先级的进程就绪后,系统就会立即安排它去 CPU 上运行。然后这个进程也想进入临界区,但由于此时低优先级的进程已经在临界区中,因此,高优先级的进程只能循环等待,等待低优先级的进程退出临界区。但由于调度算法是根据优先级来选择进程的,因此低优先级的进程始终得不到 CPU 去运行,也就无法退出临界区,而高优先级的进程虽然一直占用着CPU,但它由于进不了临界区,所以在那里空转。这样,就构成了一种死锁的状态。那么如何来解决这个问题呢?

解决的方法就是:当一个进程无法进入临界区时,应该把它阻塞起来,从而把 CPU 让出来。而当一个进程离开临界区时,如果此时有其他的进程正在等待进入临界区,那么还需要去唤醒被阻塞的进程。显然,如果能实现这种机制,那么基于繁忙等待策略的两个缺点都被克服了。具体来说,当一个进程暂时无法进入临界区时,它会把 CPU 交出来,进入阻塞状态,在阻塞队列里等待,这样就不会浪费 CPU 时间。另外,刚才的死锁问题也不会出现,因为当高优先级的进程无法进入临界区时,它会被阻塞起来,这样低优先级的进程就可以得到 CPU 去运行,然后当它退出临界区时,会把高优先级的进程唤醒,这样两个进程都能顺利地执行,不会出现死锁问题。

另外,还有一个新的问题。也就是说,到目前为止,我们所研究的进程互斥问题,都是这样一种形式:两个或多个进程都想进入各自的临界区,但是在任何时刻,都只能允许一个进程进入临界区。如果把这个问题的形式修改一下,即两个或多个进程都想进入各自的临界区,但是在任何时刻,只能允许 N 个进程同时进入临界区,这个 N 大于或等于 1。例如,假设系统中的打印机有 3 台,即 N 等于 3,那么在任意时刻,最多应该允许 3 个进程同时进入它们的临界区。显然,前面所介绍的各种方法都无法解决这一类互斥问题。这就需要引入一种新的数据类型,即信号量。

2.3.5　信号量

信号量(Semaphore)是于 1965 年由荷兰著名的计算机科学家 Dijkstra 提出来的,它的基本思路是用一种新的变量类型,即信号量,来记录当前可用的资源数量。它既可以解决多个空闲资源的问题,也可以避免繁忙等待方法中浪费 CPU 的现象。Dijkstra 是计算机科学领域中的一位大师级人物,也是 1972 年的图灵奖得主。

在信号量的具体实现上,有两种不同的方式。第一种方式要求信号量的取值必须大于或等于 0。如果信号量的值等于 0,表示当前已没有可用的空闲资源了;如果信号量的值大于 0,表示当前可用的空闲资源的数量。第二种方式不限制信号量的取值,它既可以是正数,也可以是负数。如果是正数或者 0,那么它的含义与第一种方式是一样的;如果是负数,那么它的绝对值就表示正在等待进入临界的进程个数。打个比方,我们去饭店吃饭,饭店里桌子的数目是有限的,可以用一个信号量来记录空闲的桌子的个数。如果信号量的值大于 0,说明还没有坐满,后来的客人还可以进去;如果信号量的值等于 0,说明已经客满;如果信号量的值小于 0,说明饭店的生意非常好,不仅已经客满,而且还有人在门口等待。在本书中将采用第二种方式，因为它实现起来更加方便，可以知道当前有多少个进程正在等待进入临界区，而第一种方式则没有提供这个信息。

信号量是由操作系统来维护的，用户进程只能通过初始化和两个标准原语，即 P 原语和 V 原语来对它进行访问。在初始化的时候，可以指定一个非负的整数值，即空闲资源的总数。所谓原语，其实就是一个函数，它通常由若干条语句组成，用来实现某个特定的操作。它与普通函数的区别在于：它是由操作系统提供的，而且是一种原子操作，即在执行过程中不会被中断所打断，能够一口气执行完。这样的好处就是不会出现针对信号量的竞争状态问题，也就是说，信号量本身也是一个共享资源，如果多个进程同时去访问同一个信号量，而且不采取任何互斥机制，那么就可能会出现难以预测的后果。

除了用计数的方法来描述可用资源的个数，在 P、V 原语中还包含进程的阻塞和唤醒机制，因此，当一个进程在等待进入临界区的时候，会被阻塞起来，把 CPU 交出来，从而让其他的进程去运行，而不会像基于繁忙等待的进程互斥机制那样，在 CPU 上不断地执行while 语句，不断地查询，从而浪费大量的 CPU 时间。当然，需要指出的是，并不是在任何情形下，阻塞性方法都比繁忙等待方法要好，事实上，如果需要等待的时间比较短，那么用繁忙等待的方法可能更好，因为它不需要进行进程切换，没有额外的时间开销。

P 原语中的字母 P 是荷兰语单词 Proberen(测试)的首字母。它的主要功能是申请一个空闲的资源，即把信号量的值减 1，如果成功，就退出该原语；如果失败，那么调用该原语的那个进程就会被阻塞起来。V 原语中的字母 V 是荷兰语单词 Verhogen(增加)的首字母。它的主要功能是释放一个被占用的资源，即把信号量的值加 1。加完了以后，如果发现有被阻塞的进程，就从中选择一个把它唤醒。

以下是信号量和 P、V 原语的一个具体实现(C 语言)。

```c
typedef struct
{
    int count;                       //计数变量
    struct PCB * queue;              //进程等待队列
} semaphore;

P(semaphore * S)
{
    S -> count -- ;                  //表示申请一个资源
    if(S -> count < 0)               //表示没有空闲资源
    {
        把该进程修改为等待状态;
        把该进程加入到等待队列 S -> queue;
        调用进程调度器;              //OSSched( )
    }
}

V(semaphore * S)
{
    S -> count++ ;                   //表示释放一个资源
    if(S -> count < = 0)             //表示有进程被阻塞
```

```
            {
                从等待队列 S->queue 中取出一个进程;
                把该进程修改为就绪状态,插入就绪队列
            }
        }
```

信号量 semaphore 是一种结构体类型,它由两部分内容组成,一部分是整型的计数变量 count,如果其值大于 0,表示当前空闲资源的个数;如果其值小于 0,则它的绝对值表示位于等待队列中的进程个数。另一部分内容是一个进程等待队列 queue,表示被这个信号量所阻塞的各个进程,它们被指针一个个地串起来,形成了一个队列。这个队列中的每一个结点表示相应进程的进程控制块 PCB。在申明了 semaphore 这个类型定义后,就可以用它去定义自己所需的信号量了。

信号量是操作系统提供的一种机制。而前面讲的各种进程间互斥机制,如强制轮流法、Peterson 方法等,都是在应用程序层面由用户自己来实现的。而信号量机制是由操作系统提供的,程序员在使用时,直接调用相关的函数即可。例如,在 Windows 操作系统中,系统提供了一些与信号量相关的 API 函数。CreateSemaphore() 用于创建一个信号量,并进行初始化。WaitForSingleObject() 类似于 P 操作,ReleaseSemaphore() 类似于 V 操作。而在一个嵌入式操作系统 uCOS 中,osSemCreate() 函数表示创建信号量,osQuePend() 函数类似于 P 操作,osSemPost() 类似于 V 操作。

利用操作系统提供的信号量机制,可以方便地实现对临界资源的互斥访问。如图 2.18 所示,为了实现对共享变量 value 的互斥访问,可以定义一个信号量 mutex,并把它初始化为 1。表示在任何时候,最多只允许一个进程进入临界区。然后,在每一个进程中,当需要进入临界区时,先调用一条 P 原语,判断当前能否进入。如果能的话,P 原语结束,进程进入临界区;如果不能进入,该进程就会被阻塞起来。在退出临界区时,需要调用 V 原语来释放资源。每一个进程的代码都是类似的。

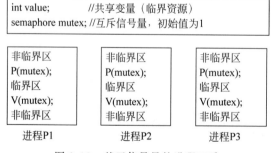

图 2.18　基于信号量的进程互斥

采用这种方式以后,就能实现针对共享资源的互斥访问,即保证在任何时候,最多只有一个进程位于其临界区当中。例如,假设在刚开始时,进程 P1 在运行,当它执行到 P 操作时,由于此时 mutex 的值为 1,因此不会被阻塞,P 操作顺利结束,P1 进入临界区。假设当它正在临界区运行时,发生了一个时钟中断,系统调度进程 P2 去执行。那么当 P2 执行到 P 操作时,由于此时 mutex 的值为 0,因此就会把进程 P2 阻塞起来,把它挂到信号量 mutex

的阻塞队列中。此时,CPU 空闲了下来,因此系统又会调度另一个进程 P3 去运行。当 P3 执行到 P 操作时,由于此时 mutex 的值为 −1,因此就会把 P3 也阻塞起来,把它挂到 mutex 的阻塞队列中,排在 P2 的后面。随后,系统调度进程 P1 运行,当 P1 退出临界区时,会执行一个 V 操作。此时,就会从 mutex 的阻塞队列中取出第一个进程,即 P2,把它唤醒,并把它挂到就绪队列中。接下来是 P2 立即运行还是 P1 继续运行,这就看具体的调度算法了。不管怎样,后来当 P2 开始执行后,由于它刚才是在 P 操作的末尾被打断、被切换走的,因此当它再次得到 CPU 时,也是在这个位置重新开始运行,结束了 P 操作,从而进入了临界区。最后,当 P2 退出临界区后,也会执行 V 操作,因此又把 P3 给唤醒了。通过上述过程可以看到,在任何时刻,最多只有一个进程位于临界区中。

在前面的图 2.13 中曾经举了一个例子,即两个进程(或线程)去访问同一个共享变量,由于竞争状态的原因,最后的结果可能是 2、3 或 4。如果采用了基于信号量的互斥机制,那么就不会有问题了,不管时钟中断出现在什么位置(在 Windows 系统中可以用 Sleep()函数来模拟时钟中断出现的位置,即用被阻塞来替代被中断),最后的结果全部都是一样的,都是 4。换言之,就根本不会出现两个进程同时进入临界区、同时去访问共享资源的情形,一定是当一个进程退出了临界区以后,另一个进程才能进入。读者如果感兴趣,可以编程试验一下。具体来说,就是把 count 定义为全局变量,然后创建两个线程分别去访问这个共享变量,用 Sleep()函数来模拟时钟中断发生的位置,这样在运行后可以分别得到 2、3 和 4 这三种不同的结果。但如果加入了基于信号量的互斥机制后(创建互斥信号量的函数为 CreateMutex(),P 操作的函数为 WaitForSingleObject(),V 操作的函数为 ReleaseMutex()),不管时钟中断发生在什么位置,最后的结果都是 4。

2.3.6　进程的同步

进程之间除了互斥以外,还有一个问题就是进程间的同步。所谓进程同步,是指在多个进程中发生的事件之间存在着某种时序关系,因此在各个进程之间必须协同合作、相互配合,使各个进程按一定的速度执行,以共同完成某项任务。有人把进程之间的同步比喻为人与人之间的合作,即谁先做什么,谁后做什么。把进程之间的互斥比喻为人与人之间对共享资源的竞争。在本节,只考虑基于信号量的进程间同步问题。

同步也是一个很重要的问题,如果这个问题没有处理好,就可能会导致错位的执行顺序,即各个功能模块的先后顺序紊乱。以下是关于同步关系的一个小笑话。

一个程序员碰到了一个问题,他决定用多线程同步来解决,现在两个他问题了有。

来看一个同步的例子,假设有两个进程 P1 和 P2,在 P1 中有一段代码,其功能是 A;在 P2 中也有一段代码,其功能是 B。现要求 A 必须先执行,然后 B 才能执行。但由于 P1 和 P2 是并发执行的,有可能 P1 先运行,也有可能 P2 先运行。另外,时钟中断可能会出现在任何一个位置。在这种情形下,如何使用信号量的方法,来确保 A 先执行、B 后执行呢?

如图 2.19 所示,可以定义一个信号量 S,它的初始值为 0。然后在进程 P1 中,在 A 的后面加上 V(S)操作,在进程 P2 中,在 B 的前面加上 P(S)操作,这样就能实现 A 先于 B 执行的效果。事实上,

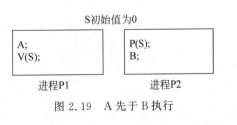

图 2.19　A 先于 B 执行

如果进程 P1 先执行,P2 后执行,那么最后的结果是先 A 后 B;而如果进程 P2 先执行,那么当它执行到 P(S) 操作时,由于 S 的初始值为 0,因此 P2 会被阻塞起来,交出 CPU。随后进程 P1 执行,执行功能 A,然后用 V(S) 释放信号量,唤醒进程 P2。所以最后的结果仍然是先 A 后 B。另外,无论时钟中断发生在什么地方,都不会影响最后的结果。

例 1　合作进程的执行次序

【问题描述】

对于如图 2.20 所示的进程流程图,用信号量和 P、V 操作来描述各个进程之间的先后关系。

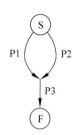

图 2.20　三个进程的同步关系

【问题分析】

从问题分析来看,首先要分析进程之间的同步关系。从图 2.20 中可以看出,进程 P1 和 P2 可以并行执行,而 P3 的执行必须等待 P1 和 P2 都完成以后才能开始。那么这里有几个同步关系呢? 显然,在 P1 和 P3 之间存在着同步关系,P3 必须等 P1 执行完以后,才能执行。类似地,P2 和 P3 之间也有同步关系。另外,P1 和 P2 之间没有同步关系,因为它们两个是并发执行的,谁先谁后都没有什么关系。事实上,这道题目与图 2.19 是类似的,都是要求谁先做谁后做的问题,区别仅在于:对于图 2.19,它只有一个同步关系,而这里则有两个同步关系。但不管是几个同步关系,它们的实现方法是类似的。

把同步关系分析清楚以后,就可以设置信号量,并说明它们的含义和初始值。由于有两个同步关系,因此需要定义两个信号量,一个是 S13,表示 P1 和 P3 之间的同步关系,把它初始化为 0;另一个是 S23,表示 P2 和 P3 之间的同步关系,把它也初始化为 0。

【程序描述】

```
P1( )      //进程 P1
{
        …
        V(S13);
}
```

```
main()
{
    semaphore S13 = 0, S23 = 0;
    cobegin
        P1;
        P2;
        P3;
    coend
}
```

```
P2( )      //进程 P2
{
        …
        V(S23);
}
```

```
P3( )      //进程 P3
{
        P(S13);
        P(S23);
        …
}
```

上述代码中的 cobegin 和 coend 是伪代码,表示夹在它们之间的语句可以并发执行。如果在 Windows 系统中用 C 语言来实现,可以分别创建三个线程 P1、P2 和 P3,然后让它们并发运行。另外,在对信号量使用 P、V 操作时,这里直接用了信号量变量的名字,但严格地说,应该加上取地址运算符,如 P(&S13)、V(&S13),因为 P、V 函数的形参是指针类型,在参数传递时必须传递地址,这样才能在 P、V 函数内部去修改 main() 函数中定义的信号量变量。这里为了阅读时的简洁起见,就省略掉了取地址运算符。

例 2　司机与售票员

【问题描述】

在一辆公共汽车上,有一名司机和一名售票员。对于司机来说,他在上班时间内所做的事情主要是:发动汽车、正常运行和到站停车。对于售票员来说,他所做的事情主要是:关闭车门、售票、打开门。显然,在司机和售票员之间必须有一种协调机制,以确保公共汽车的正常运行。假设初始状态是该公共汽车即将离开某个站。

【问题分析】

这道题目比例 1 要难一些,难点在于:对于例 1,每个进程只做一件事情,而且只做一次。所以两个进程之间的同步,其实就是两件事情之间的同步。但是在本例中,每个进程要做多件事情,而且是循环地做,然后一个进程中的某件事情要与另一个进程中的另一件事情同步,这样就有点不太好理解。

如果把司机和售票员各看成一个进程,那么首先还是要分析这两个进程之间的同步关系,或者说,事件和事件之间的同步关系。显然,这里有两个同步关系。首先,在公共汽车离开某个站之前,只有当售票员关闭了车门以后,司机才能发动汽车;其次,当汽车到达某个站之后,只有当司机把车停稳了以后,售票员才能打开车门。把这些同步关系想清楚了以后,就可以借鉴前面的例子来编写代码。

基于上述分析,可以设置信号量,并说明它们的含义和初始值。由于有两个同步关系,因此需要定义两个信号量,DoorClose 表示在出站前,车门是否已经关闭;Stop 表示在进站时,汽车是否已经停稳。由于初始状态是该公共汽车即将出站,因此,这两个信号量的初始值都等于 0。其中,DoorClose 等于 0,表示门还没有关。Stop 等于 0,表示还没有到达下一站,所以车还没有停。

【程序描述】

```
semaphore  DoorClose = 0;
semaphore  Stop = 0;
```

```
while(上班时间)
{
    P(DoorClose);
    发动汽车;
    正常运行;
    到站停车;
    V(Stop);
}
```

公车司机

```
while(上班时间)
{
    关闭车门;
    V(DoorClose);
    售票;
    P(Stop);
    打开车门;
}
```

售票员

可以看到,在分析清楚了同步关系之后,信号量的初始化和 P、V 操作的调用与前面的例子是差不多的。以关闭车门和发动汽车这一对关系为例,由于先要关闭车门,然后才能发动汽车,因此要在发动汽车的前面加上 P(DoorClose),在关闭车门的后面加上 V(DoorClose),这样就能实现它们之间的同步关系。那么这个程序是否正确呢? 可以手工推演一下它的执行过程。假设是司机进程先运行,由于 DoorClose 初始值为 0,因此它会在 P 操作处被阻塞起来,然后售票员进程执行,售票员关闭车门以后,会用 V 操作唤醒司机,然后开始售票,售票完成后,去执行 P(Stop)操作,由于 Stop 初始值为 0,因此会被阻塞起来。司机进程开始运行,发动汽车、正常运行、到站停车,然后用 V 操作唤醒售票员。这样他的第一轮循环结束,开始第二轮循环,但此时 DoorClose 的值又是 0,因此又被阻塞。轮到售票员进程执行,它是从 P 操作后面开始执行,因此打开车门,这样完成了第一轮循环,开始第二轮循环,关闭车门,然后用 V 操作唤醒司机进程,这样就回到了刚才的状态。总之,这个程序的运行结果,从时间轴来看,就是从 A 站开始,售票员先关闭车门,然后开始售票。与此同时,在车门关闭后,司机发动汽车、正常运行,而售票员在完成售票后会进入等待状态。在到达 B 站以后,司机停车,然后进入等待状态。与此同时,在车停稳以后,售票员打开车门,等乘客上、下车完毕后,又关闭车门,然后又重复刚才的流程。这样就真实地模拟了现实世界中司机与售票员相互配合、共同完成工作任务的场景。当然,以前的公交车是有司机和售票员的,而现在的售票方式变成了刷卡,因此,售票员这个职业基本上已经被淘汰了。

例 3　共享缓冲区的合作进程的同步

【问题描述】

假设有一个缓冲区 buffer,大小为 1B。有两个进程 Compute 和 Print,其中,Compute 不断产生字符,送入 buffer,而 Print 进程则从 buffer 中取出字符并打印。如果不加控制,会出现多种打印结果,这取决于这两个进程运行的相对速度。在这众多的打印结果中,只有 Compute 和 Print 进程的运行刚好匹配的一种是正确的,其他均为错误的。

以下是 Compute 进程和 Print 进程的程序框架。

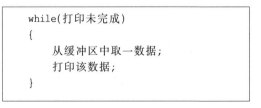

```
while(计算未完成)
{
    得到一个计算结果;
    将数据送到缓冲区;
}
```
Compute

```
while(打印未完成)
{
    从缓冲区中取一数据;
    打印该数据;
}
```
Print

例如,假设 Compute 进程产生的数据为"ABCDEF…",那么要求进程 Compute 和 Print 的运行是匹配的,即 C、P、C、P 这样的执行顺序(C 表示 Compute,P 表示 Print),这样才能把"ABCDEF…"正确地打印出来,否则就会出错。例如,如果执行顺序是 CCPP,那么打印出来的结果就是 BB。如果执行顺序是 CPPC,那么打印出来的结果就是 AA。

【问题分析】

从问题分析来看,为了保证打印结果正确,Compute 进程和 Print 进程必须遵循以下两条同步规则。

- 只有当 Compute 进程把数据送入 buffer 缓冲区之后,Print 进程才能从 buffer 中把数据取出来；否则，它就必须等待。我们把这条规则概括为"先存后取"。
- 只有当 Print 进程从 buffer 中取走了数据以后，Compute 进程才能把新产生的数据送入 buffer 中；否则，它就必须等待。我们把这条规则概括为"先取后存"。

上述两条规则看起来似乎是矛盾的，一个是"先存后取"，一个是"先取后存"。这有点像鸡和蛋之间的关系，"鸡生蛋，蛋孵鸡"，那到底谁先谁后呢？

其实这是不矛盾的，只要把时间这个因素也考虑进来就可以了。也就是说，在宏观上，在整个过程当中，这两条规则都是成立的。但是在微观上，在某一个具体的时间片段上，只有一条规则在发生作用。如图 2.21 所示，在 t0～t2 这个时间段内，它所遵循的规则是"先存后取"。而在 t1～t3 这个时间段内，它所遵循的规则是"先取后存"。所以这两个进程就这样一环扣一环地交替执行。

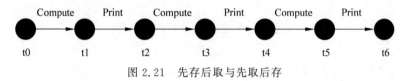

图 2.21　先存后取与先取后存

把上述问题分析清楚以后，下面就是信号量的定义与说明了。这里需要定义两个信号量：BufferNum 和 DataNum。其中，BufferNum 表示缓冲区是否有空间，是否可以存放新数据。它的初始值为 1，表示在刚开始的时候，缓冲区当中是有空间的。DataNum 表示在缓冲区当中是否有数据，它的初始值为 0，表示刚开始时缓冲区中没有数据。

【程序描述】

```
semaphore BufferNum;      //缓冲区是否有空间,初值1
semaphore DataNum;        //是否有数据需打印,初值0
```

```
while(计算未完成)
{
    得到一个计算结果;
    P(BufferNum);
    将数据送到缓冲区;
    V(DataNum);
}
```
Compute

```
while(打印未完成)
{
    P(DataNum);
    从缓冲区中取一数据;
    V(BufferNum);
    打印该数据;
}
```
Print

细心的读者可能会发现，这个程序与前面的例子也是差不多的。以"先存后取"这个同步关系为例，在具体实现时，在 Compute 进程中，在"将数据送到缓冲区"后面加上了 V(DataNum) 操作，然后在 Print 进程中，在"从缓冲区中取一数据"的前面加上了 P(DataNum) 操作，这就是典型的同步关系的代码。

从程序的运行过程来看，在刚开始时，如果 Compute 进程先运行，由于 BufferNum 的初始值为 1，因此 P 操作会顺利地完成，不会被卡住，因此就把第一个字符"A"写入缓冲区当中；反之，如果是 Print 进程先执行，由于 DataNum 的初始值为 0，因此在执行 P 操作时会被阻塞起来。总之，不管是 Compute 还是 Print 先运行，最后的结果都是一样的，即 Compute 会把字符"A"送入到缓冲区，而 Print 要么没机会执行，要么被阻塞。因此，在这段时间内,就相当于是图 2.21 中的 t0～t1 阶段。

接下来,Compute 继续执行,通过 V 操作把 DataNum 加 1,这样如果 Print 之前是阻塞的,就会被唤醒,并处于就绪状态。但此时是立即执行 Print,还是继续执行 Compute,这取决于具体的调度算法。如果是 Print 先运行,它就从缓冲区当中读出数据(即字符"A"),然后调用 V 操作并把"A"打印出来;如果是 Compute 继续运行,然后它开始了新一轮循环,计算出下一个字符,即"B",然后去执行 P(BufferNum)操作,但此时 BufferNum 的值为 0,因此 Compute 会被阻塞起来,然后 Print 开始运行,它就从缓冲区中读出数据,即字符"A",然后执行 V 操作后把"A"打印出来。总之,不管是谁先运行,最后的结果都是一样的,即 Print 会把"A"字符从缓冲区中取走并打印。因此,在这一段时间内,就相当于是图 2.21 中的 t1～t2 阶段。后面都是类似的,这里不再赘述。

2.4 经典的 IPC 问题

前面讨论了进程之间的同步与互斥关系,这些例子都是假设在进程之间只有一种关系,要么是同步,要么是互斥。但实际上,在很多问题当中,往往是两种关系的混合。在两个进程之间,既有同步关系,也有互斥关系。下面介绍一些经典的 IPC(进程间通信)问题,包括:生产者与消费者问题、哲学家就餐问题以及读者与写者问题。在解决这些问题时,既要考虑进程之间的同步关系,也要考虑它们之间的互斥关系。

2.4.1 生产者与消费者问题

生产者与消费者问题是一个经典的 IPC 问题,在现实世界中有着广泛的应用。如网络视频的播放,一个线程负责下载数据,另一个线程负责播放数据,它们之间就是生产者与消费者的关系。再比如自动售货机,消费者负责取走商品,商家负责放入商品,也是类似的关系。

【问题描述】

有两个进程,一个是生产者,另一个是消费者,它们共享一个公有的、固定大小的缓冲区。生产者不断地制造出产品,并把它放入缓冲区。而消费者不断地把产品从缓冲区中取出来,并且使用它。要求这两个进程之间相互协调,使它们都能正确地完成自己的工作。

图 2.22 是一个假想的生产者与消费者的例子,其中,生产者的任务是不断地生产汉堡包,并放到缓冲区中。消费者的任务是不断地从缓冲区中取出汉堡包,并吃掉它们。缓冲区的容量为 8,即最多能同时存放 8 个汉堡包。

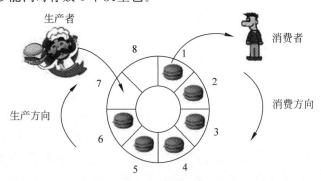

图 2.22 生产者与消费者问题

生产者与消费者问题其实与 2.3.6 节的"共享缓冲区的合作进程的同步"问题非常相似,都是针对一个缓冲区的读、写问题。因此,从同步关系来看,也是类似的,需要有如下两条同步规则。

- 对于生产者进程,每当制造了一个产品,并把它送入到缓冲区时,先要检查该缓冲区是否有空位。若是,才能把该产品送入到缓冲区,并在必要时通知消费者进程;否则,就必须等待,等待消费者把一个产品取走,腾出地方以后,才能把新的产品放入缓冲区。

- 对于消费者进程,当它去取一个产品时,先要检查缓冲区中是否有产品可取。若有,则取走一个,并在必要时通知生产者进程;否则,就必须等待,等待生产者把一个新产品放入缓冲区之后,才能去取。

显然,以上这两条同步规则与"共享缓冲区的合作进程的同步"问题是非常类似的,但两者也有一个重大的区别,即对于生产者与消费者问题,缓冲区的个数不止一个,可以是多个。这个区别会带来两个变化,第一个变化就是在使用信号量实现同步关系时,信号量的初始值不太一样。第二个变化就是会引入一个新的问题,即针对缓冲区访问的互斥问题。原因在于:既然有多个缓冲区,那么这些缓冲区肯定要用某种数据结构来管理,如具有先进先出特点的队列,而在实现队列时需要用到一些变量,如队列链表、队头指针、队尾指针等。对于生产者进程,当它要把产品送入缓冲区时,肯定要去访问和修改这些变量;对于消费者进程,当它要去缓冲区中取产品时,也要去访问和修改这些变量,这样一来,这些变量就成为共享资源,如果不采用某种互斥措施,就有可能会出现竞争状态的问题。因此,还需要使用基于信号量的进程互斥机制,确保在任何时候都只能有一个进程去访问这些共享资源。

把上述问题分析清楚以后,下面来看一下信号量的定义与说明。为了解决这些同步与互斥问题,需要定义三个信号量。第一个信号量是 BufferNum,表示空闲缓冲区的个数,或者说,在缓冲区中还能装得下几个产品。它的初始值为 N,也就是缓冲区的大小。生产者进程将使用这个信号量来判断能否把一个新产品放入缓冲区。第二个信号量是 ProductNum,表示缓冲区中的产品个数,它的初始值为 0,即没有产品。消费者进程将使用这个信号量来判断能否从缓冲区中取出产品。第三个信号量是 Mutex,主要用于进程之间的互斥访问,它的初始值为 1。表示在任何时候最多只能有一个进程位于临界区,去访问和修改那些管理缓冲区的数据结构。

【程序描述】

```
semaphore   BufferNum;        //空闲缓冲区的个数,初值为 N
semaphore   ProductNum;       //缓冲区中的产品个数,初值为 0
semaphore   Mutex;            //用于互斥访问的信号量,初值为 1
```

```
void producer(void)
{
    int item;
    while(TRUE)
    {
```

69

第2章

```
            item = produce_item( );        //制造一个产品
            P(BufferNum);                   //是否有空闲缓冲区
            P(Mutex);                       //进入临界区
            insert_item(item);              //把产品放入缓冲区
            V(Mutex);                       //离开临界区
            V(ProductNum);                  //新增了一个产品
        }
    }
```

生产者进程

```
    void consumer(void)
    {
        int item;
        while(TRUE)
        {
            P(ProductNum);          //缓冲区中有无产品
            P(Mutex);               //进入临界区
            item = remove_item( );  //从缓冲区取产品
            V(Mutex);               //离开临界区
            V(BufferNum);           //新增一个空闲缓冲区
            consume_item(item);     //使用该产品
        }
    }
```

消费者进程

细心的读者可能看出来了，生产者进程的代码与"共享缓冲区的合作进程的同步"问题中 Compute 进程是差不多的，而消费者进程的代码也和 Print 进程是差不多的，也就是说，同步关系是一样的，唯一的区别只是增加了一个互斥关系。那么为什么对于"共享缓冲区的合作进程的同步"问题，就不需要这个互斥关系呢？因为该方法实际上已经实现了互斥，即 Compute 和 Print 不可能同时位于临界区中，它们是交替执行的，在每一个时间段内只会有一个进程去访问缓冲区。而对于生产者与消费者问题，则完全有可能出现两个进程同时位于临界区的情形。例如，假设系统中有 8 个缓冲区，然后已经装入了 6 个产品。在这种情形下，BufferNum 的值应该为 2，即还剩下 2 个空闲的缓冲区，而 ProductNum 的值为 6。接下来，假设生产者进程继续运行，试图把第 7 个产品放入缓冲区，那么它不会被 P(BufferNum)所拦住，而是顺利地进入了临界区。然后消费者进程也开始运行，试图取出第 1 个产品，那么它也不会被 P(ProductNum)所拦住，也顺利地进入了临界区，这样一来，两个进程都进入了临界区，这就有可能会出现竞争状态的问题。所以，我们要引入一个互斥信号量和一对 P、V 操作，来避免这个问题。

另外，在生产者进程中，函数 produce_item()没有放在临界区中。而在消费者进程中，函数 consume_item()也没有放在临界区中，因为这两个函数都没有用到临界资源，属于非临界区的范畴，如果把它们放在临界区中，那么当它们运行时，会妨碍另一个进程进入临界区，从而降低临界资源的使用效率。

最后，请读者思考一个问题。在生产者进程中，如果把 P(BufferNum)和 P(Mutex)这两条语句交换一下顺序,后果会如何? 后果就是在特定情形下(如缓冲区已满),这两个进程将陷入死锁的状态。

2.4.2　哲学家就餐问题

哲学家就餐问题是于 1965 年由 Dijkstra 提出并解决的,后来逐渐成为这个领域的一个经典问题。

【问题描述】

如图 2.23 所示,5 位哲学家围坐在一张圆桌旁,在桌子的中央摆放了一碗面条,哲学家们可分而食之。每位哲学家面前都有一个盘子,用来盛放自己吃的面条。吃面条要用筷子,而且筷子都是两根为一双。但是这次筷子不是很够,总共只有 5 根筷子,在任意两个相邻的盘子之间,都有一根筷子。

5 位哲学家和 5 根筷子都进行了编号,从 0 到 4。例如,第 0 位哲学家坐在最北面,他的左手边是 0 号筷子,右手边是 1 号筷子。推而广之,对于第 i 位哲学家,他的左手边是第 i 根筷子,右手边是第 $i+1$ 根筷子。当然,最后一位哲学家除外。他的左手边是 4 号筷子,而右手边是 0 号筷子。为了方便起见,从编程的角度,右手边筷子的编号可以统一用 $(i+1)\%5$ 来表示,其中,%表示求余运算。

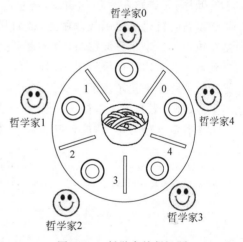

图 2.23　哲学家就餐问题

每一位哲学家的动作只有两种:进餐和思考问题。当一位哲学家感到饥饿时,他会试图去获得位于他左手边和右手边的那两根筷子,每次只能取一根,且先后顺序无所谓,两根筷子都拿到后,才能开始进餐。在吃完以后,他需要把两根筷子放回原处,然后继续思考。当然,共享筷子确实有点不太卫生,但是对于从事高强度脑力劳动之后饥肠辘辘的哲学家们来说,填饱肚子是最重要的,其他的都暂时顾不上了。

问题是:如何才能保证哲学家们的动作有条不紊地进行? 例如,既不会出现相邻的两位哲学家同时要求进餐、大家都争着去抢筷子的情形,也不会出现有人永远也拿不到筷子、吃不上饭的情形。

【问题分析】

先来看第 1 种方案,请读者思考一下,如下的方案是否可行?

```
#define N 5              //哲学家个数
void philosopher(int i)  //哲学家编号:0~4
{
    while(TRUE)
    {
        think();         //哲学家在思考
```

```
        take_stick(i);              //去拿左边的筷子
        take_stick((i + 1) % N);    //去拿右边的筷子
        eat();                      //吃面条中
        put_stick(i);               //放下左边的筷子
        put_stick((i + 1) % N);     //放下右边的筷子
    }
}
```

方案 1

上述方案虽然简单、直观,但它并不能解决问题。因为在某种情况下,它可能会导致死锁现象的发生。例如,假设在刚开始时,大家都在聚精会神地思考问题,都没有吃饭的意思。后来到了某个时刻,大家都有些饿了,想吃面条了,所以就不约而同地都去拿筷子。按照方案 1 的顺序,是先拿左手边的筷子,再拿右手边的筷子,那么可能造成的一个结果就是:每位哲学家在执行第一个函数调用时,都顺利结束,每个人都拿到了自己左手边的那根筷子。但是在执行第二个函数调用时,由于桌子上的 5 根筷子已经全部被拿走了,所以每个人都无法拿到自己右手边的那根筷子。因此,最后的状态就是每个人手里都拿着一根筷子,同时又在等待他的邻居把筷子放下。这其实就是一种死锁的局面,因为系统无法进展下去,大家都吃不上饭,都在无穷尽地等待。

再来看第 2 种方案,请读者思考一下,如下的方案是否可行?

```
semaphore mutex                    //互斥信号量,初值为 1
void philosopher(int i)            //哲学家编号 i:0~4
{
    while(TRUE)
    {
        think();                   //哲学家在思考
        P(mutex);                  //进入临界区
        take_stick(i);             //去拿左边的筷子
        take_stick((i + 1) % N);   //去拿右边的筷子
        eat();                     //吃面条中
        put_stick(i);              //放下左边的筷子
        put_stick((i + 1) % N);    //放下右边的筷子
        V(mutex);                  //退出临界区
    }
}
```

方案 2

方案 2 的基本思路是把就餐这件事情看成是一件必须互斥进行的事情,也就是说,在任意时刻,最多只允许一位哲学家就餐。这种做法显然是对的,能解决问题。由于每次只有一位哲学家在进餐,而桌子上有 5 根筷子,可以随便使用,因此不会出现竞争。而当一个人吃完以后,再轮到下一个人吃,这样既不会出现死锁的现象,也不会出现有人吃不上饭现象。

上述方案虽然可行,但并不算太好。因为既然有 5 根筷子,那么从理论上来说,最多应该允许两位哲学家同时进餐。不能说当一个哲学家在那里吃得津津有味时,坐在他对面的那个哲学家,左手边的筷子是空闲的,右手边的筷子也是空闲的,面条也有,但就是不能吃,这就不太合理了。也就是说,在保证正确的前提下,应该想办法充分地利用资源,使得在需要时,能够让尽可能多的哲学家同时进餐。

那如何来解决这个问题呢?我们可以设身处地地想一想,如果我们就是这些哲学家,那应该怎么办?从前面的分析可以看出,一条重要的经验就是:对于每一位哲学家,不能手里拿着一根筷子,同时又在等待另外一根筷子。也就是说,要么不拿,要么就拿两根筷子。根据这个思路,可以提出如下的算法。

```
S1   思考中;
S2   进入饥饿状态;
S3   如果左邻居或右邻居正在进餐,等待;否则转 S4;
S4   拿起两根筷子;
S5   吃面条;
S6   放下左边的筷子;
S7   放下右边的筷子;
S8   新的一天又开始了,转 S1。
```

显然,如果是在现实生活中,而且每位哲学家都按照上述算法来执行,那么应该是可行的。但现在要把这个问题搬到计算机当中,要用程序来实现,这时就必须根据计算机系统的特点来对它进行修改。

对于计算机程序而言,它的指导原则是:首先,不能浪费 CPU 时间,因为 CPU 只有一个,而进程却有很多个。其次,在进程之间可以相互通信。因此,根据这两个指导原则,我们对刚才的算法进行了修改。

```
S1   思考中;
S2   进入饥饿状态;
S3   如果左邻居或右邻居正在进餐,进入阻塞状态;否则转 S4;
S4   拿起两根筷子;
S5   吃面条;
S6   放下左边的筷子,看看左邻居现在能否进餐(饥饿状态、两根筷子都在),若能则唤醒之;
S7   放下右边的筷子,看看右邻居现在能否进餐,若能,则唤醒之;
S8   新的一天又开始了,转 S1。
```

那么如何把上述算法转变成计算机能够接受的程序呢?通过对该算法的分析,可以得出以下三个结论。

- 必须要有一个数据结构,用来描述每个哲学家的当前状态。
- 该数据结构是一个临界资源,各个哲学家对它的访问应该互斥地进行,也就是说,这里有一个进程间互斥问题。
- 一个哲学家在吃完饭之后,可能还需要去唤醒它的左邻右舍,因此在他们之间存在着同步关系。也就是说,这里存在一个进程间同步问题。

【程序描述】

```
#define N        5              //哲学家个数
#define LEFT     (i+N-1)%N      //第 i 个哲学家的左邻居
#define RIGHT    (i+1)%N        //第 i 个哲学家的右邻居
```

```
#define THINKING    0               //思考状态
#define HUNGRY      1               //饥饿状态
#define EATING      2               //进餐状态
int state[N];                       //记录每个人的状态
semaphore mutex;                    //互斥信号量,初值为1
semaphore s[N];                     //每人一个信号量,初值均为0

void philosopher(int i)             //i的取值:0~N-1
{
    while(TRUE)
    {
        think();                    //思考中,即 S1
        take_sticks(i);             //拿到两根筷子或被阻塞,等价于 S2~S4
        eat();                      //吃面条中,即 S5
        put_sticks(i);              //把两根筷子放回原处,等价于 S6~S7
    }
}


/* 功能:要么拿到两根筷子,要么被阻塞起来 */
void take_sticks(int i)             //i的取值:0~N-1
{
    P(mutex);                       //进入临界区
    state[i] = HUNGRY;              //我饿了!
    test(i);                        //试图拿两根筷子
    V(mutex);                       //退出临界区
    P(s[i]);                        //没有筷子便阻塞
}


void test(int i)                    //i的取值:0~N-1
{
    if(state[i] == HUNGRY && state[LEFT] != EATING &&
        state[RIGHT] != EATING)
    {
        state[i] = EATING;          //两根筷子到手
        V(s[i]);                    //第i人可以吃饭了
    }
}


/* 功能:把两根筷子放回原处,并在需要时,去唤醒左邻右舍 */
void put_sticks(int i)              //i的取值:0~N-1
{
    P(mutex);                       //进入临界区
    state[i] = THINKING;            //交出两根筷子
    test(LEFT);                     //看左邻居能否进餐
    test(RIGHT);                    //看右邻居能否进餐
    V(mutex);                       //退出临界区
}
```

2.4.3 读者与写者问题

另一个著名的进程间通信问题就是读者与写者问题,该问题主要是用来模拟对数据库的访问。

【问题描述】

在一个航空订票系统当中,有很多个竞争的进程想要访问(读或写)系统的数据库。访问的规则是:在任何时候,可以允许多个进程同时来读,但如果有一个进程想要修改该数据库,那么在此期间,其他任何进程都不能访问,包括读者和写者。问题是:如何编写程序来实现读者和写者进程。

【问题分析】

从问题分析来看,在任何时候,"写者"最多只允许一个,而"读者"可以有多个。具体来说:

- "读-写"是互斥的。
- "写-写"是互斥的。
- "读-读"是允许的。

这里介绍一种基于读者优先策略的方法。具体分析如下。

假设新来了一个读者:

- 若有其他读者在读,则不论是否有写者在等,新读者都可以读(读者优先)。
- 若无读者、写者,则新读者也可以读。
- 若无读者,且有写者在写,则新读者等待。

假设新来了一个写者:

- 若有读者,则新写者等待。
- 若有其他写者,则新写者等待。
- 若无读者和写者,则新写者可以写。

基于以上思路,可以设计算法所需要的数据结构。

首先,需要设置一个计数器 rc,用来记录并发运行的读者个数。这样就能知道,当前有没有读者,以及有多少个读者在访问数据库。

其次,对于各个读者而言,该计数器是一个临界资源,对它的访问必须互斥地进行,因此需要设置一个互斥信号量 mutex。

最后,对于各个写者与所有的读者而言,数据库是一个临界资源,对它的访问必须互斥地进行,因此需要设置另一个互斥信号量 db。

【程序描述】

```
int rc = 0;                    //并发读者的个数
semaphore mutex;               //对 rc 的互斥信号量,初值为 1
semaphore db;                  //对数据库的互斥信号量,初值为 1

void writer(void)
{
        think_up_data( );      //生成数据,非临界区
        P(db);                 //希望访问数据库
        write_data_base( );    //更新数据库
        V(db);                 //退出临界区
}
```

75

第2章

```
void reader(void)
{
        P(mutex);              //互斥地访问计数器 rc
        rc ++;                 //新增了一个读者
        if(rc == 1) P(db);     //如果是第一个读者
        V(mutex);              //退出对 rc 的访问
        read_data_base( );     //读取数据库的内容
        P(mutex);              //互斥地访问计数器 rc
        rc -- ;                //减少一个读者
        if(rc == 0) V(db);     //如果是最后一个读者
        V(mutex);              //退出对 rc 的访问
        use_data_read( );      //使用数据,非临界区
}
```

2.5 进 程 调 度

如前所述,在一个多道系统中,往往有多个进程同时在内存中运行。在任何时刻,一个进程只可能处于以下三种状态之一。

- 运行状态:该进程正在 CPU 上运行,每个 CPU 上最多只能有一个进程在运行。
- 就绪状态:进程已经就绪,随时可以运行。
- 阻塞状态:进程由于某种原因被阻塞起来,例如,执行信号量的 P 操作,正在等待 I/O 操作的完成等。

与此相对应,操作系统会维护一些相应的状态队列,如就绪队列和各种阻塞队列。现在的问题是:假设在系统中只有一个 CPU,而且这个 CPU 现在已经空闲下来,那么就需要从就绪队列中选择一个进程去运行。

在操作系统中,负责去做这个选择的那部分程序,称为调度程序(Scheduler),而调度程序在决策过程中所采用的算法,称为调度算法。因此,也可以把调度程序称为 CPU 资源的管理者。另外,调度的对象既可以是进程,也可以是线程。事实上,对于大多数调度问题而言,它们既适用于进程,也适用于线程。

2.5.1 关于调度的若干问题

进程调度需要解决以下三方面的问题。

- 调度时机:何时进行调度,何时去分配 CPU。
- 调度算法:按照什么原则去分配 CPU。
- 进程切换:如何将一个进程切换为另一个进程。

此外,为了更好地理解进程调度,还需要对进程运行时的行为特点做更深入的了解。

1. 进程的行为

一般来说,几乎所有的进程在执行过程中,都是在 CPU 执行(CPU burst)和等待 I/O 操作(I/O burst)之间交替进行的。

例如,对于下面这段 C 语言代码,像赋值运算、关系比较运算、分支语句、循环语句等操作,都是在 CPU 上完成的,需要在 CPU 上执行指令。但是对于打开文件、读写文件、屏幕

显示等操作,都是在硬盘和显示器等 I/O 设备上完成的,并不需要用到 CPU,事实上,当
I/O 设备在完成这些操作时,进程处于等待状态。

```
fpResult = fopen(szResult, "w");
if(fpResult == NULL) printf("can't open file");
flag = 0;
while(1) {
    str1[0] = 0;
    fgets(str1, MAX_LEN, fpOut);
    if(str1[0] == 0) {
        str2[0] = 0;
        fgets(str2, MAX_LEN, fpStd);
        if(str2[0] == 0) {
            flag = 1;
            break;
        }
    }
}
```

既然大部分进程在执行过程中,都是在 CPU 执行与等待 I/O 操作之间交替进行,那么
这两种操作所占用的时间有什么特点呢?对于不同类型的进程来说,其特点是不一样的。
在操作系统当中,根据进程在运行过程中使用 CPU 和 I/O 设备的时间的不同,可以把进程
分为两类,即 CPU 繁忙(CPU-bound)的进程和 I/O 繁忙(I/O-bound)的进程。

所谓 CPU 繁忙的进程,即一个进程在它的整个执行过程中,大部分时间都在 CPU 上
执行指令,而访问 I/O 设备的次数不是很多;所谓 I/O 繁忙的进程,即一个进程在它的整个
执行过程中,大部分时间都在使用 I/O 设备,在等待 I/O 操作完成,而在 CPU 上执行指令
的时间比较少。

图 2.24 描述了 CPU 繁忙和 I/O 繁忙的进程。在图 2.24 中,横坐标表示时间,方框表
示进程正占用 CPU 在运行(即 CPU burst),细线表示进程正处于阻塞状态,在等待 I/O 操
作的完成(即 I/O burst)。如图 2.24(a)所示为一个 CPU 繁忙的进程,因为它大部分时间
都在使用 CPU。如图 2.24(b)所示为一个 I/O 繁忙的进程,因为它大部分时间都处于等待
状态。另外,需要说明的是,方框的长度表示进程所需要用到的 CPU 时间,而不是说在这
段时间内进程将始终处于运行状态。例如,假设某个方框的长度为 50ms,但不是说系统会
让该进程一直运行 50ms 的时间,即一个方框可能会分几次来完成,中途可能会被时钟中断

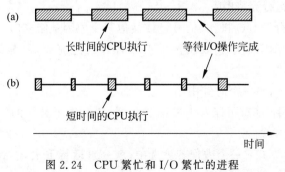

图 2.24　CPU 繁忙和 I/O 繁忙的进程

第
2
章

进程管理

所打断,从而使进程从运行状态变为就绪状态。

请读者思考一下,对于如下一段 C 语言程序,如果它运行的话,是属于 CPU 繁忙的进程还是 I/O 繁忙的进程?

```
while(ch != EOF)
{
    putchar(ch);
    ch = fgetc(fp);
}
```

答案应该是 I/O 繁忙。因为当这个程序运行时,I/O 操作所占用的时间更多。有的读者可能会以为这里有两条输入/输出语句,占比比较大,所以是 I/O 繁忙,不是这样理解的,重要的不是语句的条数,而是运行时间的长短。事实上,对于 putchar()和 fgetc()这两个函数,它们在具体实现时,也是由一些指令组成,这些指令在运行时,也是 CPU burst。只有当启动 I/O 操作,进入等待状态以后,才是 I/O burst。但由于 CPU 执行指令的速度要远远快于 I/O 操作,而且这些指令的数量又不多,所以结果就是如图 2.24(b)所示的样子,每一次的 CPU burst 长度都比较短。事实上,随着计算机系统的更新换代,CPU 的运行速度将会越来越快,而相对来说,输入/输出设备运行速度的提高是比较缓慢的,所以将来的一个趋势就是:每个进程在计算上所花的时间将越来越少,而相比之下,在输入/输出上所花的时间就越来越多,换句话说,大部分进程都将变成 I/O 繁忙的进程。

CPU 繁忙和 I/O 繁忙的概念可以用来解决实际的问题,常用的技巧就是让一个 CPU 繁忙的进程与一个 I/O 繁忙的进程同时运行,由于每个进程使用的是不同的资源,这样就能提高系统资源的使用效率。例如,在一个电子海图显示信息系统中,需要把存储在数据文件中的电子海图显示在计算机屏幕上。由于地图非常大,所以在显示时,刷新速度非常慢。为了解决这个问题,可以把海图显示分为数据读取和画图这两个操作,前者属于 I/O 繁忙,而后者属于 CPU 繁忙,它们所用到的资源是不同的,因此可以把这两个操作分别放在两个不同的线程中,让它们并发执行。这样既能提高系统资源的使用效率,也能让两件事情同时向前进展,从而切实提高了海图的刷新速度。

2. 调度的时机

在以下 5 种情形下,可能会发生进程的调度。

(1) 当一个新的进程被创建时,是立即执行新进程还是继续执行父进程?

(2) 当一个进程运行完毕时。

(3) 当一个进程由于 I/O 操作、信号量或其他某个原因被阻塞时。

(4) 当一个 I/O 中断发生时,表明某个 I/O 操作已经完成,而等待该 I/O 操作的进程转入就绪状态。

(5) 在分时系统中,当一个时钟中断发生时。

在以上 5 种情形下,都有可能发生进程的调度,这取决于具体的操作系统。一般来说,进程调度有以下两种方式。

- 不可抢占调度方式:一个进程若被选中,就一直运行下去,直到它被阻塞(等待 I/O 操作或信号量),或主动交出 CPU。

- 可抢占调度方式：当一个进程在运行时，调度程序可以随时打断它。

对于不可抢占方式，在上述情形（1）～情形（3）下，都有可能会发生调度，而在情形（4）和情形（5）下，则不会发生调度。例如，假设在刚开始时，进程 A 在 CPU 上执行。后来它需要执行 I/O 操作，于是被阻塞，交出了 CPU。随后系统调度进程 B 去执行。在 B 的执行过程中，A 的 I/O 操作完成，I/O 设备向 CPU 发出一个中断请求，从而打断了 B 的执行，转而去处理这次中断。在中断处理过程中，会把进程 A 设置为就绪状态。由于是不可抢占方式，且之前是 B 在运行，因此，系统不会立即就让 A 去运行，而仅仅是把它挂在就绪队列中，然后回到进程 B 继续执行。

在批处理系统中，采用的就是不可抢占的调度方式，或者虽然是可抢占的，但时间间隔很长。这是因为在批处理系统中，任务是一个接一个地由机器自动地完成的，它不直接与终端用户打交道，因此也就不需要提供及时的用户响应，如果进程能够长时间地运行，那么就能大大减少进程之间的切换次数，从而提高 CPU 的使用效率，提高系统的性能。

对于可抢占方式，即使已经有一个进程在 CPU 上正常执行，如果此时有一个新进程就绪，且它的优先级更高，那么系统就会立即打断原有的进程，转而让新进程去运行。因此，在上述 5 种情形下，都有可能发生进程的调度。

例如，在一个交互式系统中，由于同时有很多终端用户在与系统交互，而且每个用户都要求系统能及时响应自己的请求，因此在这种系统中，必须采用可抢占的调度方式，以防止一个进程占用太多的 CPU 时间，从而影响到其他进程的正常运行。举个极端的例子，假设在一个进程的程序中有一个缺陷，导致了死循环的发生。那么在不可抢占的调度方式下，它就会一直占用 CPU，而其他进程都无法运行。但是在可抢占的调度方式下，就避免了这个问题。另外，对于实时系统，由于它对响应时间的要求非常苛刻，因此它的每个进程的运行时间都很短，速战速决，所以也要采用可抢占的调度方式。事实上，现在主流的操作系统，包括 Windows、macOS 和 Linux，都采用了可抢占的调度算法。

3. 调度算法的目标

在设计调度算法时，首先要明确调度算法的目标和评价标准，即什么样的算法是好的。但是显然，对于不同的操作系统，它们的应用场景和使用对象是不一样的，因此，调度算法所追求的目标也是不一样的。

从操作系统的用户来说，他们关心的评价指标主要有三个：周转时间、等待时间和响应时间。

所谓周转时间，即一个作业从提交到完成（得到结果）所经历的时间。这段时间主要包括在 CPU 上执行的时间、在就绪队列中等待的时间以及执行 I/O 操作的时间等。

此外，还可以定义平均周转时间，即一批作业的周转时间的平均值。平均带权周转时间与平均周转时间的计算方法类似，只不过对每个作业都加上了一个权值，该权值即为作业实际执行时间的倒数。

以下是周转时间、平均周转时间和平均带权周转时间的计算公式。

周转时间：$T_i = E_i - S_i$（E_i 表示作业 i 的完成时间，S_i 表示它的提交时间）

平均周转时间：$T = \dfrac{1}{N} \displaystyle\sum_{i=1}^{N} T_i$（$N$ 表示作业的个数）

平均带权周转时间：$W = \dfrac{1}{N} \sum\limits_{i=1}^{N} \dfrac{T_i}{r_i}$（$r_i$ 表示作业 i 的实际执行时间）

所谓等待时间，即在就绪队列中的等待时间。当一个进程被提交到内存中以后，虽然已经具备了运行的条件，但由于 CPU 正在执行别的进程，所以它需要在就绪队列中暂时等待。

所谓响应时间，即从用户输入一个请求(如按键)，到系统给出首次响应(如屏幕显示)的时间。响应时间当然是越短越好，因为它直接影响到用户对整个系统的看法。事实上，根据一项统计，响应时间一般不能超过 100ms。如果用户在按下一个键以后，系统能够在 100ms 内给出回应，那么用户一般感觉不到延迟。如果超过了 100ms，用户就会感觉到有延迟。因此，对于一个调度算法来说，要优先考虑那些与用户交互的进程，而把那些非交互的进程(如电子邮件的发送与接收)放在后台执行。这样，虽然只是调整了一下顺序，但用户的体验会更好。

以上是用户所关心的指标，而从操作系统的角度，它所关心的指标则不太一样，它更关注的是系统各部分的利用率，具体来说，也有三个指标。

第一个指标是吞吐量，即单位时间内所完成的作业个数。对于一个批处理系统而言，吞吐量当然是越大越好，不过，这和作业本身的特性以及调度算法的好坏都有关系。

第二个指标是 CPU 的利用率，即如何让它时刻不停地运转。这主要是针对那些大中型计算机而言的，因为这些计算机的 CPU 非常昂贵，如果不让它们满负荷地运转，就显得有点浪费了。但实际上，CPU 的利用率并不是一个很好的评价指标，因为光是让 CPU 去运行，还是远远不够的，重要的是要把工作做完，即在单位时间内，完成尽可能多的作业。而所谓的 CPU 利用率，并不一定有太大的意义。举个极端的例子，如果一个程序在运行时陷入了死循环，在这种情形下，CPU 的利用率将会很高。但实际上，它却什么工作也没有完成。

第三个指标是各种设备的均衡利用。例如，让 CPU 繁忙的作业和 I/O 繁忙的作业搭配运行，这样就能让 CPU 和 I/O 设备同时忙起来，从而提高了系统的性能，在单位时间内能够完成更多的工作。

从以上这些目标可以看出，对于不同的操作系统，调度算法所追求的目标是不同的。在批处理系统中，目标的制定主要是从任务完成的角度出发，确保在尽可能短的时间内完成尽可能多的任务。在交互式系统中，目标的制定主要是从用户的角度出发，考虑如何来提高他们的满意程度。而在实时系统中，目标的制定主要是从实时响应的要求出发的。

2.5.2 先来先服务算法

先来先服务(First Come First Served，FCFS)算法主要用于批处理系统，它的基本思想是按照进程到达的先后次序进行调度，它是一种不可抢占的调度方式。在具体实现上，系统会维护一个就绪队列，各个进程按先来后到的顺序加入该就绪队列。当一个进程在运行时，它会一直运行下去，不会被中途打断，除非运行结束或由于 I/O 操作等原因被阻塞起来。

先来先服务算法的最大优点是简单，易于理解也易于实现。事实上，在现实生活中，这种算法的应用也非常广泛。例如，去食堂就餐，去邮局寄包裹，去银行存钱，都需要排队。而排队体现的正是先来先服务的思想，它不仅简单，而且对每个人来说都是公平的。

先来先服务算法虽然简单，但也有很明显的问题。第一个问题是：一批进程的平均周转时间取决于各个进程到达的顺序,如果短进程位于长进程之后,将会增大平均周转时间。

如图 2.25(a)所示,假设有三个进程 A、B、C,它们实际需要的运行时间分别为 48、6 和 6,假设它们几乎同时到达,前后顺序为 A、B、C,那么按照先来先服务的原则,A 先执行,然后是 B 和 C。在这种情形下,

$$平均周转时间=(48+54+60)/3=54$$
$$平均等待时间=(0+48+54)/3=34$$

所谓等待时间,就是周转时间减去实际运行时间。

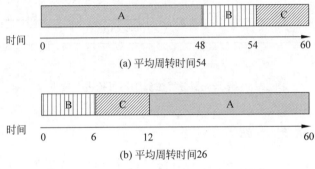

(a) 平均周转时间54

(b) 平均周转时间26

图 2.25　进程顺序对平均周转时间的影响

如果把这三个进程的执行顺序调整一下,B 先到,然后是 C 和 A,如图 2.25(b)所示,在这种情形下,

$$平均周转时间=(6+12+60)/3=26$$
$$平均等待时间=(0+6+12)/3=6$$

显然,在这种情形下,平均周转时间和平均等待时间都得到了大幅度的降低,而我们所做的事情,仅仅是把两个进程的执行顺序调整了一下,而不是对计算机系统进行了什么更新换代。由此可见调度算法的重要性。

先来先服务算法的第二个问题是无法充分利用 CPU 繁忙与 I/O 繁忙作业之间的互补关系,这样会造成系统资源的浪费。

例如,假设有两个进程 A 和 B,A 属于 CPU 繁忙,B 属于 I/O 繁忙,如图 2.26 所示。

图 2.26(a)表示在可抢占的调度方式下,这两个进程能够很好地并发运行。一个用 CPU 多一些,另一个用 I/O 设备多一些,这样优势互补。这里的关键就是当进程 A 正在 CPU 上运行时,进程 B 可以暂时打断它,抢占 CPU 去运行,但由于进程 B 每次只会使用一小段 CPU,然后就启动 I/O 操作进入阻塞状态,因此进程 A 又可以重新得到 CPU 去运行,这样对于进程 A 来说,它的运行只是略微受到一点点影响,但对于进程 B 来说,则可以一路顺畅地运行。而对于整个系统来说,CPU 和 I/O 设备这两个资源都能得到充分的利用。图 2.26(b)表示在先来先服务算法中,由于它是不可抢占的调度方式,因此,当进程 A 在使用 CPU 时,进程 B 无法运行,只能等待,等进程 A 进入阻塞状态后,进程 B 才能使用 CPU。这样就会造成资源的浪费,因为从图 2.26 中可以看出,在很多时候,进程 A 占据着 CPU,进程 B 却无事可做地在那里等待。事实上,这时只要系统暂停 A 的运行,让 B 去使用一小段 CPU,它很快就会启动 I/O 操作,并进入阻塞状态,然后 A 再继续运行。这样就能使 CPU 和 I/O 设备同时工作起来。

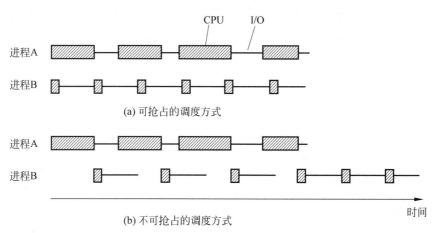

(a) 可抢占的调度方式

(b) 不可抢占的调度方式

图 2.26 先来先服务算法属于不可抢占调度方式

2.5.3 短作业优先算法

短作业优先(Shortest Job First,SJF)算法的设计目标是改进先来先服务算法,减少平均周转时间。作业是操作系统早期的术语,指正在执行的程序,与其他教科书一样,这里也继续沿用该术语。SJF 算法要求进程在开始执行时,必须事先预计好它的执行时间,然后算法根据这些预计时间,从中选择较短的进程优先分派处理器。需要指出的是,这里所说的执行时间,并不是进程全部的执行时间,而是下一个 CPU 执行片段(CPU burst)的时间。如前所述,一个进程在运行过程中,总是在 CPU 执行与 I/O 阻塞之间来回切换,所以这里的讨论针对的是一个个的 CPU burst。

短作业优先算法有以下两种实现方案。

- 不可抢占方式:当前进程正在运行时,即使来了一个比它更短的进程,也不会被打断,只有当它运行完毕或是被阻塞时,才会让出 CPU,进行新的调度。
- 可抢占方式:如果一个新的短进程到来,其运行时间小于当前正在运行进程的剩余时间,则立即抢占 CPU 去运行。这种方法也称为最短剩余时间优先(Shortest Remaining Time First,SRTF)。

短作业优先策略能够有效地降低作业的平均周转时间。事实上可以证明,对于一批同时到达的作业,采用短作业优先算法能够得到一个最小的平均周转时间。

例如,假设有四个进程 A、B、C、D,它们的运行时间分别是 a、b、c、d,假设它们的到达时间差不多,那么进程 A 的周转时间为 a,进程 B 的周转时间为 $a+b$,进程 C 的周转时间为 $a+b+c$,进程 D 的周转时间为 $a+b+c+d$,因此:

$$平均周转时间 = (4a+3b+2c+d)/4$$

显然,当 $a \leqslant b \leqslant c \leqslant d$ 时,这个平均周转时间会达到一个最小值,而且这个结论很容易推广到任意多个作业的情形。

既然短作业优先算法具有如此好的性质,那是不是万事大吉了呢?没有这么简单,短作业优先算法也有它自己的问题。

短作业优先算法之所以能取得最小平均周转时间,是有两个前提条件的。首先,这批作业必须同时到达,如果有的先到,有的后到,那么使用短作业优先算法就不能保证最后得到的一定是最优解。而在实际的系统运行过程中,一般来说,作业的到达时间都是有先有后的,一般不会同时到达。

例如,假设有 4 个进程,它们的到达时间和运行时间如表 2.2 所示。

表 2.2　4 个进程的到达时间和运行时间

进　　程	到 达 时 间	运 行 时 间
P1	0	7
P2	2	4
P3	4	1
P4	5	4

对于上面这个例子,如果采用不可抢占的短作业优先算法,那么最后得到的运行过程如图 2.27 所示。

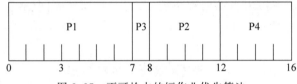

图 2.27　不可抢占的短作业优先算法

从图 2.27 中可以看出:
$$平均周转时间=(7+10+4+11)/4=8$$
$$平均等待时间=(0+6+3+7)/4=4$$

但如果调整这 4 个进程的执行顺序,按照 P2、P3、P4 和 P1 的顺序来执行,那么最后的平均周转时间为 7.75,平均等待时间为 3.75,比短作业优先算法还要小。所以说,如果各个作业不能同时到达,那么按照短作业优先算法来调度,就不能保证一定能得到最优解。

如何来解决这个问题呢？一方面,短作业优先算法的确是有效的；另一方面,各个进程不能保证同时到达,这个现象也是客观存在的,那么如何把这两个方面结合在一起呢？这就是刚才讲的可抢占的短作业优先算法。也就是说,在当前这个时刻,先选择一个最短的进程去运行,然后在其运行过程中,如果有一个新的进程到来,并且其运行时间小于当前正在运行进程的剩余时间,那么新进程就会立即抢占 CPU 去运行。而对于被打断的那个进程,它就被一分为二了,一部分是已经运行的,另一部分是尚未运行的。然后,它就用尚未运行的那一部分作为它的运行时间,参与调度。

例如,对于刚才的例子,如果采用可抢占的短作业优先(最短剩余时间优先)算法,那么得到的运行过程如图 2.28 所示。

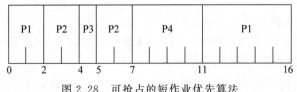

图 2.28　可抢占的短作业优先算法

$$平均周转时间=(16+5+1+6)/4=7$$
$$平均等待时间=(9+1+0+2)/4=3$$

显然,在采用了可抢占的短作业优先算法以后,有效地减少了平均周转时间和平均等待时间。

有了可抢占的短作业优先算法以后,是不是问题就全部解决了呢?还没有。因为对于短作业优先算法来说,还有一个前提,即每个进程的运行时间(准确地说,应该是下一个 CPU burst 的时长)是事先知道的。如果作为一种理论上的研究,这是可以的。但问题是,在一个系统的实际运行过程中,在一个进程开始运行之前,我们并不知道它需要运行多长的时间。而如果缺少这个信息,就无法实现短作业优先算法。如何来解决这个问题呢?只能通过各种方法来估计这个时间。例如,根据进程之前的运行时间,来预测它未来的运行时间。

2.5.4　时间片轮转法

FCFS 和 SJF 算法主要用于批处理系统,关注的是周转时间、等待时间和吞吐量等指标。而在一个交互式系统中,用户更关注的是良好的用户体验,因此,调度算法也会有所不同。

时间片轮转(Round-Robin,RR)算法的基本思路如下。
- 将系统中的所有就绪进程按照先来先服务的原则,排成一个队列。
- 在每次调度时,调度程序把处理器分派给队首进程,让其执行一小段 CPU 时间(Time Slice,时间片)。
- 在一个时间片结束时,如果该进程还没有执行完,则在时钟中断中,进程调度程序将会暂停当前进程的执行,并将其送到就绪队列的末尾,然后执行当前的队首进程。
- 如果一个进程在它的时间片用完之前就已结束或被阻塞,则会立即让出 CPU。

图 2.29 是时间片轮转法的示意图,在刚开始时,如图 2.29(a)所示,进程 C 位于队列之首,因此它首先被调度执行。当它的时间片用完后,如果它既没有运行结束,也没有被阻塞,那么在时钟中断中,调度程序就会把它送到就绪队列的末尾。然后选择新的队首进程(也就是进程 W)去运行,如图 2.29(b)所示。当 W 的时间片用完后,它也同样会被送到就绪队列的末尾。就这样不断地循环往复,使得每个进程都能轮流地执行一段时间。直到某个时刻,有一个进程运行结束,或者由于 I/O 操作等原因被阻塞了,此时它就会退出这个就绪队列。

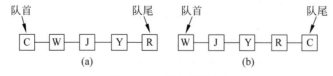

图 2.29　时间片轮转法

时间片轮转法的优点如下。
- 公平性:各个就绪进程平均地分配 CPU 的使用时间。例如,假设有 n 个就绪进程,则每个进程将得到 $1/n$ 的 CPU 时间。
- 活动性:若时间片的大小为 q,就绪进程的个数为 n,则每个进程最多等待 $(n-1)q$

就能再次得到 CPU 去运行。

- 较短的平均响应时间：一般来说，时间片轮转法所得到的平均周转时间比短作业优先算法要长，但是它能得到比较短的平均响应时间。

时间片轮转法的缺点主要是时间片的长度 q 不好确定。如果 q 太大，每个进程都在一个时间片内完成，那么这就失去了轮转法的意义，而退化为先来先服务算法了，并且使各个进程的响应时间变长。例如，若把 q 设置为 100ms，则对于排在队列末尾的进程而言，如果在它的前面有 10 个进程，那么它就需要等上 1s 才能得到 CPU 去运行。这在一个交互式系统中是无法接受的。想象一下，假设你在使用一个计算机系统时，输入了一条简单的命令，然后要等上 1s 才能看到结果，这显然是无法接受的。反之，如果 q 太小，就使每个进程都需要更多时间片才能处理完，从而使进程之间的切换次数增加，增大了系统的管理开销，降低了 CPU 的使用效率。例如，假设一个进程需要 8ms 的 CPU 时间，如果 $q=4$，则需要 2 个时间片和 2 次切换；如果 $q=8$，则只需要 1 个时间片和 1 次切换。而进程间的切换是需要开销的。假设一次进程切换所需要的系统管理开销为 1ms，且 q 设置为 4ms，这就意味着对于 CPU 来说，每工作 4ms 的时间，就必须花 1ms 来进行进程的切换，即在全部的 CPU 时间中，有 20% 浪费在系统的管理开销上，这显然太多了。因此在一个时间片轮转算法中，必须选择一个合适的 q 值，既不能太大，也不能太小。一般来说，这个值选在 20～50ms 间是比较合适的。

下面来看一个时间片轮转法的例子。假设时间片的长度为 20，有 4 个进程 P1、P2、P3 和 P4，它们所需要的 CPU 时间分别是 53、17、68 和 24。假定这 4 个进程差不多同时到达，即它们的起始时间都是 0。而在就绪队列中，它们的排列顺序为 P1、P2、P3 和 P4，现在需要计算这 4 个进程的平均周转时间。

为了计算平均周转时间，首先要弄清楚在时间片轮转法的调度下，各个进程的运行情况。图 2.30 给出了各个进程的具体执行顺序。需要指出的是，如果一个进程在它的时间片用完之前就已经结束或被阻塞，则会立即让出 CPU。例如，进程 P2 需要的 CPU 时间为 17，而一个时间片的长度为 20，因此它并不需要一个完整的时间片。

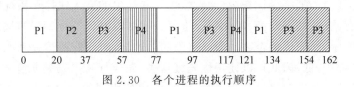

图 2.30 各个进程的执行顺序

$$平均周转时间=(134+37+162+121)/4=113.5$$

如果不采用时间片轮转法，而是采用短作业优先算法，则它的调度顺序为 P2、P4、P1 和 P3，因此：

$$SJF 的平均周转时间=(94+17+162+41)/4=78.5$$

显然，采用时间片轮转法以后，它的平均周转时间一般长于短作业优先算法，但是它的响应时间会比较短。

扫码观看

2.5.5 优先级算法

时间片轮转算法实际上有一个默认的前提，即位于就绪队列中的各个进程是同等重要

进程管理

的,因此就把它们按照先来后到的顺序排成一个队列,然后每个进程轮流执行相同长度的时间片。但实际上,在一个系统中,各个进程并不是生而平等的,有的进程可能要重要一些,而有的进程就没那么重要。因此,在对它们进行调度时,也应该有所区别。

例如,对于两个应用软件 QQ 和 Outlook,哪一个的优先级更高?有的读者说当然是 Outlook,因为它里面存放了很多重要的邮件,而且是与工作和学习有关的。而 QQ 只是一个闲暇之余的聊天工具,并不重要。需要指出的是,我们并不是从内容的角度来确定优先级的高低,而是从用户体验和操作系统性能的角度来进行判断,显然是 QQ 的优先级更高。因为它是一个用户交互软件,用户在键盘上输入一句话后,系统应该立即在屏幕上显示出来,不能有延迟,否则用户就会觉得这个系统很烂。因此,对于这种交互式的软件,操作系统会给它比较高的优先级。而 Outlook 是一个邮件收发软件,它就不是那么着急,早几分钟发和晚几分钟发,都没有太大的关系,因为我们也不指望对方在几分钟之内就收到这封信件。

再如,对于 I/O 繁忙和 CPU 繁忙的进程,操作系统会优先照顾哪一个呢?当然是 I/O 繁忙的进程。因为这种进程每次只会使用一小段 CPU,然后就会启动 I/O 操作,进入长时间的阻塞状态。因此,如果优先照顾这一类进程,就能提高系统资源的使用效率,使得 CPU 和各种 I/O 设备都能同时运行。

优先级调度算法的基本思路是:首先给每个进程都设置一个优先级,然后在所有就绪的进程中选择优先级最高的那个去运行。例如,短作业优先算法其实就是一个优先级算法,每个进程的优先级就是它的 CPU 运行时间。运行时间越短,优先级就越高。

优先级算法可以分为可抢占方式和不可抢占方式两种,也就是说,当一个进程正在运行时,如果新来了一个进程,它的优先级更高,那么这时可以立即抢占 CPU,也可以等原有进程运行完再说。

那么在一个实际的操作系统中,如何来实现优先级算法呢?一般来说,不会给每个进程都设置一个不同的优先级。因为在一个操作系统中,进程的个数非常多,如果每个进程都设置一个不同的优先级,那么优先级的个数就会非常多,不太好管理。因此,在一个实际的基于优先级的调度算法中,优先级的个数一般是有限的,如 32 个优先级或 16 个优先级,然后给每个进程分配其中的某一个优先级。当然,在一些简单的嵌入式操作系统中,由于进程的个数是固定的、有限的,如 100 个,因此每个进程确实可以设置一个不同的优先级。

如图 2.31 所示,优先级的个数一般是有限的。这样,对于有些进程来说,它们之间的优先级是不同的,有高有低,因此可以使用优先级算法,先运行高优先级进程,再运行低优先级进程。但是对另外一些进程来说,它们的优先级可能是相同的,这样的话,应当如何来调度呢?一般是采用时间片轮转法。也就是说,把所有的就绪进程按照不同的优先级别进行分组,然后在不同的级别之间使用优先级算法,而在同一级别的各个进程之间使用时间片轮转法。在如图 2.31 所示的例子中,系统设置了 4 个优先级类别,优先级 3 表示最高级,优先级 0 表示最低级。然后为每个优先级设置了一个就绪队列。当一个进程就绪后,根据它的优先级挂到相应的就绪队列中。调度算法的工作原理是:只要在优先级 3 的就绪队列中存在就绪进程,那么就按照时间片轮转法,一个接一个地去运行它们。直到所有这些进程都已运行完毕或被阻塞,即相应的就绪队列为空。这时,再去考虑比它低一级的优先级 2 的就绪队列,然后采用类似的方法进行处理。

请读者思考一下,上述优先级调度算法有什么问题?可能会存在两个问题:一是饥饿

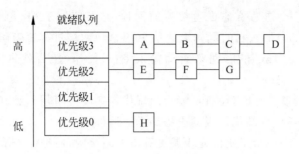

图 2.31 优先级队列

问题,二是优先级反转问题。

所谓饥饿(Starvation)问题,即低优先级的进程始终得不到 CPU 运行。目前讨论的优先级调度算法,在确定进程的优先级时,主要采用的是静态优先级方式,即在创建进程时确定进程的优先级并且一直保持不变,直到进程运行结束。确定优先级的依据包括:

- 进程的类型。例如,系统进程的优先级要高于用户进程,而交互式进程的优先级要高于批处理进程。
- 对系统资源的需求。例如,那些对 CPU 和内存等资源需求比较少的进程,如 I/O 繁忙的进程,它们的优先级就比较高。
- 用户的要求,例如,用户的级别和付费情况等。

静态优先级方式有一个缺点,即高优先级的进程会一直占用 CPU 运行,而那些低优先级的进程则可能长时间得不到 CPU,一直处于"饥饿"状态。例如,"江湖"上有一个传言,在1973 年,当 MIT 的 IBM 7094 计算机被关闭时,发现竟然还有一个 1967 年提交的进程,由于优先级较低,仍然未被运行。

如何解决"饥饿"的问题?可以采用动态优先级方式,即在创建进程时赋给进程一个初始的优先级,然后在进程的运行过程中,根据进程占用 CPU 的运行时间和它的等待时间来不断地调整它的优先级,以便获得更好的调度性能。具体来说:

- 一方面,在每个时间片用完时,就把当前正在运行进程的优先级降低。这样,如果一个进程最开始的优先级很高,然后一直在运行。那么采用这种方法以后,它每运行一个时间片,优先级就会下降一些,直到最后它的优先级已经不是最高的,因此就让出了 CPU。
- 另一方面,在就绪队列中,如果一个进程的等待时间不断延长,那么它的优先级就会不断提高。这样,就能保证那些优先级较低的进程在等待了足够长的时间后,其优先级提高到可以被调度执行的程度。

动态优先级还有另外的应用场景。例如,如前所述,对于 I/O 繁忙的进程来说,它们只需要一小段 CPU 时间来启动 I/O 操作,而大部分时间都处于阻塞状态,在等待相应的 I/O 操作完成。所以为了充分地利用 I/O 设备,使它们忙起来,从而提高系统的吞吐量,可以提高 I/O 繁忙进程的优先级。但问题是如何知道一个进程是否属于 I/O 繁忙呢?而且一个进程在运行过程中,它的特点可能会发生变化,例如,开始一段时间是 CPU 繁忙的进程,后来又变成了 I/O 繁忙的进程。为了解决这个问题,一个简单的实现方法就是把进程的优先级设置为 $1/f$,其中,f 是该进程在上一个时间片中所用的时间比例。例如,假设时间片的长度为50ms,如果一个进程在它的上一个时间片中,只使用了1ms的CPU时间,也就是说,所占的比例是1/50,那么它的优先级就是50。这说明该进程很有可能是一个I/O繁忙的进程,因为它只用了1ms的时间来启动输入/输出操作,然后就进入了阻塞状态,放弃了CPU。

在使用优先级调度算法时,还有可能会出现优先级反转问题。所谓优先级反转,即低优先级的进程始终在运行,而高优先级的进程却无法运行。

如图2.32所示,在一个采用优先级调度算法的系统中,横坐标表示时间,纵坐标表示优先级的高低。假设在刚开始时,一个低优先级的进程T1首先就绪,开始运行。在运行时它获得了一个互斥锁(即对一个互斥信号量执行了P操作)。过了一会儿,进程T2就绪,由于它的优先级高,因此抢占了CPU。但是当它在运行时,也试图去获得该互斥锁,根据互斥信号量的原理,T2将被阻塞起来,然后T1继续运行。假设此时来了一个新进程T3,它的优先级高于T1但低于T2,由于它的优先级比T1要高,因此抢占了CPU去执行。等T3离开后,又来了一个新进程T4,它的优先级也是高于T1但低于T2,因此也会抢占CPU去运行。如果T1的优先级足够低,而T2的优先级足够高,那么像T3和T4这样的进程就会源源不断地进来,在这种情形下,T1就始终无法运行,也就无法释放互斥锁,从而导致高优先级的T2也无法运行。这样就出现了优先级反转的现象,即高优先级的T2始终无法运行,而优先级比它低的T3和T4等进程却始终在运行。

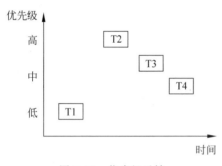

图2.32　优先级反转

优先级反转有一个真实的案例,1997年,美国火星探路者在火星表面着陆,进行勘测工作,把火星上的各种数据传回地球。刚开始时,它工作得很好,但在第10天,即开始采集气象数据后不久,它就开始运行不正常了,经常无规律地重启,从而造成数据的丢失。后来经过调查,发现原因就是优先级反转。具体来说,气象数据采集进程是一个低优先级的进程,它在运行时,会申请一个互斥锁,然后另外一个高优先级的进程在运行时也要用到这个互斥锁。这样,如果气象进程先运行,就会出现优先级反转问题,它们都被一个中等优先级的通信进程给拦住了,无法运行。而对于那个高优先级的进程,它不能等待太长时间,因此只好重启系统。那么如何来解决这个问题呢?可以采用优先级继承的方法。也就是说,如果有一个高优先级的进程在等待某个互斥锁,而该锁被某个低优先级的进程所占用,那么这个低优先级的进程就临时地继承了高优先级,这样别的进程就无法再抢占它的CPU了。等它运行完之后,会释放互斥锁,这样高优先级的进程也就能运行了。

2.5.6　多级反馈队列算法

前面讨论的各种调度算法,基本上都带有一个默认的前提条件,即对于系统中的所有进程,它们的类型是相似的,也不会发生变化。或者说,调度算法并不关心进程之间的区别,而是把它们统一对待、一视同仁。在这种情形下,只要设置一个就绪队列,采用一种调度算法即可(如果该算法有参数,也只需要一个固定的参数),像FCFS、SJF和RR算法,都是这样的,只有一个队列和一个算法。而RR算法所需要的参数,即时间片的长度,一般也是固定的。对于优先级算法,如果进程的优先级是各不相同的,那么也是一个队列和一个算法;如果把优先级进行分组,则是多个队列,而且队列内部用 RR 算法。

但是在一个实际的系统当中,情况不一定是这样的。事实上,系统内的进程可能会有不同的类型,其运行特点也不尽相同。例如,在一个系统当中,可能会有前台进程,需要不断地跟用户进行交互;也会有后台进程,在背后默默地收发邮件。可能会有 CPU 繁忙的进程,需要进行大量的计算工作;也会有 I/O 繁忙的进程,长时间处于阻塞状态。另外,有的进程的运行过程比较复杂,它可能不是单纯的一种类型,而是多种类型的混合。例如,对于一个影碟播放软件,在刚刚打开一部电影时,需要把一段数据从磁盘读入到内存,因此在这段时间内,它是一个 I/O 繁忙的进程。之后,它要对这些数据进行解压缩,需要大量的计算,在这段时间内,它又是一个 CPU 繁忙的进程。因此进程的类型可能是动态变化的。在这种情形下,如果用单一的算法和参数来进行调度,就会显得不够灵活,而且会影响到系统的性能。

例如,前面讨论过,对于 FCFS 算法,它的一个问题就是无法充分利用 CPU 繁忙与 I/O 繁忙进程之间的互补关系;对于 RR 算法,它的一个问题是时间片的长度不太好确定,如果太短了,会导致进程间切换次数增多,系统开销增大。如果太长了,又会使进程的响应时间过长;对于优先级算法,它的一个问题是如何确定进程的优先级,按理说,I/O 繁忙进程的优先级应该更高,但事先并不知道一个进程是否是 I/O 繁忙。

为了解决这些问题,人们又提出了多级反馈队列(Multilevel Feedback Queue)算法。它的基本思想是:引入多个就绪队列,然后根据一个进程在运行过程中的反馈信息,来动态地调整它所在的队列。所谓反馈信息,就是进程在运行当中的表现。例如,它是否需要整个的时间片来用于计算,或者它是否经常地执行输入/输出操作?通过这些表现,就能大致估计出这个进程的当前类型是什么,从而把它调整到合适的队列中去。对于不同的队列,可以设定不同的优先级,也可以根据其特点采用不同的调度算法或参数。例如,前台的交互式进程可以采用时间片轮转算法,这样,各个进程的平均响应时间就很短,用户就比较满意。而后台批处理进程可以采用先来先服务的算法,这样实现起来就很简单。

在具体实现多级反馈队列算法时,首先要确定以下一些参数。

- 队列的个数。
- 每个队列所采用的调度算法。
- 用来确定何时给一个进程"升级"的方法。也就是说,当进程有哪些表现时,就应该给它升级,提高它的优先级别。
- 用来确定何时给一个进程"降级"的方法。也就是说,当进程有哪些表现时,就应该给它降级,降低它的优先级别。
- 用来确定一个进程的初始队列的方法。即当一个进程刚刚进来时,应该把它放到哪一个队列中去。

如图 2.33 所示为多级反馈队列算法的一个例子,总共有三种优先级别,其中,优先级 3 最高,优先级 1 最低。相应地,有三个就绪队列,每个队列所采用的调度算法或参数是不一样的。对于优先级为 3 的队列,它采用的是 RR 算法,时间片的长度为 N;对于优先级为 2 的队列,它采用的也是 RR 算法,但是时间片的长度翻了一倍,变成 $2N$;而对于优先级为 1 的队列,它采用的是 FCFS 算法。

当一个新进程就绪后，把它的优先级初始化为 3，并加入到队列 3 的末尾。然后按照 RR 算法进行调度。如果该进程在一个时间片以内，即在 N ms 以内，未能执行完毕，那么就要把它的优先级降为 2，并加入到队列 2 的末尾。然后同样按照 RR 算法进行调度。以此类推，如果它在队列 2 的一个时间片（即 $2N$ ms）以内，还没有执行完，那么就要再降一级，把它加入到队列 1 的末尾。以上就是降级的过程。另一方面，如果一个进程在相应队列的时间片用完之前就已经被阻塞了，那么就要增加一个优先级。总之，既有降级也有升级，这样就能动态地反映一个进程的当前类型。另外，只有当较高优先级的队列为空时，才会调度较低优先级队列中的进程去执行。而如果某个进程正在执行的时候，有一个新的进程进入了较高优先级的队列，就会立即抢占 CPU 去执行。因此，这种算法是可抢占式的。

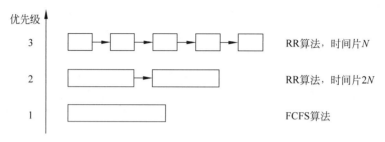

图 2.33　多级反馈队列算法举例

这个算法的基本逻辑是这样的：对于那些用户交互进程或 I/O 繁忙进程，它们的特点是每个 CPU burst 比较短，因此就给予较高的优先级，但时间片也很短，因为它们根本用不了太长的时间。如果进程的 CPU burst 较长，那么就给予中等优先级，但时间片也更长，这样就能有效地减少进程切换的次数。而对于那些后台进程，给予最低的优先级，然后用 FCFS 算法一个接一个地运行，此时就不用担心时间片的问题。

多级反馈队列算法是时间片轮转算法和优先级算法的综合和发展，其特点是：

- 为了提高系统的吞吐量和缩短平均周转时间而照顾了短进程。由于任何一个新进程一进来就会被赋予最高的优先级别，而短进程的特点是它所需要的执行时间很短，因此它不会一直往下降级，而是会很快执行完毕。

- 为了获得比较好的输入/输出设备利用率和缩短响应时间，而照顾了输入/输出繁忙的进程。对于输入/输出繁忙的进程，它刚一调入内存，就被赋予了最高的优先级别。由于这种进程的特点是它只需要一小段的 CPU 时间，就可以启动一次输入/输出操作，从而转到阻塞队列，因此，它很快就交出了 CPU，而不会一直往下降级。而对于 CPU 繁忙的进程来说，它的特点是 CPU 执行时间很长，所以它的每次执行，都会把时间片用完，从而降级，进入更低级的队列，当然相应时间片的长度也会越来越大。最终走到了最低级的队列，从而就改成了 FCFS 算法。这样对它来说也是比较合适的，因为进程切换的次数减少了，从而减少了系统开销。

- 算法不必估计每个进程的执行时间，而是采用动态调节的方式，因此能够适应一个进程在不同时间段的不同运行特点。

习　题

一、单项选择题

1. 下面对进程的描述中,错误的是(　　)。
   A. 进程是一个动态的概念　　　　　　　　B. 进程的执行需要处理器
   C. 进程是有生命周期的　　　　　　　　　D. 进程是指令的集合

2. 当一个进程被唤醒时,这意味着(　　)。
   A. 该进程立刻重新占有了 CPU
   B. 该进程的优先级变为最大
   C. 该进程的 PCB 被移动到等待队列的队首
   D. 该进程变为就绪状态

3. 在进程管理中,当(　　)时,进程从阻塞状态变为就绪状态。
   A. 进程被进程调度程序选中　　　　　　　B. 等待某一事件
   C. 等待的事件发生　　　　　　　　　　　D. 时间片用完

4. 下列的进程状态变化中,(　　)变化是不可能发生的。
   A. 运行→就绪　　　B. 运行→阻塞　　　C. 阻塞→就绪　　　D. 就绪→阻塞

5. 通常,用户进程被建立后,(　　)。
   A. 便一直存在系统中,直到被管理人员撤销
   B. 随着程序运行正常结束而撤销
   C. 随着进程的阻塞和唤醒而撤销和建立
   D. 随着时间片轮转而撤销与建立

6. 进程控制块中包含多种信息,以下信息中不是进程控制块中内容的是(　　)。
   A. 页面大小　　　　　　　　　　　　　　B. 优先级
   C. 进程 ID　　　　　　　　　　　　　　　D. 所打开文件的读写指针

7. 下列内容不是存放在线程控制块 TCB 中的是(　　)。
   A. CPU 寄存器的值　　　　　　　　　　　B. 页表指针
   C. 栈指针　　　　　　　　　　　　　　　D. 线程优先级

8. 在多进程的系统中,为了保证公共变量的完整性,各进程应互斥进入临界区,所谓临界区是指(　　)。
   A. 一个缓冲区　　　B. 一段数据区　　　C. 同步机制　　　D. 一段程序

9. 用 P、V 操作来管理临界区时,信号量的初值应定义为(　　)。
   A. −1　　　　　B. 0　　　　　　　C. 1　　　　　　　D. 任意值

10. 若 P、V 操作的信号量 S 初值为 1,当前值为 −2,则表示等待信号量 S 的进程个数为(　　)。
    A. 0　　　　　　　B. 1　　　　　　　C. 2　　　　　　　D. 3

11. 设与某资源相关联的信号量初值为 3,当前值为 1,若 M 表示该资源的可用个数, N 表示等待该资源的进程个数,则 M、N 分别是(　　)。
    A. 0、1　　　　　B. 1、0　　　　　C. 1、2　　　　　D. 2、0

12. 用 V 操作唤醒一个等待进程时,被唤醒进程的状态变为(   )。
    A. 等待　　　　　　B. 就绪　　　　　　C. 运行　　　　　　D. 完成

13. 对于两个并发进程,设互斥信号量为 mutex,若 mutex=0,则(   )。
    A. 表示没有进程进入临界区
    B. 表示有一个进程进入临界区
    C. 表示有两个进程进入临界区
    D. 表示有一个进程进入临界区,另一个进程在等待

14. 下列叙述中正确的是(   )。
    A. 操作系统的一个重要概念是进程,因此不同进程所执行的代码也一定不同
    B. 进程随着时间片轮转而撤销与建立
    C. 操作系统用 PCB 管理进程,用户进程可以从 PCB 中读出与自身运行状况有关的信息
    D. 进程同步是指某些进程之间在逻辑上的相互制约关系

15. 在进程调度算法中,(   )属于不可抢占的调度方式。
    A. 时间片轮转法　　　　　　　　　　B. 先来先服务算法
    C. 最短剩余时间优先算法　　　　　　D. 实时调度算法

16. 在下列调度算法中,不会出现进程"饥饿"(Starvation)情形的是(   )。
    A. 时间片轮转算法　　　　　　　　　B. 先来先服务算法
    C. 静态优先级算法　　　　　　　　　D. 可抢占的短作业优先算法

17. 支持多道程序设计的操作系统在运行过程中,为了实现 CPU 的共享,会不断地选择新进程来运行。但在以下的各种情形中,(   )不是引起操作系统选择新进程的直接原因。
    A. 运行进程的时间片用完　　　　　　B. 运行进程出错
    C. 运行进程要等待某一事件发生　　　D. 有新进程进入就绪状态

18. 下列选项中,降低进程优先级的合理时机是(   )。
    A. 进程的时间片用完　　　　　　　　B. 进程刚完成 I/O,进入就绪列队
    C. 进程长期处于就绪列队　　　　　　D. 进程从就绪状态转为运行状态

二、填空题

1. 在操作系统中,用来描述和管理进程的数据结构是＿＿＿＿＿＿＿＿＿＿＿。

2. 进 程 有 三 种 基 本 状 态:＿＿＿＿＿＿＿＿＿＿、＿＿＿＿＿＿＿＿＿＿和＿＿＿＿＿＿＿＿＿＿。

3. 假设在一单处理机系统中有 5 个用户进程,那么在非核心态的某个时刻,处于就绪状态的用户进程最多有＿＿＿＿＿＿＿＿＿＿个,处于阻塞状态的用户进程最多有＿＿＿＿＿＿＿＿＿＿个。

4. 进程从运行状态进入就绪状态的可能原因是＿＿＿＿＿＿＿＿＿＿＿。

5. 一 般 来 说,一 个 进 程 的 PCB 包 含 三 方 面 的 内 容:＿＿＿＿＿＿＿＿、＿＿＿＿＿＿＿＿和文件管理。

6. 所谓就绪队列,就是把系统中处于就绪状态的进程的＿＿＿＿＿＿＿＿＿＿链接在一起所形成的队列。

7. 在引入线程概念的操作系统中，系统资源分配的基本单位是_____。

8. 同一个进程中的各个线程可以共享该进程的某些资源，但也有另外一些资源是不能共享的，每个线程都必须有自己独立的一份，请举出两个这样的例子：_____和_____。

9. 两个或多个进程同时对一个共享数据进行读写操作，最后的结果是不可预测的，它取决于各个进程的具体运行情况。我们把这种情形叫作_____。

10. CPU 繁忙的进程指的是大部分时间处于_____状态和_____状态的进程。

11. Word 文字编辑器在运行时，是 CPU 繁忙还是 I/O 繁忙的进程？_____。

12. 对于一组同时到达的作业，采用_____调度算法将得到一个最小的平均周转时间。

13. 如果时间片无穷大，则时间片轮转调度算法就变成_____。

14. 多级反馈队列算法照顾了两种类型的进程：_____和_____。

三、简答题

1. 假设进程只有三种基本状态，画出进程的状态转换图，然后列举出进程之间的各种状态转换关系，并举例说明这些转换发生的条件是什么。

2. 进程与线程的主要区别是什么？

3. 在哪些情形下，系统可能会进行进程的调度？请列举出 4 种情形。

4. 请叙述进程调度算法中的时间片轮转算法（Round-Robin，RR）的基本思路，以及它的主要缺点。

5. 什么时候会发生进程的切换？请给出两个例子。在函数调用、系统调用和 I/O 中断时，是否会发生进程的切换？在进程切换时，被换出进程的运行上下文保存在什么地方？是否进程的所有状态信息（如进程优先级）都需要保存？在进程切换后，TLB 中的内容是否能继续使用？

四、应用题

1. 设某计算机系统有一台输入机、一台打印机。现有两道程序同时投入运行，且程序 A 先开始运行，程序 B 后运行，程序 A 的运行轨迹为：计算 50ms、打印信息 100ms、再计算 50ms、打印信息 100ms、结束。程序 B 的运行轨迹为：计算 50ms、输入数据 80ms、再计算 100ms、结束。试说明：

（1）两道程序运行时，CPU 有无空闲等待？如果有，从何时开始空闲，空闲了多长时间？

（2）程序 A、B 运行时有无等待现象？所谓等待，是指既不能使用 CPU 也不能使用 I/O 设备。如果有的话，从何时开始等待，等待了多长时间？

2. 在单 CPU 和两台输入/输出设备（I1 和 I2）的多道程序设计环境下，同时投入三个作业 Job1、Job2 和 Job3 运行。这三个作业对 CPU 和输入/输出设备的使用顺序和时间如下。

Job1：I2(30ms)、CPU(10ms)、I1(30ms)、CPU(10ms)、I2(20ms)

Job2：I1(20ms)、CPU(20ms)、I2(40ms)

Job3：CPU(30ms)、I1(20ms)、CPU(10ms)、I1(10ms)

假定 CPU、I1 和 I2 都能并行工作,Job1 优先级最高,Job2 次之,Job3 优先级最低,优先级高的作业可以抢占优先级低的作业的 CPU,但不能抢占 I1 和 I2。试求：

(1) 三个作业从投入到完成分别需要的时间。

(2) 从投入到完成的 CPU 利用率(所谓利用率,即工作时间/总时间)。

(3) I/O 设备利用率。

3. 假设有两个线程(编号为 0 和 1)需要访问同一个共享资源,为了避免竞争状态的问题,必须实现一种互斥机制,使得在任何时候只能有一个线程在访问这个资源。假设有如下一段代码：

```
int flag[2]; /* flag 数组,初始化为 FALSE */
Enter_Critical_Section(int my_thread_id, int other_thread_id)
{
    while (flag[other_thread_id] == TRUE); /* 空循环语句 */
    flag[my_thread_id] = TRUE;
}
Exit_Critical_Section(int my_thread_id, int other_thread_id)
{
    flag[my_thread_id] = FALSE;
}
```

当一个线程想要访问临界资源时,就调用上述这两个函数。例如,线程 0 的代码可能是这样的：

```
Enter_Critical_Section(0, 1);
…使用这个资源…
Exit_Critical_Section(0, 1);
…做其他的事情…
```

请问：

(1) 以上这种机制能够实现资源互斥访问吗? 为什么?

(2) 如果把 Enter_Critical_Section()函数中的两个参数互换一下位置,结果会如何?

4. 在下列代码中,有三个进程 P1、P2 和 P3,它们使用了字符输出函数 putc 来进行输出(每次输出一个字符),并使用了两个信号量 L 和 R 来进行进程之间的同步。请问：

(1) 当这组进程在运行时,最后打印出来了多少个'D'字符?

(2) 当这组进程在运行时,在何种情形下,打印出来的字符'A'的个数是最少的? 最少的个数是多少?

(3) 当这组进程在运行时,"CABABDDCABCABD"是不是一种可能的输出序列? 为什么?

(4) 当这组进程在运行时,"CABACDBCABDD"是不是一种可能的输出序列? 为什么?

```
semaphore L = 3, R = 0; /* 初始化 */

/* 进程 P1 */        /* 进程 P2 */        /* 进程 P3 */
while(1)             while(1)             while(1)
{                    {                    {
    P(L);                P(R);              P(R);
    putc('C');           putc('A');         putc('D');
    V(R);                putc('B');       }
}                        V(R);
                     }
```

5. 在一栋学生公寓里,只有一间浴室,而且这间浴室非常小,每一次只能容纳一个人。公寓里既住着男生也住着女生,他们不得不分享这间浴室。因此,楼长制定了以下的浴室使用规则:①每一次只能有一个人在使用;②女生的优先级要高于男生,即如果同时有男生和女生在等待使用浴室,则女生优先;③对于相同性别的人来说,采用先来先用的原则。

假设:①当一个男生想要使用浴室时,他会去执行函数 boy_wants_to_use_bathroom(),当他离开浴室时,也会去执行另一个函数 boy_leaves_bathroom();②当一个女生想要使用浴室时,她会去执行函数 girl_wants_to_use_bathroom(),当她离开浴室时,也会去执行函数 girl_leaves_bathroom()。

问题:请用信号量和 P、V 操作来实现这 4 个函数(初始状态:浴室是空的)。

6. 有 4 个进程 P1、P2、P3 和 P4 到达了系统,它们所需的运行时间分别为 52ms、16ms、68ms 和 28ms。如果分别采用 FCFS 算法、SJF 算法和 RR 算法来进行调度,请计算各个进程的周转时间以及它们的平均周转时间。假定这 4 个进程几乎同时到达,所以无须考虑它们的到达时间。另外,在使用 FCFS 算法时,假定各个进程的调度顺序为 P1、P2、P3 和 P4;在使用 RR 算法时,假定时间片的长度为 20ms。

7. 有一组进程在一个单 CPU 的系统上运行,它们的到达时间和预计运行时间如表 2.3 所示。

表 2.3　进程时间

进　　程	到 达 时 间	预计运行时间
P1	0	14
P2	3	12
P3	5	7
P4	7	4
P5	19	7

如果分别采用不可抢占的 SJF 算法、可抢占的 SJF 算法和 RR 算法进行调度,请计算各个进程的执行顺序、周转时间以及它们的平均周转时间。在使用 RR 算法时,假定时间片的长度为 4。

8. 本章介绍了如何使用 PV 操作来解决生产者与消费者问题,其代码如下:

```
void producer(void)
{
    int item;
    while(TRUE)
    {
        item = produce_item( );
        P(S_Buffer_Num);
        P(S_Mutex);
        insert_item(item);
        V(S_Mutex);
        V(S_Product_Num);
    }
}
```

```
void consumer(void)
{
    int item;
    while(TRUE)
    {
        P(S_Product_Num);
        P(S_Mutex);
        item = remove_item( );
        V(S_Mutex);
        V(S_Buffer_Num);
        consume_item(item);
    }
}
```

其中,信号量 S_Buffer_Num 的初始值为 N(缓冲区的个数),S_Product_Num 的初始值为 0,S_Mutex 的初始值为 1。以下是该方法的三种变体,请判断它们是否正确,如果正确,请简单讲一下它的优点或缺点;如果不正确,请通过一个具体的例子说明其错误所在。

(1) 变体 1(为简便起见,这里只保留了最核心的代码,其他的代码如 while 循环均已略去):

```
void producer(void)
{
    P(S_Mutex);
    P(S_Buffer_Num);
    insert_item(item);
    V(S_Product_Num);
    V(S_Mutex);
}
```

```
void consumer(void)
{
    P(S_Mutex);
    P(S_Product_Num);
    item = remove_item( );
    V(S_Buffer_Num);
    V(S_Mutex);
}
```

(2) 变体 2:

```
void producer(void)
{
    P(S_Mutex);
    P(S_Buffer_Num);
    insert_item(item);
    V(S_Product_Num);
    V(S_Mutex);
}
```

```
void consumer(void)
{
    P(S_Product_Num);
    P(S_Mutex);
    item = remove_item( );
    V(S_Mutex);
    V(S_Buffer_Num);
}
```

（3）变体 3：

```
void producer(void)                    void consumer(void)
{                                      {
    P(S_Buffer_Num);                       P(S_Product_Num);
    P(S_Mutex);                            P(S_Mutex);
    insert_item(item);                     item = remove_item( );
    V(S_Product_Num);                      V(S_Buffer_Num);
    V(S_Mutex);                            V(S_Mutex);
}                                      }
```

第 3 章　　　　　　　　　　　死　　　锁

死锁是操作系统中的一个理论研究问题,它是由于进程之间对资源的竞争访问所引发的相互等待、相互妨碍的现象。本章主要讨论四个方面的内容。首先介绍死锁的基本概念,什么是死锁,引发死锁的原因是什么。然后讨论当死锁发生以后,如何检测死锁的存在并且解除死锁。接下来讨论死锁的避免,即能否设计一个好的资源分配算法,从而从源头上避免死锁的发生。最后是死锁的预防,即通过破坏死锁产生的必要条件来防止死锁的出现。

在具体讨论之前,先来看一个关于死锁的小笑话。

一个人去一家公司面试,以下是他与面试官之间的对话。

面试官:请给我们解释一下什么叫死锁,如果解释清楚了我们就会录用你。

应聘者:如果你们录用了我,我就会给你们解释什么叫死锁。

3.1　死锁概述

3.1.1　什么是死锁

扫码观看

如图 3.1 所示为死锁的一个例子。在一个城市中,有一座桥梁,桥很窄,每次只能容许一辆汽车通过。现在有两辆汽车在桥上迎面碰上了,谁也无法再往前开。

图 3.1　过桥问题

另一个死锁的例子是前面介绍过的生产者和消费者问题。如果把该问题的代码稍微修改一下,如下所示,即把生产者函数中的两条语句调换一下顺序,那么其结果可能就是死锁。

```
void producer(void)
{
    int item;
    while(TRUE)
    {
        item = produce_item( );
        P(Mutex);
        P(BufferNum);
        insert_item(item);
        V(Mutex);
        V(ProductNum);
    }
}
```

生产者进程

```
void consumer(void)
{
    int item;
    while(TRUE)
    {
        P(ProductNum);
        P(Mutex);
        item = remove_item( );
        V(Mutex);
        V(BufferNum);
        consume_item(item);
    }
}
```

消费者进程

例如,假设当进程运行到某个时刻,缓冲区中已经装满了产品。这时,生产者进程运行到第一个 P 原语的地方,并且顺利地进入了临界区,此时 Mutex 信号量的值变成 0。然后当它再去调用第二个 P 原语时,由于此时缓冲区已经满了,因此信号量 BufferNum 的值等于 0,因此它就在这里被阻塞了。另一方面,当消费者进程在运行时,首先碰到第一个 P 原语,即 P(ProductNum),由于当前缓冲区是满的,即 ProductNum 信号量的值大于 0,因此它就顺利地通过了这个 P 原语。但是当它执行第二个 P 原语即 P(Mutex)时,由于信号量 Mutex 的值已经等于 0,因此,消费者进程就在这里被阻塞了。也就是说,现在两个进程都被阻塞住了,都没有办法运行,这就形成了一种死锁的状态。由此可见,在基于信号量的进程间同步互斥问题中,稍微一个小的错误,都有可能导致严重的后果。

在上面两个例子中,都出现了事情无法进展下去的情形,这种情形称为"死锁"。死锁现象既可以出现在现实生活中,也可以出现在计算机科学的不同领域,例如,在操作系统中,多个进程对各种输入/输出设备的争夺所引起的死锁;在一个数据库系统中,多个进程对不同数据记录的互斥访问所引起的死锁;等等。也就是说,死锁既可能发生在硬件资源上,也可能发生在软件资源上。因此,为了对死锁问题进行更抽象、更具有普遍性的讨论,使之适用于各式各样不同的领域背景,我们把引发死锁的各种 I/O 设备、数据记录和共享文件等对象统称为资源(Resource)。

在一组进程当中,每一个进程都占用着若干个资源,同时它又在等待另外一个进程所占用的其他资源,从而造成所有进程都无法进展下去的现象,这种现象称为死锁,这一组相关的进程就称为死锁进程。在死锁状态下,每一个进程都动弹不得,既无法运行,也无法释放所占用的资源,它们互为因果、互相等待,无穷无尽。

例如,在如图 3.1 所示的过桥问题中,可以把桥梁一分为二,即桥梁的左侧和右侧,每一侧都可以看成是一个资源。如果一辆汽车想要过桥,那么它必须同时拥有这两个资源。而现在的情形是有两辆汽车,其中,每一辆汽车各自占用了一个资源,同时又在等待对方释放另一个资源。

3.1.2 资源

如前所述，对资源的竞争访问是产生死锁的根本原因。在计算机系统中，有各种不同类型的资源，如 CPU、时钟、各种输入/输出设备、内存空间、数据库当中的记录等。对于某些类型的资源来说，它们可能会有多个相同的实例。例如，在系统中有三个磁带驱动器，那么当用户在申请该资源时，这三个磁带驱动器中的任何一个都能满足要求，没有区别。当然，对于任何一个具体的资源来说，在任何时刻只能被一个进程所使用。

资源可以分为两类：可抢占的和不可抢占的。

- 可抢占的资源：当一个进程正在使用这种类型的资源时，可以把它拿走而不会对该进程造成任何不良的影响，例如，内存和 CPU。在大多数计算机上，CPU 的个数是有限的，如只有一个。因此从微观上来说，在任何时候，最多只能有一个进程在 CPU 上运行。但是系统可以利用进程切换机制，使得在宏观上可以有多个进程同时在内存中运行。当一个进程在 CPU 上运行一段时间后，系统会把它的硬件上下文保存到内存中该进程的 PCB 中，然后再切换到另一个进程去运行。因此 CPU 这个资源是可以抢占的。

- 不可抢占的资源：当一个进程正在使用这种类型的资源时，如果强行把它拿走，将会导致该进程运行失败，例如，光盘刻录机。

死锁主要是由不可抢占资源所引起的，对于可抢占的资源，可以通过重新分配资源的方法来避免死锁。因此，在讨论死锁问题时，主要考察的是不可抢占的资源。另外，进程在使用一个资源的时候，一般要经过三个步骤，即申请资源、使用资源和释放资源。如果申请不成功，则该进程会被阻塞，进入相应的等待队列。

3.1.3 死锁的模型

什么时候才会出现死锁现象呢？1971 年，Coffman 提出了死锁发生的 4 个条件，只有当这 4 个条件同时成立时，才会出现死锁。

- 互斥条件：在任何时刻，每一个资源最多只能被一个进程所使用，即对任何一个资源的访问都必须互斥地进行。
- 请求和保持条件：进程在占用若干个资源的同时又可以去请求新的资源。
- 不可抢占条件：进程已经占用的资源，不会被强制性拿走，而必须由这个进程主动释放。事实上，如果资源是可抢占的，那么可以通过重新分配资源的方法来避免死锁。
- 环路等待条件：存在一条由两个或多个进程所组成的环路链，其中每一个进程都在等待环路链中下一个进程所占用的资源。显然，单个进程不可能产生死锁，因为最少要有两个进程才能形成这样的一个环路。

以上 4 个条件缺一不可。如果有一个条件不满足，就不会出现死锁现象。但是，这四个条件是必要而不充分条件。换句话说，如果死锁，必定满足这 4 个条件。反之，即使满足这 4 个条件，也不一定死锁。

1972 年，Holt 提出用资源分配图的方法来描述死锁发生的 4 个条件。如图 3.2 所示，在这种资源分配图中，他用两种类型的结点来表示进程和资源，然后用有向边来表示进程与资源之间的请求和分配关系。具体来说,每个进程用一个圆圈表示,每个资源用一个方框表示。然后,如果一个进程 P 正占用一个资源 R,那么就从资源 R 引一条有向边指向进程 P。反之,如果一个进程 P 在请求资源 R 时没有成功,被阻塞了,那么就用一条有向边从进程 P 指向资源 R。

例如,对于如图 3.1 所示的过桥问题,如果把桥上的那两辆汽车分别称为 P1 和 P2,把桥梁的左侧和右侧分别看成是资源 R1 和 R2,那么可以画出相应的资源分配图,如图 3.3 所示。在该图中,进程 P1 占用了资源 R2,然后在等待资源 R1,进程 P2 占用了资源 R1,然后在等待资源 R2,这两个进程当前都处于阻塞状态,没法运行,也就没法释放自己所占用的资源。另外,图中出现一条环路,即 P1→R1→P2→R2→P1,这就意味着出现了死锁,这次死锁所涉及的进程是 P1 和 P2,所涉及的资源是 R1 和 R2。

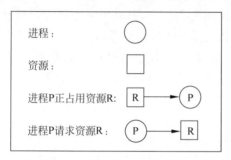

图 3.2　资源分配图描述死锁

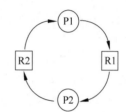

图 3.3　过桥问题的资源分配图

资源分配图的表示方法有一个问题。在图中,每一种资源类型都是用一个方框来表示,也就是说,它默认每一种类型的资源在系统中的个数只有一个。但实际上,对于有的资源类型来说,它在系统中的个数可能不止一个。例如,系统中可能有两个磁盘驱动器。因此,这种数量关系就没法体现出来。

为了体现这种数量关系,人们又对资源分配图进行了改进。如图 3.4 所示,进程的表示方法不变,还是一个圆圈。对于每一种资源类型,也还是用一个方框来表示,不过在方框里面会标上一些小圆点,表示这种类型的资源个数。如果一个进程 P 正占用 R 类型的某一个资源,就从资源 R 当中的这个小圆点出发,引一条有向边指向进程 P。反之,如果进程 P 想要申请 R 类型的资源,但没有成功,那么就用一条有向边,从进程 P 指向资源 R(即指向整个方框,而不是方框中的某个圆点),表示它已经被加入到资源 R 的等待队列中。

资源分配图描述的是在某个特定的时刻,系统的当前状态,它是在不断变化的。每当有进程去申请和释放资源的时候,资源分配图就可能会发生变化。

下面来看一个资源分配图的例子。假设有三个进程 P1、P2 和 P3,以及三种不同类型的资源 R1,R2 和 R3,其中,R1 有两个资源实例,R2 和 R3 都只有一个资源实例。已知这三个进程对资源的请求和释放顺序如下。

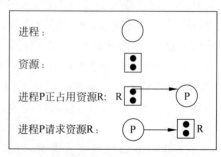

图 3.4　改进的资源分配图

进程 P1	进程 P2	进程 P3
请求资源 R1	请求资源 R1	请求资源 R3
请求资源 R2	请求资源 R2	释放资源 R3
释放资源 R1	请求资源 R3	
释放资源 R2	释放资源 R1	
	释放资源 R2	
	释放资源 R3	

要求分析在各种情形下进程与资源之间的分配关系。

首先需要指出,死锁是由于资源竞争而导致的,如果没有资源竞争,那么就不会出现死锁的问题。具体来说,假设系统采用的调度算法为先来先服务算法。那么在这种情形下,结论是不会发生死锁。因为先来先服务算法是不可抢占的,只有当一个进程运行结束或被阻塞时,才会去运行另一个进程。因此,它可以先运行 P1,然后再运行 P2,最后运行 P3,即按照顺序逐一去运行各个进程。这样,在各个进程之间,就没有对资源的竞争访问。例如,当 P1 运行时,申请了两个资源 R1 和 R2。当它运行完后,就释放了这两个资源。然后当进程 P2 和 P3 运行时,也是类似的。这样一来,相当于是在每个进程运行的时候,所有的资源都是可以使用的,因此就不会出现对资源的竞争访问。

如果系统采用的调度算法为时间片轮转法,那结果就不一定了。由于进程调度和时钟中断等原因,各个进程的执行顺序可能是不一样的。例如,假设在某一次执行过程中,各进程对资源请求的发生顺序如下:

(1) P1 请求资源 R1;

(2) P2 请求资源 R1;

(3) P3 请求资源 R3;

(4) P2 请求资源 R2;

(5) P1 请求资源 R2;

(6) P2 请求资源 R3。

在这种情形下,在这些进程的执行过程中,将会得到如图 3.5(a)所示的资源分配图。具体来说,当 P1 请求资源 R1 时,由于 R1 此时有两个实例,因此申请成功,P1 将会得到 R1。当 P2 请求 R1 时,也会申请成功,P2 也得到一个 R1,此时 R1 就没有空闲的资源实例了。当 P3 请求 R3 时,申请成功,P3 将得到 R3,然后 R3 就没有空闲的资源实例了。当 P2 申请 R2 时,也会成功。接下来,当 P1 申请 R2 时,由于 R2 已经没有空闲的资源实例了,因此申请失败,P1 将进入 R2 的等待队列。然后当 P2 申请 R3 时,也申请失败,进入 R3 的等待队列。总之,在当前时刻,从进程的角度,P1 占用了一个 R1 资源,并在等待 R2;P2 占用了一个 R1 资源和一个 R2 资源,并在等待 R3;P3 占用了一个 R3 资源。从资源的角度,R1、R2 和 R3 的所有资源都已经被占用。显然,在图 3.5(a)中,并没有出现环路,因此它不是一种死锁状态。事实上,虽然进程 P1 和 P2 都处于阻塞状态,但进程 P3 并没有被阻塞,它可以运行。当它运行结束后,就会释放 R3 资源,从而把进程 P2 唤醒。而当 P2 运行结束后,又会释放它所占用的所有资源,包括 R1、R2 和 R3。然后,随着 R2 被释放,进程 P1 又会被唤醒。这样,到最后时,所有进程都能顺利地运行完毕,不会发生死锁的现象。

假设进程 P3 在运行时,又增加了一个资源请求,去申请资源 R1。但由于此时 R1 的两

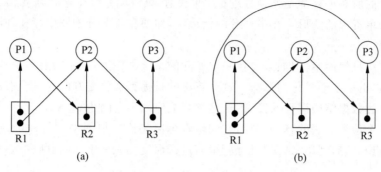

图 3.5　时间片轮转法的资源分配图

个资源实例已经分配出去了,因此申请失败,P3 将进入 R1 的等待队列,如图 3.5(b)所示,此时,在资源分配图中将存在两条环路:

P1→R2→P2→R3→P3→R1→P1

P2→R3→P3→R1→P2

另外,P1、P2 和 P3 这三个进程当前都处于阻塞状态,都无法运行,因此,这时就会出现死锁的现象。

既然在系统运行过程中,有可能会出现死锁的现象,那么如何来应对呢?一般来说,在应对死锁问题时,人们有以下四种策略可供选择。

(1)"无为而治":故意忽略这个问题,假装在系统中不会出现死锁现象。这种方法虽然简单,但却是一种明智的解决方案。原因在于:虽然在死锁问题上,科学家们提出了各种理论上的研究成果。但如果要把这些理论成果应用到实际的系统中,将会大大增加系统的额外开销。另一方面,死锁现象也不会经常出现。因此,如果采用"鸵鸟"策略,不去管它,那么问题也不是很大。事实上,当前主流的操作系统,如 Windows 和 Linux,都采用了这种应对策略。

(2)死锁的检测和解除:在系统中允许死锁发生,但是会通过不断地检测及时发现,然后采取相应的措施来解除死锁。

(3)动态避免:通过精心设计的资源分配方案来避免死锁的发生。

(4)死锁预防:破坏死锁产生的 4 个必要条件之一,使得死锁无法发生。

下面分别介绍这几种应对策略。

3.2　死锁的检测和解除

3.2.1　死锁检测算法

死锁的检测指的是判断系统中是否存在死锁。这里只考察单资源的情形,即每一种类型的资源只有一个。例如,在系统中只有一台扫描仪、一台光盘刻录机、一个绘图仪以及一个磁带驱动器等。

最简单的死锁检测方法是人工观察法,即对一个系统而言,首先构造它的资源分配图,然后人工去观察,看看在这个图中是否存在封闭的环路。如果有,说明系统中存在死锁,而且这条环路上的所有进程都是死锁进程；如果没有,则说明系统中不存在死锁。当然,这种策略只适合于单资源的情形。在多资源的情形下,即便在资源分配图中存在环路,也不意味着一定会死锁。

人工观测法虽然简单,但如果要在一个实际的系统中检测,还是需要一个自动化的检测工具,即需要提出一个形式化的算法。这个算法的目标其实就是判断在一个有向图中,是否存在环路。学过数据结构课程的读者,对这种算法应该不会陌生。

以下是一个检测算法的具体实现,它的基本思路是依次把图中的每一个结点作为起始结点(树根结点),然后利用"试探与回溯"策略进行深度优先搜索,并判断在这一轮搜索中是否存在环路。

数据结构：Nodes 表示该有向图中所有结点的集合,L 表示一个结点列表,flag 表示状态标记(初始化为 0,表示没有环路)。

```
for(N : Nodes) {                       //N 为 Nodes 中的某一个结点,以它作为起始结点
    把 L 初始化为空表,把图中所有的边置为未标记;
    t = N;                             //t 表示当前结点
    while(true) {
        把 t 加入列表 L 的末尾;
        if (t 在 L 中出现了两次) {
            flag = 1;                  //图中包含环路(并已列在 L 中)
            break;
        }
        else {
            从当前的结点出发,看是否还有未被标记的输出边;
            if (有未被标记的输出边) {
                按照顺序选择下一条未被标记的输出边,标记它;
                t = 下一个结点;        //顺着该输出边走到下一个结点
            }
            else if( t == N)           //如果走到死胡同,并且当前结点正是起始结点
                break;                 //没有找到任何环路,退出
            else {
                把 t 从 L 中删去;
                t = 上一个结点(父结点);            //把当前结点回溯到它的上一个结点
            }
        }
    }
    if(flag == 1) break;               //找到环路,退出算法
}
```

3.2.2 死锁的解除

如果在一个操作系统中出现了死锁,那么将会有大量的系统资源被占用。例如,所有的死锁进程都待在内存中,又没有办法继续运行下去,这样就会造成系统资源的浪费。因此,一旦通过自动检测算法发现了死锁的存在,就应该尽快采取相应的措施来解除死锁,以最小的代价恢复系统的运行。具体来说,主要有三种方法：剥夺资源、进程回退和撤销进程。

第一种解除死锁的方法是剥夺资源,它的基本思路是：把一个资源从一个进程手里强行抢过来,然后交给另一个进程去使用。等它用完之后,再交还给原来的进程。这样,这两

个进程对该资源的请求就都能得到满足,只不过一个在先,一个在后。

不过,这种强行剥夺资源的做法需要付出代价,而这种代价的大小,或者说,对被剥夺资源的进程所造成的不良影响的大小,完全取决于这种资源自身的性质。实际上,如前所述,死锁问题主要是由不可抢占的资源所引起,而对于可抢占的资源,可以通过重新分配资源的方法来避免死锁。因此,与死锁有关的资源都属于不可抢占资源,如果硬要强行剥夺,必然会影响该进程的正常运行。当然,这种影响的程度和严重性可能各不相同。例如,如果这个资源是一台光盘刻录机,那么强行剥夺资源的结果可能是把一张光盘给刻坏了。但如果这个资源是一台打印机,那么结果可能只是重复地打印了几页纸的内容。总之,这种剥夺资源的方法,实现起来有点困难。如果非要这么做,只能选择那些相对而言比较容易剥夺的资源。

第二种解除死锁的方法是进程回退,它的基本思路是:定期地把每个进程的状态信息保存在文件中,这样就得到了一个文件序列,其中每个文件分别记载了这个进程在不同时刻的状态信息,包括它的内存映像以及它所占用的资源的状态。当系统检测到死锁的存在时,首先查明在这一次死锁中,有哪一些资源被涉及,然后把其中一个资源的拥有者,即某一个进程,回退到以前的某个时刻,即它还没有拥有该资源的时刻。这样,这个资源现在就可以被其他的进程使用了,从而打破了死锁的僵局。但是对于那个回退的进程而言,它需要做出一些牺牲,也就是说,从原来那个时刻到现在,这一段时间内的所有工作都丢失了。

这种进程回退的方法给进程造成的伤害比较小,但缺点是代价非常高。因为对于每一个进程,系统都要定期地对它的状态信息进行备份,这就增加了系统的时间和空间开销。当然,除去这个缺点以外,该方法不失为一种比较现实的方法。在一些实际的系统中,如数据库系统,为了保证安全,例如,为了防止在突然断电时所产生的数据异常、数据不一致等现象,在它的运行过程中,会不断地把当前的状态信息保存在一个日志文件中。这样,即使出现异常,也能很容易地恢复。

第三种解除死锁的方法是撤销进程,它的基本思路是:撤销一个或多个处于死锁状态的进程,把它们从系统中踢出去。具体来说,先撤销一个死锁进程,或者是一个虽然没有死锁但占用了资源的进程。这么做的目的是抢夺它手中的资源,然后把这些资源再分配出去。如果此时其他的死锁进程能够运行起来,就说明有效;否则,只好继续撤销其他的进程,并释放它们所占用的资源,直到死锁得以解除为止。

为了减少被撤销进程的伤害程度,应该尽可能选择那些能够安全地重新运行的进程,如编译进程。因为编译进程的任务很简单,就是读入一个源文件,然后生成相应的目标文件。如果它在运行过程中被撤销,那么没有太大的伤害,只需重新运行一遍即可。

总之,以上这三种解除死锁的方法,虽然能够打破死锁,但都存在着这样或那样的问题,所以对于实际的系统来说,它们都不很有吸引力。

3.3 死锁的避免

对于死锁的检测与解除,它的基本思路是允许死锁发生,然后一旦检测到死锁,就想办法去解除。我们知道有一句话叫"扬汤止沸,不如釜底抽薪"。那么对于死锁这个问题来说,与其让它发生以后再去想办法补救,还不如一开始就不让它发生。这就是一种更高明的策略。但这种策略是否可行呢?

如前所述,死锁问题的本质在于系统资源的数量有限,由此所造成的各个进程之间的资源分配矛盾。如果系统中的资源个数非常多,想要多少就有多少,那么就不会出现死锁问题了。前面在讨论死锁的检测时,曾经默认进程在申请资源时,是一次性地全部申请。但在一个实际的系统中,并不是这样。一个进程每次只能申请一个资源,而且系统只有在确认了安全性之后,才会把这个资源分配给它。因此,一个想法就是,能否设计出一个好的资源分配算法,在分配资源时经过精心的安排,从而从源头上避免死锁的发生。具体来说,系统提前知道各个进程对所有资源的使用情况(即何时申请哪一个资源,何时释放哪一个资源),然后每当一个进程来申请一个资源时,系统先看一下能不能给它,如果给了它,会不会有死锁的危险,如果没有危险才分配给它。如果这个想法是可行的,那么对于死锁问题,就能做到釜底抽薪。

3.3.1 死锁避免举例

下面通过一个例子来阐述死锁避免问题。假设系统中有两个进程 A 和 B,另外还有两种不同类型的资源 R1 和 R2,每种类型的资源都只有一个。已知这两个进程对资源的请求和释放顺序如下:

进程 A	进程 B
A1:请求资源 R1	B1:请求资源 R2
A2:请求资源 R2	B2:请求资源 R1
A3:释放资源 R1	B3:释放资源 R2
A4:释放资源 R2	B4:释放资源 R1

假设系统采用的调度算法为时间片轮转法,那么由于进程调度和时钟中断等原因,各个进程的执行顺序可能是不一样的。下面分不同的情形来讨论。

首先,如果进程 A 先执行,并且运行到 A3 以后的位置,那么在这种情形下,肯定不会发生死锁的现象,也就不需要系统做出什么决策。因为此时进程 A 已经占用了全部的资源,而且将来也不再需要任何资源,因此它只要得到 CPU,就能很顺畅地执行。而对于进程 B 来说,它在申请资源 R2 的时候肯定会失败,会被阻塞起来,从而让出 CPU。后来,当进程 A 释放了资源 R1 和 R2 以后,进程 B 会被唤醒,并重新开始执行。此时进程 B 所需要的两个资源都是空闲的,因此,它也能很顺畅地执行完毕。

其次,如果进程 B 先运行,并且执行到 B3 以后的位置,那么在这种情形下,也不会发生死锁的现象,这与上一种情形是类似的。

再次,如果进程 A 先执行,在执行完 A1 即请求资源 R1 以后,被时钟中断所打断,然后进程 B 去运行,它要执行 B1,即请求资源 R2。那么在这种情形下,这就是一个关键时刻,系统的资源分配算法就必须做出一个决策,是否批准进程 B 的这次请求。如果系统答应了进程 B 的请求,把 R2 分配给它,那么其结果就是必然会死锁。因为在这种情形下,后面无非是两种情形。一是进程 B 继续执行,然后去执行 B2,即请求资源 R1。由于 R1 已经被进程 A 所占用,因此进程 B 将被阻塞起来,后来当进程 A 去申请资源 R2 时也会被阻塞起来;二是进程 A 又抢到 CPU 去执行,但是它在请求资源 R2 时,由于 R2 已经被进程 B 所占用,因此进程 A 将被阻塞起来,后来当进程 B 去申请资源 R1 时也会被阻塞起来。总之,无论是哪一种情形,其结果都是一样的,两个进程都将被阻塞起来,都在等待对方释放资源,从而进入了死锁的状态。因此,如果是一个好的资源分配算法,那么当进程 B 在请求资源 R2 的时候,就会意识到这将导致不安全的状态,因此就不会批准这次请求。这样,进程 B 运行受阻,而进程 A 就可以顺畅地运行下去,先请求资源 R2,然后在用完之后释放 R1 和 R2。最后进程 B 被唤醒,也能顺畅地运行完成。因此,由于资源分配算法的这次正确决策,避免了一次死锁的发生。

最后,如果进程 B 先运行,在执行完 B1 即请求资源 R2 以后,被时钟中断所打断,然后进程 A 去运行,它在请求资源 R1 时,这也是一个关键时刻,资源分配算法也必须否决这次申请,否则就会导致死锁。

通过上述例子,我们了解了死锁避免问题,并且引入了两个概念,即安全的状态和不安全的状态。例如,在上述第三种情形下,如果系统同意了进程 B 的请求,把资源 R2 分配给它,那么系统将会进入一个不安全的状态,就可能会发生死锁。反之,如果系统没有把资源 R2 分配给它,而是让进程 A 继续往下执行,那么系统将会进入一个安全的状态,在这种情形下就不会发生死锁。因此,对于一个资源分配算法而言,如果它能判断出系统当前是处于安全状态还是不安全状态,它就能做出正确的选择,从而避免死锁。当然,这里的前提条件是系统必须提前知道每一个进程将会在何时去申请和释放哪一个资源,而在一个实际的系统中,这些信息可能无法提前获得。

另外,对于上述这个例子,这种理论阐述可能有点费解。实际上,它跟图 3.1 中的过桥问题是完全一样的。如果是过桥问题,那么就非常直观了。在过桥时,要么让左边的车先过,要么让右边的车先过,这样都没有问题。但如果两辆车同时上桥,即各自占用一半的资源,那么其结果必然是死锁。事实上,在马路交通方面,十字路口的红绿灯就是起到资源分配算法的作用,它先让东西方向的车流占用所有的路口资源,顺利通过,如果此时有南北方向的车来了,则必须等待,禁止占用路口资源。过了一会儿,再让南北方向的车流占用所有的路口资源,顺利通过,如果此时有东西方向的车来了,也必须等待,这样就不会出现大家各占一半资源从而死锁的情形。事实上,十字路口的堵车往往就是因为红绿灯失灵或者某些汽车驾驶员不遵守红绿灯的指示。

3.3.2　安全状态与不安全状态

如何判断系统当前是处于安全状态还是不安全状态呢?这需要解决两个问题,一个是数据结构,即如何表示系统的当前状态,或者确切地说,如何描述在当前这个时刻,系统当中的进程与资源之间的请求和分配关系。另外,还要了解安全状态的定义是什么。第二个问题是算法,即如何判断系统的当前状态是否安全。

先来看数据结构,即系统状态的表示方法。假设在系统中有 n 个进程($P_1 \sim P_n$),资源类型的个数为 m。那么可以定义如下 4 个数据结构:

- 总的资源向量 $E = (E_1, E_2, E_3, \cdots, E_m)$,其中,$E_i$ 表示系统中第 i 种类型的资源个数。例如,若第一种类型的资源为打印机,则 $E_1 = 2$ 表示系统中共有 2 台打印机。
- 空闲资源向量 $A = (A_1, A_2, A_3, \cdots, A_m)$,其中,$A_i$ 表示第 i 种类型的资源中,尚未被占用的个数,即空闲的资源个数。例如,仍以刚才的打印机为例,若 $A_1 = 0$,表示系统中的两台打印机,已经全部被占用了。

- 当前分配矩阵 $C = (C_{ij})_{n \times m}$,该矩阵的第 i 行表示进程 P_i,第 j 列表示第 j 种类型的资源,C_{ij} 表示进程 P_i 所占用的类型为 j 的资源个数。
- 请求矩阵 $R = (R_{ij})_{n \times m}$,其中,$R_{ij}$ 表示进程 P_i 还需要的类型为 j 的资源个数。

图 3.6 是这 4 个数据结构的图形表示。

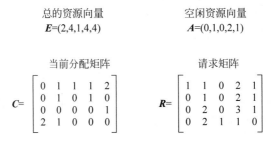

图 3.6　描述系统状态的 4 个数据结构

对于以上这 4 个数据结构,恒有下列等式成立:

$$\sum_{i=1}^{n} C_{ij} + A_j = E_j$$

它表示对于第 j 种类型的资源,E_j 为系统所拥有的总的资源个数,它可以分为两部分,一部分是已经分配给各个进程的资源总和,另一部分是系统当中还剩余的空闲资源个数。

图 3.7 是描述系统状态的 4 个数据结构的一个例子。从图 3.7 中可以看出,有 4 个进程,共享系统提供的 5 种类型的资源。

总的资源向量　　　　　　　空闲资源向量
$E = (2,4,1,4,4)$　　　　　$A = (0,1,0,2,1)$

当前分配矩阵　　　　　　　请求矩阵

$$C = \begin{bmatrix} 0 & 1 & 1 & 1 & 2 \\ 0 & 1 & 0 & 1 & 0 \\ 0 & 0 & 0 & 0 & 1 \\ 2 & 1 & 0 & 0 & 0 \end{bmatrix} \qquad R = \begin{bmatrix} 1 & 1 & 0 & 2 & 1 \\ 0 & 1 & 0 & 2 & 1 \\ 0 & 2 & 0 & 3 & 1 \\ 0 & 2 & 1 & 1 & 0 \end{bmatrix}$$

图 3.7　描述系统状态的数据结构的例子

有了数据结构以后,就可以来定义安全状态的概念。一个状态如果满足以下两个条件,被称为是"安全的"。

- 它自身不存在死锁问题。
- 存在某种调度顺序,使得即使在最坏的情况下(所有的进程突然间同时向操作系统请求它们最大数目的资源,即矩阵 R 中的数值),每一个进程都能顺利地运行结束。

下面通过一个简单的例子来说明这个概念的含义。假设在系统中只有一种类型的资源,其个数为 10。进程有 3 个,即进程 P_1、P_2、P_3。在这种情形下,总的资源向量 E 和空闲资源向量 A 就只有一个元素,而当前分配矩阵 C 和请求矩阵 R 则退化为 3 行 1 列。对于图 3.8(a),我们来判断一下,该状态是否安全。在图 3.8(a) 中,在当前分配矩阵 C 中,三个进程各占用了 4、3 和 2 个资源,共 9 个资源,因此空闲资源向量 A 的个数为 1。在请求矩阵

R 中,三个进程将来还需要申请 5、1 和 4 个资源。

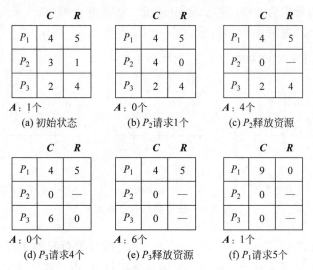

图 3.8　安全状态的一个例子

显然,图 3.8(a)的状态是安全的,因为即使在最坏情形下,也存在一个调度顺序,使所有的进程都能顺利地完成。具体来说,可以先调度进程 P_2 去运行,这样 P_2 会再去请求剩余的 1 个资源,而系统中正好还有 1 个空闲资源,所以分配成功。如图 3.8(b)所示,进程 P_2 将占用 4 个资源,而且以后不再需要新的资源,就能够顺利地运行下去,直到运行结束,然后把它所占用的 4 个资源全部释放,如图 3.8(c)所示,这样系统中就会有 4 个空闲资源。接下来,再去调度进程 P_3 运行,它会再去申请剩余的 4 个资源,而系统中正好有 4 个空闲资源,所以分配成功。如图 3.8(d)所示,进程 P_3 将占用 6 个资源,而且以后不再需要新的资源,就能顺利地运行下去。当它运行结束后,把它所占用的 6 个资源全部释放,如图 3.8(e)所示,这样系统中就会有 6 个空闲资源。最后,调度进程 P_1 去运行,它会再去申请剩余的 5 个资源,而系统能够满足它的要求,所以分配成功,如图 3.8(f)所示,因此 P_1 也能正常运行结束。通过以上过程可以看出,只要按照 P_2、P_3、P_1 的调度顺序去执行,那么所有的进程都能顺利地运行结束。这也就说明,最初的状态是安全的。

3.3.3　银行家算法

银行家算法是 1965 年由 Dijkstra 提出的一种避免死锁的调度算法,它模拟了一个银行家在发放信用贷款时的处理方式。具体来说,在一个小镇上,有一位银行家和一些需要贷款服务的客户。银行家会根据每一位客户的背景情况,为他设定相应的最高贷款限额。例如,对于那些信誉较好、还贷能力较强而且比较熟悉的老顾客,这个最高限额可能就比较大;而对于那些信誉不太好,或者说不太熟悉的新顾客,这个最高限额可能就比较小。现在的问题是:银行家必须设计出一种算法,以保证借贷过程的顺利进行。也就是说,当某个客户提出了一个贷款申请时,该算法必须去判断,如果批准了这个申请,是否会导致一种不安全的状态。如果是,那就拒绝这个申请;如果不是,那就批准这个申请。显然,在这个问题中,贷款就是前面所说的资源,而且只有这一种类型的资源,所以把它称为单一资源类型的死锁避免问题。

如图 3.9 所示为一个例子，假设这个银行家有 4 位客户，即 A、B、C、D。每位客户都有一个最高贷款限额，分别为 3000 美元、5000 美元、7000 美元和 9000 美元。在最开始时，银行家手里有 1 万美元，如图 3.9(a) 所示。

	已贷	仍需	限额
A	0	3	3
B	0	5	5
C	0	7	7
D	0	9	9

银行家：10k

(a) 安全状态

	已贷	仍需	限额
A	1	2	3
B	2	3	5
C	2	5	7
D	3	6	9

银行家：2k

(b) 安全状态

	已贷	仍需	限额
A	1	2	3
B	2	3	5
C	2	5	7
D	4	5	9

银行家：1k

(c) 不安全状态

图 3.9　单一资源类型的例子

在图 3.9 中，A、B、C、D 这 4 个客户相当于 4 个进程，银行家的 1 万美元相当于总的资源向量 E，银行家手里剩余的金额相当于空闲资源向量 A，由于在系统中只有一种类型的资源，因此 E 和 A 就退化为一个变量。4 位客户的已贷金额相当于当前分配矩阵 C，而仍需贷款的金额相当于请求矩阵 R，这两个矩阵退化为 4 行 1 列。对于每一位客户，他的最高贷款限额是固定不变的，并且等于已贷金额与仍需贷款金额之和。

根据安全状态的定义，可以证明如图 3.9(a) 所示的初始状态是安全的。因为此时银行家手里有 1 万美元，而对于 4 位客户，仍需贷款金额最大的是 D，他还需要 9000 美元，因此，任意的调度顺序都是可行的，都能保证所有客户顺利完成任务。

假设这个借贷过程进行到某个时刻，出现了图 3.9(b) 的状态。即 A 已经贷了 1000 美元，B 贷了 2000 美元，C 贷了 2000 美元，D 贷了 3000 美元，而银行家手里只剩下 2000 美元。同样可以证明，这个状态也是安全的。例如，只要采用 A、B、C、D 的调度顺序，就能保证所有客户都能顺利完成任务。

假设在图 3.9(b) 这个状态下，客户 D 又要申请 1000 美元的贷款，那么能不能批准呢？如果批准，那么系统的状态就会变成图 3.9(c)，此时银行家手里只剩下 1000 美元。那么这就是一个不安全的状态，因为假设这 4 个客户同时来申请它们剩余的最大贷款数额，那么银行家就没有办法满足他们当中的任何一个人。这就意味着，在刚才客户 D 来申请 1000 美元时，银行家就不能批准该请求。当然，所谓的不安全状态，并不是说一定会发生死锁，而只是说存在死锁的风险。因为在实际的系统运行中，在某一时刻，所有进程都同时请求最大限额的资源，这种情形也不太多见。

在单一资源类型的情形下，银行家算法可以归纳为如下的形式。

S1　某个客户提出贷款请求；

S2　假设批准该请求，将得到系统状态 T；

S3　判断状态 T 是否安全，

　　如果安全，则批准该请求，转 S1；

　　如果不安全，则不批准该请求，延期到以后处理，转 S1。

银行家算法

S1	银行家检查一下,看手里的资源能否满足某个客户的请求(剩余的最大限额);
S2	如果可以,则该客户的贷款请求已经满足,因此他将偿还所有贷款,转 S1;
S3	如果到最后,所有贷款都能偿还,则状态 T 就是安全的,否则就是不安全的。

判断一个状态 T 是否安全

上面这个算法考虑的是单一资源类型的情形,还可以对它进行推广,用来处理多种资源类型的情形。在这种情形下,对于银行家算法本身来说,它和单一资源类型是完全相同的,无须修改。需要修改的是第二个算法,即在多种资源类型的情形下,如何判断一个状态 T 是否安全。该算法需要用到前面讲的 4 个数据结构,即总的资源向量 E、空闲资源向量 A、当前分配矩阵 C,以及请求矩阵 R。

S1	在请求矩阵 R 当中,寻找某一行 R_i,它的每一个分量均小于或等于 A 中的相应元素;如果不存在这样的行,则表示找不到一个进程可以运行结束,系统将可能陷入死锁;
S2	如果 R_i 存在,则假设进程 P_i 将请求它需要的所有资源,并得到了满足.然后运行结束,并释放它的所有资源(加入到 A 中);
S3	重复上述两个步骤,直到所有的进程都能运行结束,这就说明最初的状态 T 是安全的;或者是死锁发生,这就说明 T 是不安全的。

在多种资源类型的情形下判断状态 T 是否安全

图 3.10 是一个具体的例子。在系统中总共有 5 个进程,即 P_1、P_2、P_3、P_4 和 P_5。另外,还有 4 种类型的资源,即 R1、R2、R3 和 R4。从向量 E 可以看出,在系统当中,总共有 3 个 R1、12 个 R2、14 个 R3 和 14 个 R4。在当前的状态下,R1 已经用了 2 个,R2 已经用了 6 个,R3 已经用了 12 个,R4 已经用了 12 个,所以空闲资源向量的值为 $(1,6,2,2)$。

总的资源向量 $E=(3,12,14,14)$
空闲资源向量 $A=(1,6,2,2)$

	R1	R2	R3	R4
P_1	0	0	3	2
P_2	1	0	0	0
P_3	1	3	5	4
P_4	0	3	3	2
P_5	0	0	1	4

当前分配矩阵 C

	R1	R2	R3	R4
P_1	0	0	1	2
P_2	1	7	5	0
P_3	2	3	5	6
P_4	0	6	5	2
P_5	0	6	5	6

请求矩阵 R

图 3.10 多种资源类型的例子

对于当前这个状态,它是一个安全状态。因为可以找到一个调度顺序,使得每一个进程都能顺利地运行结束。例如,可以先调度进程 P_1 去运行,因为在请求矩阵 R 中,它的每一个分量的值,都是小于或等于向量 A 中的相应元素,即向量 $(0,0,1,2)$ 是小于或等于向量 $(1,6,2,2)$ 的。当 P_1 运行结束后,它会释放所占用的所有资源,这些资源被加入空闲资源向量中。因此,向量 A 的值就变成了 $(1,6,5,4)$。接下来,可以选择进程 P_4 去运行,因为它的请求矩阵中的向量为 $(0,6,5,2)$,这是小于或等于 A 的当前值。当 P_4 运行结束后,它也会释放所占用的所有资源,因此空闲资源向量 A 的值将更新为 $(1,9,8,6)$。此时对于 P_2 和 P_5 这两个进程，它们都能满足条件，随便选择哪一个去运行都可以。如果选择的是 P_5，则当它运行结束并释放了所有资源后，A 的值将更新为 $(1,9,9,10)$，然后再依次选择 P_2 和 P_3 即可；如果刚才选择的是 P_2，则当它运行结束并释放了所有资源后，A 的值将更新为 $(2,9,8,6)$，此时，系统中的空闲资源的数量已经足够多了。因此对于剩下的 P_3 和 P_5 这两个进程，随便怎么安排都可以。总之，图 3.10 中的状态是安全的，它可以按照 P_1、P_4、P_5、P_2、P_3 的调度顺序去执行，也可以按照 P_1、P_4、P_2、P_5、P_3 或者 P_1、P_4、P_2、P_3、P_5 的顺序去执行，最后所有的进程都能顺利地运行完毕。

假设在当前状态下，进程 P_3 又要请求 1 个 R1 资源和 2 个 R4 资源，那么系统到底给不给它呢？这就要判断如果给了它以后，系统的状态是否还是安全的。

图 3.11 是把 1 个 R1 和 2 个 R4 资源分配给进程 P_3 以后的系统状态，显然，在这种情形下，根据银行家算法，找不到一个调度顺序，使得每一个进程都能顺利地运行结束。事实上，对于请求矩阵 R 中的每一行来说，它们都有 1 个或多个分量的值是大于 A 中的相应分量，这样就找不到任何一个进程去运行。因此，这就说明，图 3.11 中的状态是不安全的，也就是说，在图 3.10 的状态下，不能再把 1 个 R1 资源和 2 个 R4 资源分配给进程 P_3。

总的资源向量 $E=(3,12,14,14)$
空闲资源向量 $A=(0,6,2,0)$

	R1	R2	R3	R4
P_1	0	0	3	2
P_2	1	0	0	0
P_3	2	3	5	6
P_4	0	3	3	2
P_5	0	0	1	4

当前分配矩阵 C

	R1	R2	R3	R4
P_1	0	0	1	2
P_2	1	7	5	0
P_3	1	3	5	4
P_4	0	6	5	2
P_5	0	6	5	6

请求矩阵 R

图 3.11　把 1 个 R1 和 2 个 R4 分配给 P_3 后的状态

通过上面的讨论可以看到，银行家算法能够有效地避免死锁的发生，这是不是就意味着，死锁问题得到了彻底的解决，我们能够从源头上来避免死锁的发生呢？回答是"不"。这就是理论与实际的差别。从理论上来说，银行家算法是精彩的、有效的，但是从实际上来说，它没有太大的用处。

首先，在一个实际的系统中，请求矩阵 R 如何得到？因为请求矩阵描述的是将来的信息，是在将来的一段时间内，进程将会使用哪些资源。但是一个进程在运行之前，并不知道自己将来需要用到哪些类型的资源，以及每一种类型的资源需要多少，这些信息都是无法事先知道的。

其次，银行家算法需要知道在系统中有多少个进程，而在一个实际的系统中，进程的个数不是固定的，而是动态变化的。

最后，系统中的资源的个数也不是固定的。例如，假设在某个时刻，有一台磁带机突然坏了，这种事情是无法提前预测的。

总之，虽然在理论上银行家算法是非常精彩的。但是在实际的操作系统中，由于信息的缺乏以及系统的动态特征，使得银行家算法难以应用在一个真实的系统中，难以用来实现死锁的避免。

3.4 死锁的预防

既然死锁的避免无法实现,那么在实际的系统中,如何来防止死锁的出现呢?如前所述,死锁的产生有 4 个必要条件,即互斥条件、请求和保持条件、不可抢占条件以及环路等待条件,只有当这 4 个条件同时成立时,才有可能会出现死锁。因此,应对死锁的另一个思路就是破坏死锁产生的 4 个必要条件之一,而这就是死锁的预防所要讨论的内容。

1. 破坏互斥条件

死锁产生的第一个必要条件是互斥条件,即在任何时刻,每一个资源最多只能被一个进程所使用。而破坏这个条件,就意味着允许多个进程同时使用一个资源。

例如,打印机是一种常用的资源,在几乎所有的应用程序中,都有打印的功能。在 Word 文字编辑器中,可以打印当前的文档;在 IE 浏览器中,可以打印当前的网页;在一个图像编辑器中,可以打印一幅图像。但是通常来说,打印机只有一台,而这么多个应用程序在同时运行的时候,如何解决它们对打印机资源的竞争使用呢?如果采用互斥访问的方法,那肯定不行。因为如果一个进程占用了打印机,其他的进程就没法打印了。因此,在当前的系统中,一般采用的是假脱机的打印方式。也就是说,每个应用程序并不是直接与打印机打交道,它们的工作仅仅是生成打印数据,然后提交给一个后台打印进程,然后由这个后台打印进程去真正地使用打印机。由于这个打印进程不会占用任何其他的资源,因此,就可以消除由于争夺打印机资源而引发的死锁问题。

但遗憾的是,破坏互斥条件这种方法并不具有普遍性,并不是所有的资源都可以采用这种方法。

2. 破坏请求和保持条件

请求和保持条件指的是进程在占用若干个资源的同时,又可以去请求新的资源。而破坏这个条件,就是说,不允许进程在占用资源的同时又去申请新的资源。在具体实现上,主要有以下两种做法。

- 要求各个进程在开始运行之前,先一次性请求所有的资源。只有当这些资源都空闲时,系统才会分配给它,然后它可以开始运行。如果在这些资源中,有一个或多个正忙,那么系统就不会分配任何资源给它。换言之,要么全部都给,要么一个也不给。但这种方法有很大的局限性,因为很多进程在运行之前并不知道自己将来需要用到哪些资源,否则,银行家算法就能派上用场了。另外,这种方法难以保证资源的使用效率。例如,进程在一开始申请的资源,可能要到最后才能用上,那么在中间这一段时间内,该资源就一直空闲在那里,而且别的进程也无法使用。

- 要求进程在请求一个新资源时,先暂时释放它已经占用的各个资源,然后再重新申请所有的资源,包括它原来占用的资源和这个新的资源。

3. 破坏环路等待条件

环路等待条件指的是在系统的资源分配图中,存在一条由两个或多个进程所组成的环路链,其中每一个进程都在等待环路链中下一个进程所占用的资源。

为了破坏这种环路链的产生,可以把系统中的所有资源进行编号。然后,进程在申请资源时,必须严格地按照资源编号的递增次序进行,否则操作系统不予分配。

例如,假设在系统中有 10 个资源,可以把它们编号为 R1、R3、…、R10。假设进程 P_1 当前已经申请了资源 R1、R3 和 R6。此后,它就不能再申请 R6 之前的资源了,只能申请 R6 以后的资源。

可以证明:如果每一个进程都按照以上规则进行资源的申请和分配,那么在资源分配图中就不可能出现环路。也就是说,不可能出现死锁。

习　　题

一、单项选择题

1. 银行家算法是一种(　　　)算法。

    A. 死锁解除　　　　　B. 死锁检测　　　　　C. 死锁预防　　　　　D. 死锁避免

2. 某系统中有 3 个并发进程,都需要同类资源 4 个,请问该系统中不会发生死锁的最少资源数是(　　　)。

    A. 9　　　　　　　　　B. 10　　　　　　　　　C. 11　　　　　　　　　D. 12

3. 某计算机系统中有 8 台打印机,有 K 个进程竞争使用,每个进程最多需要 3 台打印机。该系统可能会发生死锁的 K 的最小值是(　　　)。

    A. 2　　　　　　　　　B. 3　　　　　　　　　C. 4　　　　　　　　　D. 5

4. 3 个进程共享 4 个同类资源,这些资源的分配与释放只能一次一个。已知每一个进程最多需要两个该类资源,则该系统(　　　)。

    A. 有某进程可能永远得不到该类资源

    B. 必然有死锁

    C. 当进程请求该类资源时立刻就能得到

    D. 必然无死锁

5. 破坏死锁的 4 个必要条件之一就可以预防死锁。若规定一个进程在请求新资源之前,首先释放已占有的资源,这是破坏了哪一个条件?(　　　)

    A. 不可抢占条件　　　　　　　　　　　B. 互斥条件

    C. 请求和保持条件　　　　　　　　　　D. 环路等待条件

二、填空题

1. 死锁产生的根本原因是_____。

2. 在计算机系统中,资源可以分为两种类型:可抢占的资源和不可抢占的资源。对于可抢占的资源,可以通过重新分配资源的方法来避免死锁。那么在计算机系统中,哪一些资源是可抢占的资源?请给出两个具体的例子:_____和_____。

3. 对内存资源的竞争访问_____(可能/不可能)引起死锁。

4. 死锁产生的 4 个必要条件是:_____、_____、不可强占条件和环路等待条件。

5. 在一个系统中,如果出现了死锁,那么在它的资源分配图中肯定存在有_____。

6. 在一个系统中,要想形成死锁,至少要有_____个进程。

7. 在应对死锁的 4 种策略中，银行家算法属于＿＿＿＿＿＿＿＿＿。

8. 死锁的解除主要有 3 种方法，即＿＿＿＿＿＿＿＿＿、＿＿＿＿＿＿＿＿＿和撤销进程。

三、应用题

1. 在一个系统中，总共有 n 个进程（从 P_1 一直到 P_n），它们共享使用某一种类型的资源（如绘图仪），这种资源的个数为 m 个。如果：

   (1) 对于每一个进程 $P_i (i=1,2,\cdots,n)$，它所需要的资源的总个数最少为 1，最多为 m。

   (2) 所有进程对资源的需求量总和小于 $m+n$。

   试证明：该系统没有死锁的危险。

2. 一台计算机有 10 台磁带机。它们由 N 个进程竞争使用，每个进程最多需要 4 台磁带机。请问 N 为多少时，系统没有死锁的危险？并说明原因。

3. 假设系统中有 3 种类型的资源 $\{A,B,C\}$ 和四个进程 $\{P_1,P_2,P_3,P_4\}$，A 资源的数量为 12，B 资源的数量为 9，C 资源的数量为 12。已知在某个时刻系统状态如下：

当前分配矩阵

	A	B	C
P_1	2	1	3
P_2	1	2	3
P_3	5	4	3
P_4	2	1	2

请求矩阵

	A	B	C
P_1	2	2	1
P_2	4	1	0
P_3	1	0	0
P_4	2	0	0

   (1) 请问，系统是否处于安全状态？如果是，请给出一个安全序列；如果不是，为什么？

   (2) 假设进程 P_1 再申请两个 A 类型的资源，系统能否给它？为什么？

4. 设系统中有 4 种类型的资源 $\{A,B,C,D\}$ 和 5 个进程 $\{P_1,P_2,P_3,P_4,P_5\}$，A 资源的数量为 3，B 资源的数量为 12，C 资源的数量为 14，D 资源的数量为 14。假设在某时刻，系统的状态如下：

进　　程	已分配的资源数量 (A B C D)	仍需要的资源数量 (A B C D)
P_1	0 0 3 2	0 0 1 2
P_2	1 0 0 0	1 7 5 0
P_3	1 3 5 4	2 3 5 6
P_4	0 3 3 2	0 6 5 2
P_5	0 0 1 4	0 6 5 6

请问：

   (1) 该状态是否安全？若是请给出一个安全序列。

   (2) 如果此时进程 P_3 请求资源 (1,2,2,2)，系统能否将这些资源分配给它？

5. 设系统中有 3 种类型的资源 $\{A,B,C\}$ 和 5 个进程 $\{P_1,P_2,P_3,P_4,P_5\}$，A 资源的

数量为 17，B 资源的数量为 5，C 资源的数量为 20。在 T_0 时刻系统状态如下：

	最大资源需求量			已分配资源数量		
	(A	B	C)	(A	B	C)
P_1	5	5	9	2	1	2
P_2	5	3	6	4	0	2
P_3	4	0	11	4	0	5
P_4	4	2	5	2	0	4
P_5	4	2	4	3	1	4

(1) T_0 时刻是否为安全状态？若是，请给出一个安全序列。

(2) 在 T_0 时刻，若进程 P_2 请求资源(0,3,4)，是否能实施资源分配？为什么？

(3) 在(2)基础上，若进程 P_4 请求资源(2,0,1)，是否能实施资源分配？

(4) 在(3)基础上，若进程 P_1 请求资源(0,2,0)，是否能实施资源分配？

6. 在操作系统中，可以通过破坏环路等待条件来预防死锁。具体来说，可以把系统中的所有资源进行编号，进程在申请资源时必须严格按资源编号的递增次序进行，否则操作系统不予分配。例如，假设系统有 10 个资源 R1、R2、…、R10，如果一个进程已经申请了 R1、R3 和 R6，那么它就不能再申请 R6 之前的资源。请证明：如果按照以上规则进行资源的申请和分配，系统就不会发生死锁。

第4章 存储管理

存储器是计算机系统中一个非常重要的资源,事实上,在冯·诺依曼体系结构中,采用的就是"存储程序"原理,即把计算机的工作方式归结为它的两个基本能力:一是能存储程序,二是能自动地执行程序。在具体的硬件实现上,前者依靠存储器来实现,后者依靠CPU来实现。而计算机的工作原理,就是不断地从内存中取出一条条的指令,放在CPU上运行。在第2章已经介绍了进程管理,实际上也就是对CPU资源的管理。在本章中,将介绍存储器资源的管理。

4.1 存储管理概述

什么是存储管理呢?顾名思义,存储管理就是对存储器进行管理。从一个程序员或用户的角度来说,他所希望拥有的存储器是什么样的呢?当然是容量越大越好、访问速度越快越好、价格越便宜越好,而且是非易失型存储器。所谓非易失型存储器,就是在断电后,它里面的数据还能继续保存。这便是一个理想中的存储器,但实际上,在现实生活中,要想找到一种存储器,能够同时符合所有这些要求,这是不可能的。这就好像人们在寻找人生伴侣时,不能有过高的要求,既要收入高,又要模样好,还要能干家务活,而且是细心体贴、浪漫温柔的学霸。事实上,完美的男同胞或女同胞,就像完美的存储器一样,是不存在的。

既然理想中的存储器是不存在的,所以大多数计算机采用了一种折中的方法,也就是说,建立了一个存储器的层次结构,如图4.1所示。在这个层次结构中,越往上走,容量越小,速度越快,价格也越昂贵;越往下走,容量越大,速度越慢,价格越便宜。

图 4.1　存储器的层次结构

在这个层次结构的最顶层,是CPU内部的一些寄存器,它们的访问速度最快,但容量不是很大,不到1KB。第二层是高速缓存Cache,它的访问速度比CPU寄存器稍微慢一些,但比内存要快,价格也比较昂贵,因此容量不是很大。第三层是主存储器,即内存。它的访问速度比 Cache 要慢一些，但是比外存要快得多。内存容量一般是几个 GB。另外，CPU 寄存器、Cache 和内存这三种存储器都属于易失型存储器，即在断电以后，它们存放的内容会全部丢失掉。在这个层次结构的第四层，是固态硬盘、移动硬盘和 U 盘等外部存储器。以硬盘为例，它的访问速度要慢得多，以 ms 为单位，但是它的价格比较便宜，因此存储容量很大，现在都是以 TB 为单位。外部存储器属于非易失型存储器，即使在关机之后，它们保存的内容也不会丢失。通常所说的存储管理，主要是指对内存的管理。

内存也称为主存，它好比是一个仓库，用来存取指令和数据。在一个内存中，包含许多个存储单元，每个单元可以存放一个适当单位的信息，如 1B。所有的存储单元会按照一定的顺序进行编号，这种编号称为存储器的地址，我们对这些存储单元的读写操作就是通过它们的地址来进行的。

图 4.2 是内存访问的示意图。在 CPU 和内存之间是通过总线相连，总线包括地址总线、数据总线和控制总线。以读内存为例，当 CPU 需要去读取某个内存单元时，就会把该内存单元的地址打在地址总线上，然后通过控制总线向内存发出一个读操作命令。内存收到信号后，就去相应的内存单元把数据取出来，放在数据总线上，这样 CPU 就可以把这个数据取走了。当然，这个数据不一定只有 1B，事实上，如果数据总线为 32 位，那么一次最多可以读取 4B。总之，内存的工作就是根据地址来访问相应的内存单元，它并不关心这个地址是如何产生的，也不知道相应内存单元中存放的是指令还是数据。对于它来说，指令和数据并没有什么区别。

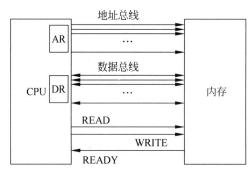

图 4.2　内存访问示意图

通过以上描述可以知道，内存能够直接被 CPU 访问，而且它是一种随机访问的存储器，即对于任何一个给定的地址，都能立刻返回相应内存单元的内容。而硬盘等外部存储器则做不到这一点，它们并不能直接被 CPU 访问，而且它们是以数据块来作为最小的访问单位。因此，一个程序平时是以文件的形式存放在硬盘上，然后当我们要运行该程序时，首先要把它从硬盘装入内存，这样才能开始运行。在运行时，会不断地把内存中的指令读入CPU，并在 CPU 中执行。与此同时，也会不断地读写存放在内存中的各类数据。因此，当一个程序需要运行时，操作系统如何给它分配内存空间？当一个程序运行结束后，操作系统如何回收它所占用的内存空间？当多个程序需要同时运行时，操作系统如何实现内存的共享和保护，避免这些程序之间相互冲突、相互妨碍，这就是本章需要解决的问题。

存储管理有多种不同的方案，有简单的也有复杂的。本章的内容将按照顺序一步步展开，先介绍早期的存储管理方法，如单道程序存储管理、分区存储管理、页式和段式存储管理等。随后再介绍当前系统所采用的存储管理方法，即虚拟存储技术。这种组织方式主要有两方面的考虑。

首先，虚拟存储管理是在以前的存储管理方法的基础上发展起来的。例如，虚拟页式存储和虚拟段式存储，它们都是在普通的页式和段式存储的基础上发展起来的。因此，只有先了解普通的页式和段式存储，才能对虚拟存储有更深入的理解。

其次，以前的存储管理方法并非完全过时，事实上，有些老的概念仍然有用。因为采用哪一种存储管理方案，取决于各种因素，如硬件平台，不同的存储管理方案需要不同的硬件支持。例如，虚拟页式存储需要在硬件上具有地址映射机制 MMU，而且要求内存比较大。但是对于一些手持设备和嵌入式系统来说，它们可能只有最基本的硬件支持，可能根本就没有 MMU。在这种情形下，虚拟存储管理可能就用不上了，而一些简单、实用、快速的存储管理方案却大受欢迎。所以说，即使是一些简单的、老的存储管理方案，仍然有必要掌握，它们仍有可用之处。用一句谚语来说："历史总是在重复自己"，以前曾经使用过的一些老技术，在现在或将来可能又会重新得到应用。

4.2　单道程序存储管理

扫码观看

单道程序存储管理是最简单的一种存储管理方案。它的基本思路是把整个内存划分为两个区域：系统区和用户区。然后每次把一个应用程序装入用户区中运行，由它和操作系统共享整个内存。而且从装入开始一直到它运行结束，在这段时期内，该程序始终独占整个用户区。当它运行结束后，操作系统再装入一个新的程序把它覆盖。

在个人计算机发展的早期，主要采用的就是单道程序存储管理。例如，对于 DOS(Disk Operating System，磁盘操作系统)，它是一种单任务的操作系统，每次只能运行一个程序。它的用户界面是黑底白字的字符界面，然后有一个提示符，显示当前的工作目录。用户使用计算机的方式很简单，就是每次输入一条命令，然后系统就会执行相应的程序。例如，cls 命令用于清除屏幕上的内容，cd 命令用于切换当前目录，等等。当然，除了这些系统内置的命令，还可以执行各种第三方的应用程序。例如，可以用 Turbo C 来编辑、编译和调试 C 语言程序，可以用 WPS 文字处理系统来编辑文档，当然也可以玩各种小游戏。但是在 DOS 中，每次只能运行一个程序，只有当这个程序运行完毕，退回到系统提示界面时，才能启动下一个程序。当然，现在 DOS 基本上只会出现在一些国产电视剧中，为了突出计算机高手的水平，他们往往会采用字符界面，然后键盘敲得噼里啪啦响，同时屏幕上跳出一长串的英文字符，给人一种很神秘、很酷的感觉。

单道程序存储管理的优点是简单、开销小，易于管理。内存的分配很简单，当运行一个用户程序时，从硬盘读入该程序，然后把它装入用户区即可。内存的回收也很简单，当一个程序运行完之后，直接用新的程序去覆盖它即可，无须额外的管理开销，也不需要去记录在每一个时刻，内存空间的使用情况。因此，这种方法比较适合单用户、单任务的操作系统。

那么当一个程序被装入内存，并在内存中运行的时候，它的内存布局是什么样的呢？或者进一步说，一个程序从创建到运行的整个过程是怎么样的呢？

假设有如下一个 C 语言程序片段。

```
/* 全局变量,固定地址,其他源文件可见 */
int global_static = 0;
/* 静态全局变量,固定地址,但只在本文件中可见 */
static int file_static[50];
/* 函数参数:位于栈帧中,动态创建,动态释放 */
int foo(int auto_param)              //代码
{
    /*  静态局部变量,固定地址,只在本函数中可见 */
    static int func_static = 0;
    /* 普通局部变量,位于栈帧中,只在本函数中可见 */
    int auto_i, auto_a[10];
    /* 动态申请的内存空间,位于堆中 */
    double * auto_d = malloc(sizeof(double) * 5);
    return auto_i;
}
```

我们知道,任何一个程序都是由代码和数据组成的。代码没有什么问题,就是一条条的 C 语言语句,将来经过编译链接后,会变成相应的机器语言指令,而且在运行时,其内容也不会发生变化。但是数据就不一样了,一个程序在运行时需要用到不同类型的数据。而对于每一种数据,需要考虑存储位置、作用域和生存期这 3 个问题。所谓存储位置,即该数据存放在什么地方;所谓作用域,即该数据在什么地方是可以访问的;所谓生存期,即该数据在什么时候出现、在什么时候消亡。因此,在本例中,尽量考虑了各种不同的情形。

首先定义了两个全局变量 global_static 和 file_static。全局变量的特点是,在存储位置上,它们需要单独存放;在生存期上,它们在程序开始运行时就要占用内存空间,而且在程序运行的整个过程中一直存在;在作用域上,file_static 变量在定义时前面加了 static,表示它虽然是一个全局变量,但只能在本文件中使用,即是一个文件级别的全局变量。而 global_static 在定义时没有加 static,表示它也可以在别的源文件中使用,即是一个真正全局性的变量。

接下来定义了一个函数 foo(),它有 1 个形参 auto_param 和 3 个普通的局部变量 auto_i、auto_a 和 auto_d。对于形参和局部变量,在存储位置上,它们位于栈中(准确地说,位于相应的栈帧中);在生存期上,它们是在函数被调用时动态创建,分配空间,然后在函数调用结束后就会动态释放;在作用域上,它们只能在 foo() 函数内部使用。另外,在 foo() 函数内部还定义了一个静态局部变量 func_static,它也存放在静态数据区,并在程序运行过程中一直存在,但是在作用域上,它只能在 foo() 函数中使用。

在 foo() 函数中,还通过调用 malloc() 函数申请了一块动态内存空间,并把它的起始地址保存在局部变量 auto_d 中。在存储位置上,该空间位于堆中;在生存期上,如果该空间申请成功,那么只要不主动释放,就一直可用;在作用域上,只要能获得该空间的起始地址,那么在其他函数中也能访问。

对于上面这段源程序,可以把它保存在一个源文件中,然后与其他的源文件一起进行编译链接,这样就会得到一个可执行文件。对于不同的操作系统,它所支持的可执行文件的格式是不同的,图 4.3 是一个简化的例子。

在图 4.3 中,一个可执行文件由 5 个部分组成:文件头、代码区、数据区、bss 区和其他

int a_magic;
int a_text;
int a_data;
int a_bss;
int a_syms;
int a_entry;
	mov ax, 0040
	mov ds, ax
	test [0314],24
	jnz 579b
	pop ax
	...
		int global_static;
		int func_static;
			int file_static[50];	

文件头	代码区	数据区	bss区	其他

图 4.3　可执行文件内部结构示例图

分区。文件头主要存放了这个可执行文件的一些描述信息,如每个分区的起始地址和长度。代码区存放的是编译后的可执行指令,数据区存放的是全局变量和静态变量,而且是带有初始值的变量,如果没有初始值,则存放在 bss 区。这样设计的好处是能够减少可执行文件的大小。例如,对于数组 file_static,它虽然有 50 个元素,每个元素长度为 4B,总共 200B,但是由于该数组并没有初始值,因此在可执行文件中,并不需要真的分配 200B 的空间,而只要有一个标号表明其长度即可。如果变量有初始值,那就真的需要在可执行文件中分配相应的空间,并存放该值。另外,有的读者可能会发现,在可执行文件中并没有给形参、局部变量和动态内存分配空间,这是怎么回事呢?的确如此,这三种类型的变量并不需要存放在可执行文件中,而是将来程序运行时,会直接在内存中给它们分配空间。具体来说,编译器在编译时,会在每个函数的开始位置和调用位置插入一些指令,将来程序运行且调用了该函数时,这些指令将会被执行,从而在栈中分配一块栈帧,用于存放此次函数调用的形参和局部变量,并完成参数的传递。动态内存空间也是类似的,是在程序运行时通过执行指令的方式来分配空间,因此在可执行文件中也不占空间。

对于硬盘上的一个可执行文件,当我们要运行它的时候,就要把它装入内存。图 4.4 是一个示意图,假设系统给该进程分配了一块内存空间,下方是低地址,上方是高地址。在装入时,首先从可执行文件中读取文件头信息,从而知道每个分区的起始地址和长度。然后把代码区的内容复制到这块内存区域的起始位置,从而构成了代码段,再把数据区的内容复制到它的上方,从而构成数据段的一部分。如前所述,数据区存放的是带有初始值的全局变量和静态变量,而对于那些没有初始值的变量来说,是存放在 bss 区,而且 bss 区中只会存放那些变量的描述信息,并不会真正占用那么多存储空间。因此,在装入可执行文件时,还需要根据 bss 区中的那些描述信息,把相应的变量展开到内存,紧挨着刚才那些带有初值的全局变量存放,从而构成数据段的另一部分。例如,对于 bss 区中的 file_static 数组,它在可执行文件中并没有占用 200B 的空间,但是在装入内存时,就真的需要在内存中给它分配 200B 的空间,这段空间将被初始化为 0。显然,数据区与 bss 区(即带有初值的全局变量与不带初值的全局变量)的区别仅在可执行文件内部有意义,而装入内存以后,就没有什么区别了,因此,在内存中将把它们统称为数据段。另外,在内存中,代码段和数据段的长度是已知的,并且固定不变。

接下来,为了使进程能够顺利运行,还需要在内存中设置好堆和栈。在程序尚未开始执行时,栈是空的,里面没有内容,因此把栈指针 SP 指向这块内存区域的最高点,这就相当于创建了一个空白的栈,以后当有数据要进栈时,SP 是往下移动的。另外,堆位于数据段的上方,初始时也是空的,它的运行方向是从下往上。这样设计的好处是:由于栈和堆都是动态

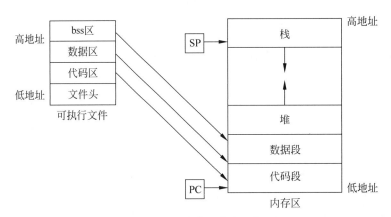

图 4.4　程序装入内存运行

内存空间,在程序运行过程中,其大小会不断发生变化,而且事先也无法知道,在这种情形下,如果栈是从上往下走,而堆是从下往上走,这样就比较灵活,能够充分使用两者之间的空闲空间。

这样,我们就把一个可执行文件装入了内存,接下来就可以去运行这个程序了。具体来说,把程序计数器 PC 指向代码段的起始地址,然后 CPU 就会自动地把一条条指令读入 CPU 去执行。在指令的执行过程中,如果要访问全局变量,就去访问数据段;如果要访问动态内存空间,就去访问堆;如果发生了函数调用,就在栈中分配一块栈帧,用来存放它的形参和局部变量,然后在该函数内部就可以去栈中访问这些局部变量。总之,在程序的执行过程中,代码和数据是分离的,代码位于代码段,而数据位于数据段、堆或栈中。

单道程序存储管理有如下一些缺点。

(1) 每次只能运行一个程序,无法实现多个程序的并发运行。

(2) 内存资源的使用效率不高,对于那些使用内存空间比较少的程序,由于它独占了整个用户区,因此会造成内存空间的浪费。例如,假设一个可执行程序只有 1MB,而内存的容量为 8GB,这样,当这种程序在运行时,绝大部分的内存空间都被浪费掉了。

(3) 没有内存保护,应用程序可以随便去访问内存。

(4) 地址空间有限,用户程序能够访问的地址空间有限,程序的大小不能超过内存空间的大小,否则就装不下。

显然,单道程序存储管理具有比较大的局限性。那么如何来实现多道存储管理,即在内存中同时有多个进程运行? 这需要考虑如下一些问题。

(1) 内存空间的管理。

① 整个内存区域如何划分?

② 用什么数据结构来管理内存?

③ 如何在有限的内存空间中容纳尽可能多的进程?

(2) 内存的分配:当一个新进程到达时,如何给它分配内存?

(3) 内存的回收:当一个进程运行结束时,如何回收其内存?

(4) 地址重定位。

① 程序员不知道当他的程序被执行时,将会被放在内存的什么位置。

② 当一个程序正在执行时,可能被交换到磁盘上,后来再返回内存时,可能存放在不同的位置。

③ 对内存的访问必须转换为实际的物理内存地址。

(5) 内存保护:一个进程不能未经许可去访问其他进程或操作系统的内存地址。

(6) 内存共享。

① 允许多个进程访问相同的一段内存空间。

② 最好允许每个进程访问一个程序的同一份复制件,而不是每个进程都有自己独立的一份复制件。

(7) 逻辑组织。

① 程序的编写以模块为单位。

② 每个模块的保护级别可能是不同的(只读、只可执行、可读写等)。

③ 模块的共享。

(8) 物理组织。

① 分配给一个程序(包括其数据)的内存空间可能不够用。

② 磁盘存储器更便宜、容量更大,且永久保存。

4.3 分区存储管理

最简单的多道存储管理方案就是分区存储管理。它的基本思路是:把整个内存划分为两大区域,即系统区和用户区。其中,系统区可能位于地址的低端,也可能位于地址的高端,这取决于各种设计因素。然后又把用户区划分为若干个分区。每个分区的大小可以相等,也可以不等,然后每个进程占用其中的一个分区。这样,就可以在内存中同时保留多个进程,让它们共享整个用户区,从而实现多个进程的并发运行。因此,这种存储管理方法比较适合多道程序系统和分时系统。

在具体实现上,分区存储管理有两种实现方式,即固定分区和可变分区。

4.3.1 固定分区存储管理

固定分区存储管理方案的基本思路是:各个用户分区的个数、位置和大小一旦确定后,就固定不变、不能再修改了。例如,在系统刚刚启动时,由管理员手工划分出若干个分区,并确定每个分区的起始位置和大小等参数。然后,在系统的整个运行期间,这些参数就固定下来,不再改变。

1. 内存空间管理

在具体实现固定分区存储管理时,需要解决的第一个问题是内存空间管理,即如何进行分区,具体来说,分区的个数和大小如何来确定。可以考虑一个生活当中的例子:自助提货柜。有的物流公司在居民住宅楼或公司办公楼中设置了一些自助提货柜。快递员在送货时,不必把快件直接送到客户的手中,而是在送到目的地后,把快件寄存在附近的柜子中,然后等用户有空的时候自己去柜子中取,这样就节省了由于见面而产生的各种等待时间。但是柜子如何来设计呢?一般来说,设置自助提货柜需要租用住宅楼或办公楼的室内空间,需要支付租金,因此,它的占地面积是有限的,高度也是有限的。然后为了提高效率,减少浪费,需要在提货柜中存放尽可能多的快件。显然,这就是一个典型的固定分区的问题,即柜子的总大小固定,而且每个小格子的大小也是固定的。现在的问题,就是应该把整个柜子划分为多少个格子,每个格子有多大。如果读者观察过自己身边的自助提货柜就会发现,每个提货柜一般会设置很少的大格子,适量的中等格子,以及大量的小格子。例如,1 个大格子,3 个中等格子和 6 个小格子。原因在于,一般的快件都是小件,因此用小格子来装就可以了。如果碰到稍微大一点的快件,那么用中等格子也能装。偶尔会碰到更大的快件,那么就装在大格子里。这样,既能够满足不同大小的快件的需要,又能够装入尽可能多的快件。

类似地,在实现固定分区存储管理时,也可以采用这种策略。即考虑到程序大小的不同,一般会设置多个小分区,适量的中等分区,以及少量的大分区,这样,就有利于装入尽可能多的进程。

在划分好各个分区以后,还需要对这些分区进行管理,这就需要用到一个数据结构,即内存分配表,来记录内存的当前使用状况。在该表格中,记录了各个分区的分区号、起始地址、长度、当前状态以及它所装载的进程等信息。所谓当前状态,一般只有两种,即要么被占用,要么是空闲的。表 4.1 是一个例子,它描述的是图 4.5 中的内存状态。

表 4.1　内存分配表

分　区　号	起　始　地　址	长　　度	状　　态	进　程　名
1	50KB	50KB	已占用	P1
2	100KB	100KB	已占用	P3
3	200KB	150KB	空闲	
4	350KB	50KB	已占用	P2

2. 内存分配与回收

当一个新的进程到来时,需要给它分配相应的内存空间。但问题是,由于内存分区的个数是有限的,如果进程的个数比较多,或者如果进程所需要的内存空间比较大,暂时还无法满足,这时该怎么办呢? 因此,可以设置一个输入队列,当一个新进程到来时,先把它放入输入队列中去排队等待,等出现了合适的空闲分区,再把它装进去。

图 4.5 是输入队列的一个例子,整个内存被划分为 5 个区,包括 4 个用户分区和 1 个系统区。操作系统放在地址最低端,占用了 50KB。其余 4 个分区的大小分别是 50KB、100KB、150KB 和 50KB。其中,分区 1 中存放的是进程 P1,分区 2 中存放的是进程 P3,分区 4 中存放的是进程 P2,分区 3 目前是空闲分区。

当一个新进程到来时,先把它加入输入队列中去等待。然后当出现了一个空闲分区以后,就从中选择一个进程去运行。在选择合适的进程时,有如下两种不同的方法。

• 最先匹配法,即选择离队首最近的、能够装入该分区的进程。

• 最佳匹配法,即先搜索整个队列,从中选择能够装入该分区的最大进程。

最先匹配法没有考虑进程大小与分区大小的适配程度,只要能装下即可,但这样一来,如果被选中的进程是一个比较小的进程,那么在装入分区后,该分区内部就会剩余大量的内存空间,从而造成浪费。最佳匹配法能较好地解决这个问题,减少浪费,但又会带来一个公平性的问题,即对于那些较小的进程,由于始终得不到内存去运行,从而处于饥饿状态。

在固定分区存储管理方式下,内存的回收策略很简单,系统只要把被回收的那个分区的

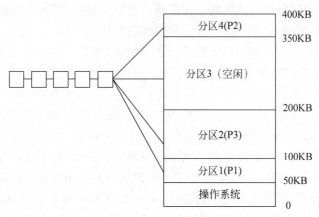

图 4.5　输入队列

状态改成空闲即可。

固定分区存储管理方案的优点是易于实现,系统开销小。在数据结构上,它只用到了内存分配表,而该表格的内容有限,因此占用的存储空间也很有限。在算法上,内存的分配和回收算法都很简单,时间复杂度为 $O(n)$。因此,无论是时间复杂度还是空间复杂度都比较低,系统的开销比较小。

固定分区存储管理方案也有一些缺点:

- 内存的利用率不高,内碎片造成很大的浪费。所谓内碎片,就是在进程所占用的分区内部,未被利用的空间。事实上,再小的进程都要占用一个分区,而且进程的大小肯定比分区要小,一般不会正好相等,因此肯定会有内碎片。
- 分区的总数固定,限制了并发执行的程序个数。如果一开始只分了 N 个分区,那么最多只能有 N 个进程同时运行,这就显得不够灵活。
- 缺乏内存保护,一个应用程序可能会破坏操作系统或其他的应用程序。
- 每个应用程序的地址空间的大小有限,不能超过物理内存大小。事实上,由于整个内存被划分为许多个分区,而每个程序被装在其中的一个分区中,因此程序的大小不能超过分区的大小。

在固定分区存储管理方案下,如何提高内存的利用效率呢?这需要解决几个方面的问题:如何确定分区的大小?如果分区太小了,程序装不下,怎么办?如果分区太大了,使得内碎片很大,怎么办?总之,分区的大小和个数等参数比较难确定,而这些参数又直接影响到内存管理的效率。为了更好地解决这些问题,人们又提出了可变分区,即动态分区的存储管理技术。

4.3.2　可变分区存储管理

1. 基本思路

可变分区存储管理的基本思路是:分区不是预先划分好的固定区域,而是动态创建的。在装入一个程序时,系统将根据它的需求和内存空间的使用情况来决定是否分配。具体来说,在系统生成后,操作系统会占用内存的一部分空间,其余的空间则成为一个完整的大空闲区。当一个用户程序要求装入内存运行时,系统就会从这个空闲区中划出一块分配给它。

当程序运行结束以后再释放所占用的存储区域。这样，随着一系列的内存分配和回收，原来一整块的大空闲区就会形成若干个占用区和空闲区相间的布局。

如图 4.6 所示为可变分区的一个例子。在系统中，整个内存的大小为 800KB。在初始时，操作系统占用了内存地址最低端的一部分区域，其大小为 100KB，而剩下的 700KB 的空间成为一个完整的大空闲区。此时，进程 1 进入内存，其大小为 300KB。因此就紧挨着操作系统，给它分配了一块大小为 300KB 的内存，即创建了一个新的用户分区。随后进程 2 和进程 3 先后到来，其大小分别为 100KB 和 200KB，同样给它们各分配一块内存空间，大小分别为 100KB 和 200KB，因此又创建了两个用户分区。最后，进程 2 运行结束，系统回收了它所占用的内存分区。这样一来，就形成了占用区和空闲区交错在一起的局面，这显然是不利的。因为此时总的空闲分区的大小为 200KB，但被分隔在两个不同的地方。如果此时有一个大小为 150KB 的进程要进来，虽然总的空闲空间是够的，但由于两个空闲区被隔开了，而且每一个空闲区的容量都不够，因此就无法装入这个新进程。

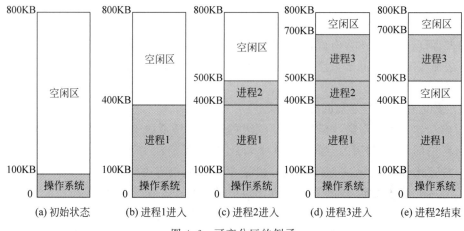

图 4.6　可变分区的例子

与固定分区方法相比，在可变分区中，分区的个数、位置和大小都是随着进程的进出而动态变化的，非常灵活。当一个进程要进入内存时，就在空闲区创建一个新分区，把它装进来；当进程运行结束后，就把它所占用的内存分区释放掉。这样，就避免了在固定分区中由于分区的大小不当所造成的内碎片，从而提高了内存的利用效率。事实上，在可变分区存储管理方案中，是没有内碎片的。因为每一个分区都是按需分配的，分区的大小正好等于进程的大小，因此不会有内碎片。

当然，可变分区也有一些缺点。首先，在内存中可能会存在外碎片。所谓外碎片，就是在各个被占用的分区之间，难以利用的一些空闲分区，这通常是一些比较小的空闲分区。例如，假设有一个空闲分区的大小为 64KB，这意味着它只能分配给那些大小不超过 64KB 的进程，如果所有的进程都大于 64KB，那么这块空闲分区就无法用上，从而成为一个外碎片。另外，与固定分区相比，这种可变分区的做法，使得内存的分配、回收和管理变得更加复杂了。

在 4.2 节单道程序存储管理中，介绍了一个可执行程序在装入内存后，其内存的布局情况。那么在分区存储管理中，当我们把多个进程装入内存以后，它们的内存布局又是如何呢？其实是类似的,在分区存储管理中,每一个进程都会占用一个独立的分区,即一块连续的内存空间。在这个分区内部,在装入相应的用户程序后,也会分为代码段、数据段、堆和栈,然后各个进程在自己的内存空间相互独立地运行。如图 4.7 所示,假设在内存中有 4 个分区,其中一个分区装了操作系统,另外两个分区分别装了进程 1 和进程 2,剩下一个为空闲区。那么对于进程 1 和进程 2,它们内部的布局情况是类似的。事实上,对于操作系统所在的分区,其内部的布局情况也是类似的。

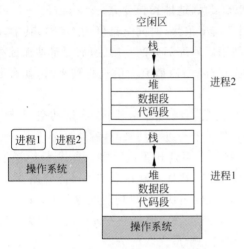

图 4.7 分区存储管理的多进程运行

那么如何具体实现可变分区的存储管理技术呢？这需要解决以下 4 个方面的问题：内存管理的数据结构、内存的分配算法、内存的回收方法以及外碎片问题。

2. 分区链表

在可变分区中,由于各个分区是动态变化的,因此,无法用固定的内存分配表来进行管理,它采用的内存管理的数据结构是分区链表。分区链表是由操作系统来维护的,用于跟踪记录每一个内存分区的当前情况,包括该分区的状态(已分配或空闲)、分区的起始地址、长度等信息。

如图 4.8 所示为分区链表的一个例子。假设当系统运行到某个时刻,内存的使用情况如图 4.8(a)所示,总共有 5 个分区,其中有些分区已经被占用,有些分区仍然空闲。为了对这些内存分区进行管理,可以创建如图 4.8(b)所示的分区链表。它的基本思路是：对于内存中的每一个分区,分别创建一个链表结点,里面记录了该分区的各种信息,包括当前状态(已经被占用或者是空闲)、分区的起始地址和长度。然后把所有的结点用指针链接起来,这样就得到了一个分区链表。另外,在组织这些链表结点时,是按照起始地址的递增顺序来排列的,从低地址到高地址,依次排列。这样,当某个内存分区发生变化时,就能够方便地去更新相应的链表结点。

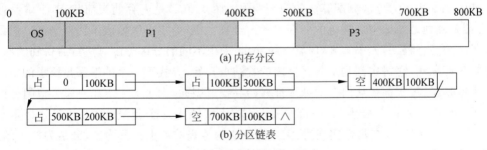

图 4.8 内存管理的分区链表

3. 分区分配算法

所谓分区分配算法,是指当一个新的进程来到时,需要为它寻找某个空闲分区,该空闲分区的大小必须大于或等于这个进程的要求。如果是大于要求,那么就要将该分区分割成两个小分区,其中一个分区为要求的大小,并标记为“占用”,即用它来装入这个进程。而另一个分区为剩余的部分，因此，还是把它标记为"空闲"。分区的先后次序通常是从内存低端到高端。通常的分区分配算法包括最先匹配法、下次匹配法、最佳匹配法和最坏匹配法。

最先匹配法（First-fit）的基本思路是：假设新进程对内存大小的要求为 M，那么从分区链表的首结点开始，将每一个"空闲"结点的长度与 M 进行比较，看是否大于或等于它，直到找到第一个符合要求的结点。然后把它所对应的空闲分区分割为两个小分区，一个用来装入这个进程，另一个是剩余的空闲区域。与之相对应，把相应的链表结点也要一分为二，分裂为两个结点，并修改相应的内容，包括分区的状态、起始地址和长度等。

对于最先匹配法，由于它查找的结点很少，因而速度很快，时间复杂度为 $O(n)$，其中，n 为分区链表的长度。另外，算法的实质是尽可能利用低地址部分的空闲区，而尽量地保证高地址部分的大空闲区，使其不被分割成小的分区。这样，当以后有大的进程到来时，就有足够大的空闲区来容纳它。

下次匹配法（Next-fit）与最先匹配法类似，只不过每一次当它找到一个合适的空闲结点时，就会把当前的位置记录下来。然后等下一次又有一个新进程到来时，就从这个位置开始继续往下找。当然，如果已经走到了链表的结尾，就要再回到开头。这样一直找下去，直到找到符合要求的第一个分区。它不是像最先匹配法那样，每次都从链表的首结点开始找。

对于下次匹配法，它查找的结点也很少，因此速度也很快，时间复杂度也是 $O(n)$。另外，这个算法能够使各个空闲分区在内存中的分布更加均匀。但是它的缺点是：较大的空闲分区不容易保留，从模拟的结果来说，它的性能要略逊于最先匹配法。

最佳匹配算法（Best-fit）的基本思路是：将申请内存的进程装入与其大小最为接近的那个空闲分区中。这个算法的最大缺点是：分割以后剩余的空闲分区将会很小，甚至成为外碎片，无法使用，从而造成浪费。

最坏匹配算法（Worst-fit）的基本思路是：每次分配时，总是将最大的那个空闲区切去一部分，分配给请求者。它的依据是当一个很大的空闲区被切割了一部分以后，可能仍然是一个比较大的空闲区，从而避免了空闲区越分越小的问题。这种算法基本上不会留下小的空闲分区，但是那些较大的空闲分区也没有保留下来。这样，如果有一个大的进程到来，就有可能找不到合适的空闲分区。

如图 4.9 所示为分区分配算法的一个例子。图 4.9(a) 是内存的当前状态，下端是低地址，上端是高地址。图中深颜色的分区表示已经被占用，而空白区域表示仍然空闲。假设现在来了一个新进程，其大小为 8KB，图 4.9(b) 是采用不同的分区分配算法以后得到的状态。对于最先匹配法，它每次都是从分区链表的首结点开始，寻找第一个能够满足要求的空闲分区。也就是说，每次都是从内存的低地址开始寻找。因此，大小为 16KB 的那个空闲分区被选中了。该分区将被一分为二，一部分是 8KB，用来装入这个新进程，另一部分是剩余的8KB，仍然为空闲区。在具体实现时，需要把相应的链表结点也一分为二，分裂为两个结点，分别描述这两个内存分区，并且用指针把这两个结点连接起来。对于下次匹配法，它是从上一次分配的位置开始往下查找，因此找到的第一个符合要求的空闲分区是 28KB。对于最佳匹配法，它是把整个链表都遍历一遍，寻找一个大小与新进程最接近的空闲分区。因此它找到的是大小为 12KB 的空闲分区。对于最坏匹配法，它也是把整个链表遍历一遍，寻找能够装得下该进程的最大的空闲分区，因此它找到的是大小为 28KB 的空闲区。换言之，下次分配法和最坏分配法所找到的是同一个内存分区。

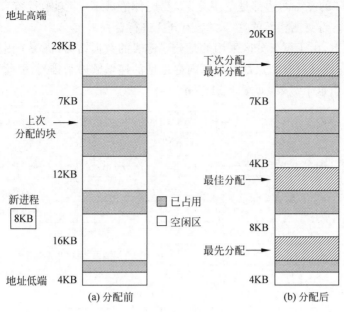

图 4.9 分区分配算法

4. 分区回收算法

当一个进程运行结束后,需要回收它所占用的内存分区。在固定分区存储管理方案中,分区的回收很简单,只要将该分区标记为空闲即可。而在可变分区中,当一个进程释放了它所占用的分区后,需要将相邻的几个空闲分区合并为一个大的空闲分区。具体来说,可以分为 4 种情形。

如图 4.10 所示,假设 M 是一个进程,在它运行结束之前,与它相邻的内存分区的情况可能有以下 4 种。

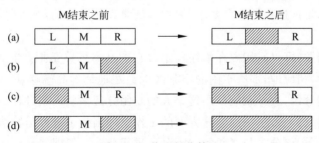

图 4.10 分区回收算法

- 在进程 M 的左边和右边,各有一个进程 L 和 R。在这种情形下,当它运行结束,释放它所占用的分区后,只需要把这个分区标志为空闲即可。
- 在进程 M 的左边有一个进程 L,在它的右边是一个空闲分区。在这种情形下,当它运行结束,释放它所占用的分区后,需要把该分区与右边的空闲分区进行合并,形成一块更大的空闲分区。
- 在进程 M 的右边有一个进程 R,在它的左边是一个空闲分区。在这种情形下,需要把 M 所在的分区与左边的空闲分区进行合并。

- 在进程 M 的左右两边都是空闲分区,在这种情形下,当它运行结束,释放它所占用的分区后,需要把相邻的这三块空闲分区进行合并。

在具体实现上,由于可变分区采用的是分区链表的数据结构,每一个内存分区都用一个链表结点来表示,而且所有结点都是按照内存地址的递增顺序来排列,因此,在分区回收后,可以很方便地更新这个链表,如图 4.11 所示。

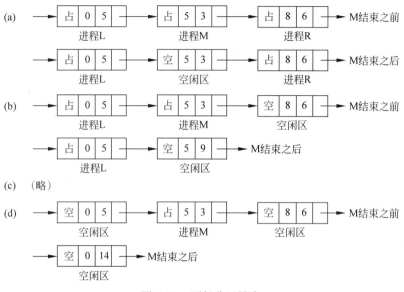

图 4.11　更新分区链表

5. 碎片问题

在可变分区存储管理方法中,随着系统的运行,在经过一段时间的分配与回收之后,在内存中会存在很多不连续的很小的空闲分区。这时,如果有一个新的进程到来,这些小的空闲分区都不足以满足该进程的内存要求,但它们的总和能够满足要求,这种情形就是所谓的外碎片问题。

解决外碎片问题,可以采用内存紧缩技术。它的基本思路是把所有进程都尽可能往内存地址的低端移动,相应地,那些空闲的小分区就会往地址的高端移动,从而在地址高端形成一个较大的空闲分区,这样就能使用这个大的空闲分区来装入新进程。事实上,刚才在讨论内存回收的时候,已经做了一部分这方面的工作。即当一个进程运行结束,释放它所占用的内存分区后,需要把该分区与相邻的空闲分区进行合并。但即使是这样,随着系统运行时间越来越长,内存中的进程个数越来越多,仍然有可能会出现外碎片问题,因此还是需要采用内存紧缩技术。但这种技术有两个问题,首先,它需要把所有的进程都移动一定的距离,这就需要大量的 CPU 时间。其次,当各个进程被移动之后,还需要解决其程序里面的地址重定位问题,因为它们在内存中的地址都已经发生了变化。

4.3.3　内存抽象与地址映射

1. 内存抽象

如前所述,内存是一种随机访问存储器,而且能够直接被 CPU 所访问,因此,一个程序在运行前,先要把它装入内存。内存也叫物理内存,它由很多个大小相等的存储单元(如字节或字)组成,每个单元会有一个编号,这个编号就称为物理地址。因此,物理地址也叫内存地址、绝对地址或者实地址。在访问内存时,只有通过物理地址,才能对内存单元进行直接访问。而物理地址的集合就称为物理地址空间,或者是内存地址空间,它是一个一维的线性空间。例如,如果物理内存的大小为 4GB,那么它的内存地址空间是 0x00000000 ~ 0xFFFFFFFF。

在计算机发展的早期,如果要在程序中访问内存,是直接通过物理地址来访问的。例如,假设有如下一条汇编指令:

```
MOV AX,[1000H]
```

这表示去访问地址为 1000(十六进制数)的内存单元,将该内存单元的值取出来,保存在寄存器 AX 中。

这种直接用物理地址去访问内存的方式,在单道程序系统中没有什么问题。但是一旦采用多道程序系统,问题立刻就出现了。由于在内存中同时装有多个进程,因此各个进程对内存的访问就是竞争性的。例如,对于同一个内存单元,一个进程刚刚给它赋了一个新值,而另一个进程又把它的值给修改了。这样一来,大家都没有办法正常地运行。导致这种现象的根本原因就是各个进程共享内存,而且能够直接以物理地址去访问所有的内存单元,在访问时没有任何约束和限制,这样就会导致各种冲突的发生。

如何解决这个问题? 一方面,在多道程序系统中,一定会有多个进程同时位于内存中,去共享内存资源;另一方面,对于每一个进程,从编程习惯和运行特点来看,它又的确是需要一个像物理内存那样的连续的地址空间。因此,解决问题的办法就是内存抽象。

所谓内存抽象,即进程并不能直接去访问物理内存,每一个进程都有一个相互独立的、模仿物理内存的地址空间。进程在运行时,使用这个地址空间中的地址来访问内存。这就有点像在进程管理中,由于各个进程都要竞争地访问 CPU,因此,为了避免这种竞争所带来的冲突,操作系统会为每一个进程都创建一个虚拟的 CPU。

进程的地址空间是相互独立的,每一个进程都有自己的一份,而且它们之间是没有什么关系的(暂且不考虑内存共享等问题)。例如,假设有两个进程 A 和 B,在它们的地址空间中都有一个地址 16,那么 A 进程的这个地址与 B 进程的这个地址是没有关系的,它们描述的并不是同一个内存单元。这就好比 A 进程的虚拟 CPU 中的 AX 寄存器与 B 进程的虚拟 CPU 中的 AX 寄存器并没有什么关系。

2. 地址映射

进程地址空间中的地址称为逻辑地址,也叫相对地址或者虚拟地址。一般来说,用户的源程序在经过汇编或编译后会形成目标代码,而目标代码通常采用的就是相对地址的形式。它的首地址为 0,其余指令中的地址都是相对于这个首地址来编址的。

显然,逻辑地址和物理地址不是一回事,不能使用逻辑地址来访问物理内存。因此,为了保证 CPU 在执行指令时,能够正确地访问内存单元,需要将用户程序中的逻辑地址转换为运行时由机器直接寻址的物理地址,这个过程就称为地址映射或者地址重定位。

如图 4.12 所示为逻辑地址与物理地址的一个例子。对于一段简单的 C 语言代码,经过编译和链接以后,在目标代码中采用的就是逻辑地址。假设现在要运行这个程序,那么首

扫码观看

先要把它装入内存。假设系统采用的是固定分区的存储管理方法，而且起始地址为 1000 的内存分区是空闲的，因此就把这个程序装入到该分区中。接下来，就要开始运行这个程序了。但现在有一个问题，由于这段程序现在已经是在内存中，因此当前的地址都已经是实际的物理地址，如 1100、1200。但是在程序的指令中，我们注意到，指令中所访问的地址，还是刚才的逻辑地址，如 200 和 204。而 CPU 在执行指令时，是按照物理地址来进行的，因此它就会把 200 和 204 这些地址当成是内存的物理地址，然后去访问。这样就会出错，因为在这些地址中存放的并不是该进程的内容。实际上，这里的本意是想去访问变量 x 和 y，而这两个变量的物理内存地址是 1200 和 1204，而不是逻辑地址 200 和 204。总之，由于在指令中使用的是程序内部的逻辑地址，而当程序被装入内存运行时，CPU 所访问的都是物理内存地址，这样就会产生内存访问错误。

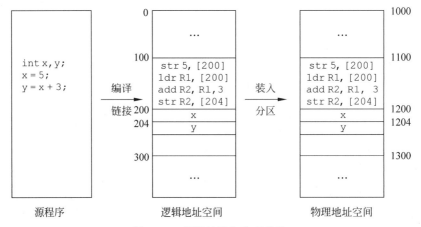

图 4.12　逻辑地址与物理地址

　　因此，为了保证 CPU 在执行指令时可以正确地访问存储单元，系统在装入一个用户程序时，必须对它进行地址映射，将程序中的逻辑地址转换为物理地址，然后才能运行它。

　　地址映射主要有两种方式。第一种方式是静态地址映射，或者叫静态重定位。它的基本思路是：当用户程序被装入内存时，直接对指令代码进行修改，一次性实现逻辑地址到物理地址的转换，以后不再转换。在具体实现时，在每一个可执行文件中，需要列出各个需要重定位的地址单元的位置。然后在装入时，由一个专门的装入程序（加载程序）来完成这个装入过程。这种方式实现起来很简单，不需要任何硬件方面的支持。但是它的缺点是：程序一旦装入内存以后，就不能再移动了。

　　例如，对于刚才那个例子，如果采用静态地址映射方式，那么在把该程序装入内存后，如图 4.13 所示，指令中的每一个逻辑地址都被修改为相应的物理地址。由于内存分区的起始地址为 1000，因此，每一个逻辑地址只要加上 1000，就得到了相应的物理地址。如果在一条指令中没有访问内存，而只是对寄存器进行操作，那么就不用进行修改。经过这样的修改以后，所有的逻辑地址都转换成了物理地址，因此这个程序就可以正确地运行了。但由于指令中使用的地址都是物理地址，因此不能把这一段程序再移动到内存的其他地方，否则，又会造成内存访问错误。

　　地址映射的第二种方式是动态地址映射，或者叫动态重定位。它的基本思路是：当用户程序被装入内存时，不对指令代码做任何的修改。而是在程序的运行过程中，当它需要访

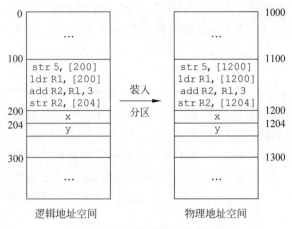

图 4.13　静态地址映射

问内存单元时,再来进行地址转换。也就是说,在逐条执行指令时,来完成地址的转换。在具体实现时,为了提高效率,这项转换工作一般是由硬件的地址映射机制来完成的,通常的做法是设置一个基地址寄存器(重定位寄存器)。当一个进程被调度运行时,就把它所在分区的起始地址装入这个寄存器中。然后,在程序的运行过程中,当需要访问内存单元时,硬件就会自动地将其中的相对地址加上基地址寄存器中的内容,从而得到实际的物理地址,然后按照这个新的地址去执行。

　　例如,对于刚才那个例子,如果采用动态地址映射方式,那么在把该程序装入内存后,如图 4.14 所示,指令中的每一个逻辑地址都原封不动,不做任何修改。如前所述,如果这样的程序直接去运行,那么肯定会出错;但是现在多了一个基地址寄存器,有了它以后,指令的执行方式就发生了变化。具体来说,当这个进程被调度运行时,操作系统就会把它所在的内存分区的起始地址 1000 装入基地址寄存器中。然后,当这个进程在运行时,对于每一条指令,如果在这条指令中不涉及对内存单元的访问,则它的执行方式与原来完全一样。但如果在指令中需要访问内存,那么情况就不同了。硬件装置就会自动地把其中的相对地址取出来,如 200,然后把它和基地址寄存器做一个加法,从而得到实际的物理地址,即 1200,然后

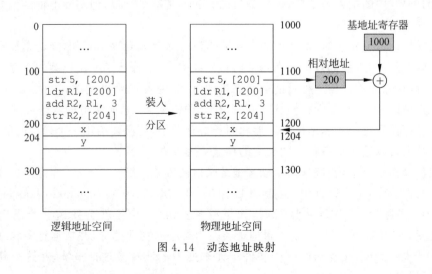

图 4.14　动态地址映射

再用这个新的地址来访问内存单元。这样,就使得这条指令能够正确地运行。基地址寄存器是位于 CPU 内部的,而且整个地址映射过程是由硬件自动进行的,在访问每一次内存时都要进行地址映射。

3. 存储保护

在多道程序并发运行的环境下,操作系统位于内存中,多个用户进程也位于内存中,因此,为了防止一个用户进程去访问其他用户进程的内存区域,保护操作系统免受用户进程的破坏,就必须进行存储保护。

在具体实现上,最简单的做法就是在基地址寄存器的基础上再增加一个限长寄存器,用来记录相应的内存分区的长度。这两个寄存器在一起,就定义了进程所在的分区。

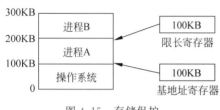

图 4.15　存储保护

如图 4.15 所示,假设在内存中有三个分区,每个分区的大小均为 100KB,分别存放了操作系统、进程 A 和进程 B。如果操作系统决定调度进程 A 去运行,那么在上下文切换时,就会从进程 A 的进程控制块中把它所在的内存分区的起始地址,即 100KB,放入基地址寄存器中。同时把这个分区的长度,即 100KB,放入限长寄存器中。然后,在进程 A 的运行过程中,当它需要访问内存单元时,硬件就会自动地把相应的逻辑地址与限长寄存器中的值进行比较,以防止它越界访问。在早期的一些计算机中,如 Intel 的 8088 芯片,就采用了这种基地址寄存器加限长寄存器的方法。

4. 存储管理单元

采用内存抽象和地址映射技术以后,就可以解决多道程序系统中的内存共享问题。具体来说,可以让多个进程同时位于内存中,然后通过把各个进程的地址空间与物理内存的地址空间分离,使得进程不能再随意地、不受约束地访问任意的物理内存单元,从而保护了操作系统和其他进程的安全。同时,通过地址映射机制,使得这种分离并不会影响进程的正常运行。事实上,这种地址映射机制完全是由操作系统和硬件来完成的,对于每一个进程来说,它根本就感觉不到,它完全沉浸在自己的地址空间中,以为这就是整个世界。就好像电影《楚门的世界》中的主人公楚门,他以为自己看到的是整个世界,但实际上他的世界只是整个真实世界中的一个角落。

但是在讨论地址映射时,前面的内容主要是以分区存储管理为背景,无论是固定分区还是可变分区,每一个进程都被存放在一个内存分区中,这个分区是一块连续的内存空间。但实际上,分区存储管理只是一种可能的存储管理方案,随着计算机硬件和操作系统的发展,又会引入其他的、不同类型的存储管理方案,在这种情形下,地址映射的实现方式就不能仅局限于分区存储管理中的基地址寄存器和限长寄存器了,有必要给出一个通用的解决方案,使得地址映射可以适用于各种不同类型的存储管理方案。

在现代操作系统中,普遍采用了动态地址映射的方式。图 4.16 是一个通用的动态地址映射的示意图。在 CPU 组件中,包括 CPU 和 MMU(Memory Management Unit,存储管理单元)。当一条指令在 CPU 中执行时,如果需要去访问内存,就会发送一个逻辑地址给 MMU,然后由 MMU 负责把这个逻辑地址转换为相应的物理地址,并根据这个物理地址去访问内存。也就是说,有专门的一个硬件单元来处理地址转换这件事情,在这个硬件单元中,包含各种用于地址转换的硬件。

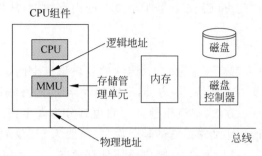

图 4.16　动态地址映射结构图

　　当然,在不同的存储管理方案中,MMU 的具体实现是不一样的,需要的硬件设施也不一样。例如,在分区存储管理中,MMU 包含基地址寄存器和限长寄存器,一个用于地址映射,一个用于存储保护;而在页式存储管理中,MMU 包含的是页表基地址寄存器和页表长度寄存器;在段式存储管理中,MMU 包含的是段表基地址寄存器和段表长度寄存器。

4.4　页式和段式存储管理

4.4.1　页式存储管理

　　如前所述,分区存储管理方案的一个特性是连续性,即系统对每个进程都分配一块连续的内存区域。这种连续性将会导致碎片问题,包括固定分区中的内碎片和可变分区中的外碎片。在固定分区中,内碎片问题是难以避免的,因为分区的大小是事先划分好的,它不可能正好等于某个程序的大小。而对于可变分区的外碎片来说,这个问题虽然可以通过内存紧缩技术来解决,但在合并碎片时又需要花费大量的 CPU 时间。总之,无论是内碎片还是外碎片,它们的存在都降低了内存资源的使用效率。

　　如何解决这个问题? 先来看一个生活中的例子。假设你是一家杂货店的老板,主要经营各种液态调味品,如酱油、醋和料酒等。现在要买一些容器来装这些物品,因此要设计一个容器分配方案,即在容器总容量固定不变的情形下(如 100L),需要买多少个容器,每个容器有多大。已知每一种调味品的体积是不确定的,而且不同的调味品不能混合在同一个容器中。对于固定分区存储管理,它的做法就是买 3 个大桶,其容量分别是 30L,30L 和 40L,然后用每一个桶来装一种调味品。这种方法的问题是:它最多只能装三种不同的调味品,而且有的桶可能没有装满,有内碎片。而对于可变分区存储管理,桶的个数没有限制,桶的大小也可以定制,这样就比较灵活。但是它也存在外碎片的问题,即某个用过的桶,由于容量不够装不下新的调味品。那么有没有更好的方法呢? 这里的根本问题在于连续性,即对于同一种调味品,必须把它全部放在同一个桶中,这样就会造成内碎片或外碎片。解决的办法就是打破这种连续性,即同一种调味品可以打散地存放在不同的桶中。例如,可以买 100 个相同大小的小桶,每个小桶为 1L,然后对于每一种调味品,把它分散地存放在不同的小桶中。这样一来,这 100 个小桶就可以全部使用起来,这样就不存在外碎片的问题。而对于每一种调味品,其内碎片的大小也不会超过 1L。

页式存储管理方案的思路也是类似的,它的基本出发点就是打破存储分配的连续性,使得一个进程的逻辑地址空间可以分布在若干个离散的内存块上,从而达到提高内存利用率的目的。

1. 基本原理

如前所述,每一个进程都有一个独立的、连续的逻辑地址空间,现在需要把它装入物理内存。页式存储管理的基本思路是:一方面,把物理内存划分为许多个固定大小的内存块,称为物理页面或页框;另一方面,把逻辑地址空间也划分为大小相同的块,称为逻辑页面,或者简称为页面。页面的大小要求是 2 的整数次幂,一般为 512B～8KB。当一个用户进程被装入内存时,不是以整个进程为单位,把它整块地存放在一个连续的区域,而是以页面为单位来进行分配。也就是说,如果要运行一个大小为 n 个页面的程序,那么就需要有 n 个空闲的物理页面把它装进来。当然,这些物理页面不一定是连续的。

如图 4.17 所示为页式存储管理的一个示意图。在这个例子中,各个进程的逻辑地址空间和内存的物理地址空间被划分为 1KB 大小的页面。其中,在进程 1 的逻辑地址空间中,有 2 个逻辑页面。进程 2 有 3 个逻辑页面,进程 3 有 1 个逻辑页面。这种页面的划分很简单,就是把整个进程的逻辑地址空间看成是一个字节流,然后用固定的大小去切分,切成很多个连续的页面。这就好比一台制作香肠的机器,它源源不断地流出长条的香肠,然后每隔一小会儿要截成一段。

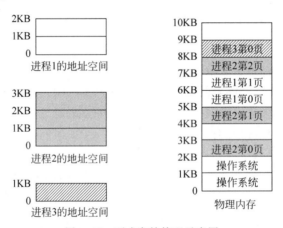

图 4.17　页式存储管理示意图

当这 3 个进程被装入内存以后,它们被打散地存放在不同的物理页面中。也就是说,对于每一个进程来说,虽然逻辑地址空间是一个连续的一维的地址空间,所有的逻辑页面也都是连续的,但是在装入内存以后,这些逻辑页面在内存中的存放位置就不一定是连续的,而很可能是分散的。这与分区存储管理是完全不同的,在分区存储管理中,对于每一个进程,不仅逻辑地址空间是连续的,而且在物理内存中也是连续存放的。

在具体实现上,页式存储管理需要解决以下问题。

- 用于存储管理的数据结构是什么?无论做什么事情,数据结构的设计始终是第一位的,有了数据结构才能设计算法。
- 当一个进程到来时,如何给它分配内存?
- 当一个进程运行结束,释放它所占用的内存空间后,系统如何回收内存?

- 当一个进程被加载到内存以后,它如何才能正确地运行? 这主要是指如何把程序中使用的逻辑地址转换为内存中使用的物理地址,即地址映射问题。

2. 数据结构

在页式存储管理中用到的第一个数据结构是页表。系统会为每一个进程都建立一个页表,页表给出了逻辑页面号和相应的内存块号,即物理页面号之间的对应关系。图 4.18 是页表的一个示意图。所谓页表,就是一张一维表格,其下标表示逻辑页面号。它们是连续的,从 0 一直到 $n-1$,表示共有 n 个逻辑页面。在表格中存放的就是每一个逻辑页面所对应的物理页面号。在具体实现上,对于这样的一张表格,可以用一个一维整型数组来实现。

图 4.18 页表

例如,对于图 4.17 中的页式存储管理示例,可以画出相应的页表,如图 4.19 所示。在系统中有 3 个进程,其中,进程 1 有 2 个逻辑页面,编号分别为 0 和 1;进程 2 有 3 个逻辑页面,编号分别为 0、1 和 2;进程 3 有 1 个逻辑页面,编号为 0,然后每一个进程的每一个逻辑页面都被存放在某一个物理页面中。在物理内存中,有 10 个物理页面,编号分别是 0~9。在这种情形下,对于进程 1,由于它有 2 个逻辑页面,因此在它的页表中有 2 个页表项,每一项表示一个逻辑页面存放在哪一个物理页面中。从图 4.19 可以看出,它的逻辑页面 0 被存放在物理页面 5 中,逻辑页面 1 被存放在物理页面 6 中。对于进程 1,它有 3 个逻辑页面,因此在它的页表中有 3 个页表项,其中,逻辑页面 0 被存放在物理页面 2 中,逻辑页面 1 被存放在物理页面 4 中,逻辑页面 2 被存放在物理页面 7 中。而对于进程 3,它只有一个逻辑页面,因此在它的页表中只有 1 个页表项,表示逻辑页面 0 被存放在物理页面 8 中。总之,通过页表就能够知道,各个进程的每一个逻辑页面被存放在物理内存的什么位置。注意页表的下标是逻辑页面号而不是该页面的逻辑地址,页表中存放的也是物理页面号而不是该页面的物理地址。

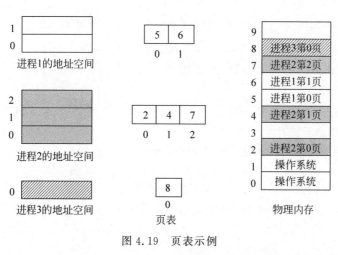

图 4.19 页表示例

页式存储管理用到的第二个数据结构是物理页面表。也就是说,在系统中设立一张物理页面表,用来描述内存空间中,各个物理页面的分配使用状况。在具体实现上,可以采用位示图或空闲页面链表等方法。如图 4.20 所示为一个位示图的例子。假设整个内存被分为 256 个物理页面,那么可以用字长为 32 位的 8 个字来构成位示图。图中的每一位与一个物理页面相对应,其值可以是 0 或 1。0 表示它所对应的物理页面是空闲的,1 表示该页面已经被占用。最后,再增加一个字段,用来记录当前剩余的总的空闲页面数。

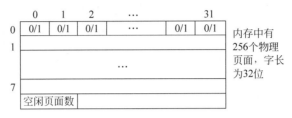

图 4.20　基于位示图的物理页面表

3. 内存的分配与回收

在页式存储管理中,内存的分配与回收算法与物理页面表的具体实现方法有关。以位示图为例,内存的分配过程如下。

- 对于一个新到来的进程,计算它所需要的页面数 N。然后查看位示图,看是否还有 N 个空闲页面。
- 如果空闲的物理页面够用,就去申请一个页表,其长度为 N,并把页表的起始地址填入该进程的 PCB 中。
- 分配 N 个空闲的物理页面,并将它们的编号填入页表中,这样,就建立了逻辑页面与物理页面之间的对应关系。
- 修改位示图,对于那些已经被占用的物理页面,把它们对应位的值从 0 变成 1,表示已经被占用。然后把空闲页面的个数减去 N。

当一个进程运行结束,释放了它所占用的内存空间后,需要对这些物理页面进行回收。具体过程如下。

- 对于每一个物理页面,根据其编号计算出它在位示图中的相应位置。
- 将相应位的值从 1 改为 0,表示该页面已经空闲。
- 修改位示图中的空闲页面数,把它加上 N。

4. 地址映射

在页式存储管理方案中,当一个进程被装入内存时,它的各个连续的逻辑页面被分散地装入内存的各个物理页面中。在这种情形下,为了保证程序能够正确地运行,必须进行动态地址映射,即在程序的运行过程中,将逻辑地址转换为物理地址。

地址映射是非常重要的,一个进程在运行过程中,只要访问了内存,就要进行地址映射。例如,假设有如下一段 C 语言代码:

```
int x;
x = 1;
```

在经过编译和链接后,该程序开始运行,x 是位于内存中的一个变量,假设其起始地址为 0x0012FF7C(0x 表示十六进制),那么这个地址就是一个逻辑地址,在真正去访问内存时,必须先把该地址转换为相应的物理地址。

再来看一个例子。有一位同学参与了一个科研项目,该项目需要编写两个程序,一个负责从外部设备读入数据,另一个负责把这些数据显示在计算机屏幕上。显然,这两个程序之间需要交流数据。但由于它们是两个不同的程序,在运行之后就变成两个相互独立的进程,即地址空间是不同的,因此,没有办法通过全局变量等方式来共享数据。后来该同学想到一个办法,能否直接通过内存地址的方法来交流数据呢?具体来说,两个进程先约定好同一个内存地址,如 0x0012FF7C,然后一个进程负责往该内存单元中写入数据,另一个进程负责从该内存单元中读出数据,实现方法就是使用 C 语言的指针运算,如 *(int *) 0x0012FF7C。请读者思考一下,这种方法是否可行?

显然,这种方法是不可行的。原因就是程序运行时给出的地址都是逻辑地址,而不是物理地址。换言之,A 进程的逻辑地址 0x0012FF7C 与 B 进程的逻辑地址 0x0012FF7C 在经过地址映射以后,并不一定会指向相同的物理地址。以图 4.17 为例,进程 1 的逻辑地址 0 位于第 5 个物理页面中,而进程 2 的逻辑地址 0 位于第 2 个物理页面中,所以对于这两个进程来说,相同的逻辑地址对应于不同的物理地址。

那么在页式存储管理中,如何实现地址映射呢?显然,页式存储管理的地址映射与可变分区存储管理方案有所不同。在可变分区中,每个进程不仅在逻辑地址空间上是连续的,而且在物理地址空间上也是连续的。因此,在地址映射时,只需要一个基地址寄存器即可;而在页式存储管理中,每一个逻辑页面被打散地存放在不同的物理页面,因此无法仅靠一个基地址寄存器来实现地址映射。

在页式存储管理中,地址映射可以分为以下 3 个步骤。

(1) 对于给定的逻辑地址,找到逻辑页面号和页内偏移地址。

(2) 根据逻辑页面号去查找页表,找到它所对应的物理页面号。

(3) 根据物理页面号和页内偏移地址,计算最终的物理地址。

这里的逻辑是这样:当我们想要访问内存时,给出的是一个逻辑地址,然后想要访问从该地址开始的若干字节,如 1B 或 4B,这取决于数据的类型。但是在地址映射时,不能直接以字节为单位来进行映射。因为无论是逻辑地址空间还是物理内存空间,都被切分为一个个页面,因此要以页面为单位,先找到页面,然后再从该页面中抠出想要的那几个字节。打个比方,假设在制作香肠时塞了一枚幸运硬币在肉馅中,那么当一根又一根的香肠做好以后,如果想找到该硬币,先要知道它是位于哪一根香肠中(即页面),还要知道它是在这根香肠内部的什么位置(页内偏移)。

下面先讨论第一个步骤,即对于给定的一个逻辑地址,如何把它转换为相应的逻辑页面号和页内偏移地址。对于这个问题,人们采用了一种非常简单的办法。由于页面的大小一般都是 2 的整数次幂,因此,对于一个逻辑地址,可以直接把它的高位部分作为逻辑页面号,把它的低位部分作为页内偏移地址。如何来理解这一点呢?

如图 4.21 所示,假设在一个页式存储管理系统中,逻辑地址为 16 位,因此整个逻辑地址空间的大小为 64KB(即 2^{16}),而逻辑地址的取值范围为 0x0000~0xFFFF。假设页面的大小为 4KB,因此整个逻辑地址空间可以被划分为 16 个逻辑页面。对于逻辑页面 0,其地址为 0x0000~0x0FFF(长度为 4KB);对于逻辑页面 1,其地址为 0x1000~0x1FFF,依此类

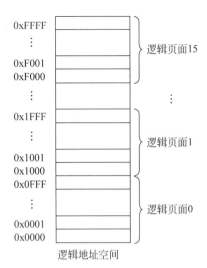

图 4.21　逻辑页面的划分

推。显然，在每一个逻辑页面的内部，其高 4 位的值都是一样的，而且正好就是它的逻辑页面号，而低 12 位的值是不一样的，每一个地址代表一字节。因此，对于任意一个逻辑地址，可以直接把它的高 4 位作为逻辑页面号，把它的低 12 位作为页内偏移地址。推而广之，假设逻辑地址为 M 位，页面的大小为 2^N，那么对于任意一个逻辑地址，可以把它的高 $M-N$ 位作为逻辑页面号，把它的低 N 位作为页内偏移地址。

下面来看两个例子。如图 4.22(a)所示，假设页面的大小为 1KB，逻辑地址为 0x2CBE。在这种情形下，首先把十六进制地址 2CBE 展开为二进制形式。然后，由于页面的大小为 1KB，即 2^{10}B，因此这个逻辑地址的最低的 10 位，就表示页内偏移地址，而剩下的最高的 6 位，就表示逻辑页面号。最后把这些二进制数转换为十六进制，因此逻辑页面号是 0x0B，页内偏移地址是 0x0BE。

如图 4.22(b)所示，如果页面的大小为 2KB，逻辑地址仍然为 0x2CBE。在这种情形下，由于页面的大小为 2KB，即 2^{11}B，因此这个逻辑地址的最低 11 位，就表示页内偏移地址，而剩下的最高 5 位，就表示逻辑页面号。因此逻辑页面号是 0x05，页内偏移地址是 0x4BE。

图 4.22　将逻辑地址转换为逻辑页面号和页内偏移

在上面的例子中，逻辑地址采用的是十六进制形式。如果逻辑地址是用十进制的形式来表示，在这种情形下，可以把逻辑地址直接去除以页面的大小，得到的商就是逻辑页面号，得到的余数就是页内偏移地址。具体来说：

$$逻辑页面号＝逻辑地址/页面大小$$

$$页内偏移＝逻辑地址\%页面大小$$

此处的"/"和"％"分别是 C 语言中的除法运算符和取余运算符。

例如，假设页面大小为 2KB，现在要计算十进制的逻辑地址 7145 的逻辑页面号和页内偏移地址。

$$逻辑页面号＝7145/2048＝3$$

$$页内偏移＝7145\%2048＝1001$$

地址映射的第二个步骤是根据逻辑页面号去查找相应的物理页面号，这就需要用到页表。在具体实现上，页表保存在内存中，而且在操作系统的内核空间，因为这属于操作系统的数据结构，是不能让用户随便访问的。另外，为了能够访问页表中的内容，在硬件上要增加一对寄存器,即页表基地址寄存器和页表长度寄存器。页表基地址寄存器用来指向页表的起始地址,页表长度寄存器用来指示页表的大小,即在这个进程中,包含多少个页面。由于页表本质上是一个数组,它在内存中是连续存放的,因此,要想访问它的某一个表项,只要知道页表的起始地址和表项的下标即可。

如图 4.23 所示为页式存储管理中的地址映射机制,下面就来描述一下地址映射的整个过程。假设在程序的运行过程中,需要访问某个内存单元,此时,在指令中给出的地址就是逻辑地址。这个逻辑地址由两个部分组成,即逻辑页面号和页内偏移地址。然后,在 MMU 中的页表基地址寄存器中,存放了这个进程的页表的起始地址。接下来,把逻辑页面号与页表基地址寄存器的值相加,就找到了相应的页表项,里面记录了这个逻辑页面所对应的物理页面号。最后,把这个物理页面号取出来,与页内偏移地址组合为一个新地址,即最终的物理地址。然后就可以用这个物理地址去访问内存了。注意,在合成物理地址时,采用的是叠加的方法,即把物理页面号放在高端地址部分,把页内偏移放在低端地址部分。这是因为,在页表项中,存放的是物理页面号,而不是物理页面的起始地址,因此,不能直接把它与页内偏移地址相加。而要先把它乘以页面的大小,这样才能得到相应的物理页面的起始地址。由于页面的大小为 2 的整数次幂 N,因此这种乘法就等价于把物理页面号左移 N 位,这也就是叠加的效果。

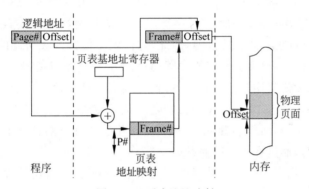

图 4.23　页式地址映射

请读者思考一个问题,在页式存储管理的地址映射过程中,软件和硬件是如何分工的?具体来说,CPU、操作系统和用户进程的任务分别是什么?

在地址映射过程中,操作系统的任务主要是数据内容的维护。它要负责维护页表,也就是说,这个表格的内容是由操作系统填写的。另外,在进程切换时,页表基地址寄存器的内容也要发生变化,此时操作系统会从新进程的 PCB 中取出它的页表的起始地址,然后填入页表基地址寄存器中。当操作系统做完了这些事情后,剩下的就交给了 CPU。CPU 在执行指令的时候,如果需要访问内存,会从指令中取出或计算出相应的逻辑地址,然后接下来的整个地址映射过程,包括从逻辑地址中分离出逻辑页面号和页内偏移地址,根据这个逻辑页面号访问页表,找到相应的物理页面号,最后合成最终的物理地址并访问内存,这整个过程都是由 CPU 来完成的。总之,操作系统负责数据内容的维护,而 CPU 负责地址映射的执行。而对于用户进程来说,它什么也不需要做,事实上,用户进程根本感觉不到分页和地址映射的发生。当然,对于一个好的程序员,他在了解了背后的原理之后,会有意识地去改进代码的编写,例如,把一段时间内执行的代码和访问的数据尽量局限在一定范围内,从而提高程序的运行效率。

如图 4.24 所示为页式地址映射的一个例子,逻辑地址 23E5 被转换为物理地址 73E5。

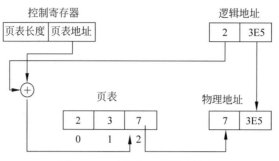

图 4.24　页式地址映射的例子

现有的这种地址映射方案虽然能够解决问题,但是它在每一次访问内存时,都要做两次访问内存的工作,一次是在地址映射时读页表,另一次才是真正地访问数据或指令。这样就大大降低了内存访问的速度,并且会影响整个系统的使用效率。因为动态地址映射的特点就是在程序执行时,在执行每一条指令的时候,再来进行地址映射。而每一条指令的执行,至少要访问一次内存,即取指令。如果指令中要用到内存中的数据,还要再访问一次内存。按照页式地址映射的做法,每一次的内存访问都要进行两次内存访问的工作,而相对于CPU 来说,内存的访问速度是非常慢的,因此,这样就会使得内存访问的效率非常低,进而影响到指令的执行速度,CPU 总是需要去等内存,所以速度跑不起来。如果这个问题不解决,页式地址映射就无法实用。打个比方,假设有两把自动步枪,一把每分钟能发射 600 发子弹,另一把每分钟能发射 1000 发子弹,请问哪一把步枪更好? 其实没有什么差别,因为一个弹匣只能装 30 发子弹,所以不管是哪一把步枪,几秒钟就全部打光了。所以射击速度的瓶颈并不在于枪本身,而是在于换弹匣的时间。

怎么办? 科学家们提出了一个巧妙的方法来解决这个问题,这个方法的基本思路来源于对程序运行过程的一个观察结果。具体来说,对于绝大多数的程序,当它们在运行时,在一小段时间内,倾向于集中地访问一小部分页面。因此,对于进程的页表来说,在一段时间内,只有一小部分页表项会被经常访问。根据这个观察结果,人们给计算机增加了一种特殊的快速查找硬件 TLB(Translation Lookaside Buffer),用来存放最近一段时间内最常用的那些页表项。TLB 能够直接把逻辑页面号映射为相应的物理页面号,而不需要再去访问内存中的页表,这样就缩短了页表的查询时间。

在增加了 TLB 硬件以后,当一个逻辑地址到来时,系统还是会把它拆分为逻辑页面号和页内偏移地址,然后根据逻辑页面号到 TLB 中去查找,看看它所对应的页表项是否包含在 TLB 中。这种查询的速度是非常快的,比内存访问快很多。如果能够找到,那么就直接从 TLB 中把相应的物理页面号取出来,并且与页内偏移合成最终的物理地址。如果在TLB 中没有找到,那么就要采用通常的地址映射方法,去访问内存中的页表。但是在访问完之后,还要把刚刚访问过的这个页表项添加到 TLB 中,这样,如果下次再来访问这个页面,就能够在 TLB 中找到了。

为什么说 TLB 能够有效呢? 可以来看一个例子。对于下面这段程序:

```
int a[1024];
for (i = 0; i < 1024; i++)  a[i] = 0;
```

假设页面的大小为 4KB,整型变量的长度为 4B,因此数组 a 的长度为 4KB,正好占用一个页面。当这段代码在执行时,需要去访问数组 a 中的每一个元素。在访问第一个元素 a[0]时,由于该数组所在的页面尚未被访问过,因此在 TLB 中没有相应的页表项。在地址映射时就必须走通常的路径,去访问内存中的页表。但是在访问完之后,会把该页表项添加到 TLB 中。接下来,在访问后面的 1023 个元素时,这些元素位于同一个页面中,即逻辑页面号是相同的。因此,在地址映射时所用到的页表项也是同一个,而这个页表项刚才已经被装入到 TLB,这样就不用再访问内存了。换句话说,在地址映射环节,原本需要访问 1024 次内存页表,而现在只需要访问一次即可,这样就提高了访问的速度。

5. 优缺点

页式存储管理方案的优点如下。

- 没有外碎片,且内碎片的大小不会超过页面的大小。因为它是以页面来作为内存分配的基本单位,每一个页面都能够被用上,不会浪费。只是在进程的最后一个页面中,可能会有一些内碎片。
- 一个程序不必连续存放,它可以分散地存放在内存的不同位置,从而提高了内存的利用率。
- 对于进程来说,它看到的仍然是一个连续的逻辑地址空间,与以前没有什么区别,它甚至不知道页面的存在,所有的工作都是操作系统和硬件在背后完成。

页式存储管理方案的缺点如下。

- 程序必须全部装入内存才能运行。假设进程的大小为 N 个页面,那么在内存中必须有 N 个空闲的物理页面,否则就无法执行。
- 操作系统必须为每一个进程都维护一张页表,这是一笔不小的开销。事实上,大多数现代操作系统都支持非常大的地址空间,如 4GB。在这种情形下,如果每个页面的大小为 4KB,则一张页表中将会有 2^{20} 个页表项。若每个页表项为 4B,则每张页表的大小为 4MB。

4.4.2 段式存储管理

扫码观看

前面介绍的各种存储管理方案,包括固定分区、可变分区和页式存储管理,它们有一个共同的特点:都只有一个逻辑地址空间,即一维的线性连续空间,从 0 开始,一直到某个最大的逻辑地址。但是从程序员或系统管理的角度来说,程序的结构并不是这样一个一维的线性地址空间,而是由一组模块或片段所组成的,每个片段是一个逻辑单元,如主程序、全局变量、栈和库函数等。

有的读者可能觉得奇怪,对于一个程序来说,把它的所有内容都放在同一个地址空间中,这是很方便的事情,为什么还要把它分成一个个逻辑单元呢?

首先,把程序分布在不同的逻辑单元,存储保护比较方便,可以针对不同的内容,设置不同的保护模式。例如,代码段是由一条条指令所组成的,对于这种指令,它在运行过程中,肯定不会被修改。每次只需把它装入 CPU 运行即可,指令本身并不会发生变化。因此,对于代码段,可以把它的访问权限设置为只读和可执行。另外,如果发生内存不够用的情形,需要把当前进程暂时保存到硬盘上,那么代码段是不需要保存的,因为它是只读的,而且在硬盘上有它的备份,所以直接抛弃即可。对于数据段,它主要是用来保存全局变量,而全局变量一般是可以修改的,因此,可以把数据段的访问权限设置为可读、可写。另外,如果内存空间不够用,需要把当前进程暂时保存到硬盘上,那么数据段中的内容需要保存在硬盘上,因为其内容可能已经被修改了。对于栈,它主要是用来存放函数调用时的形参、局部变量、CPU 寄存器的值、调用者的返回地址等,由于栈的内容是经常变化的,所以应该把它的访问权限设置为可读、可写。

其次,把程序分布在不同的逻辑单元,便于存储共享。如图 4.25 所示,如果采用的是分区存储管理,整个进程在一个完整的地址空间中,里面既有代码又有数据,还有栈,在这种情形下,就无法实现以段为单位的共享。如果要共享,只能把整个进程的地址空间都共享。

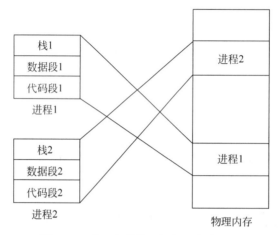

图 4.25　分区存储管理不便于存储共享

例如,假设进程 1 是一个教师进程,在它的代码段中,使用了一个排序函数 sort(),用来对全班所有同学的成绩进行排序。而进程 2 是一个学生进程,在它的代码段中,也使用了相同的 sort()函数,来对他的 10 门课程的成绩进行排序。那么在理想情形下,我们希望能实现针对代码段的共享,即进程 1 和进程 2 都共享相同的代码段,这样在物理内存当中,只需存放一份代码即可,而不必存放两份完全相同的代码。但是对于每个进程的数据段,希望是独立的,相互之间不共享。而在分区存储管理中,无法实现这种以段为单位的共享。

基于上述这些原因,人们又提出了一种新的存储管理方法,即段式存储管理。

1. 基本原理

段式存储管理的基本思路是：一方面,在逻辑地址空间中,对于程序中的每一个逻辑单元,设立一个完全独立的地址空间,称为“段”。在每个段的内部,是一个一维的线性连续地址空间,从 0 开始,一直到某个最大的地址。一般来说,每个段的大小是不相等的,它们所包含的内容也是不一样的,如代码段、数据段、堆和栈等。

另一方面,对于物理内存来说,对它的管理采用的就是前面介绍过的可变分区的存储管理方法。当一个程序需要装入内存时,以段为单位进行分配,把程序中的每一个段都装入一个内存分区中,这些内存分区不要求是连续的。

从某种意义上来说,段式存储管理方法是对可变分区存储管理方法的一种扩展,因为在物理内存的管理方法上它们是完全一样的。只是在逻辑地址空间上，对于可变分区来说，每个程序只有一个逻辑地址空间，即只有一个分区，因此在装入内存时，只要为它寻找一个空闲的内存分区就可以了。而对于段式存储管理来说，每个程序有多个完全独立的逻辑地址空间，即多个分区，这样，在把它装入内存时，就要为它寻找多个空闲的内存分区。

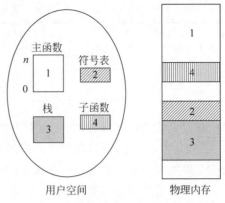

图 4.26　段式存储管理的例子

如图 4.26 所示为段式存储管理的一个例子。在用户地址空间中，总共有 4 个逻辑单元，即主函数、符号表、栈和子函数。相应地，就有 4 个段，在每个段的内部，都是一个一维的连续地址空间。当这个程序被装入内存以后，它的每一个段都被存放在一个独立的内存分区中。

2. 具体实现

在段式存储管理中，由于每一个程序都是由若干个段组成，而每个段都是一个独立的地址空间。因此，为了指明逻辑地址空间中的某个地址，就必须给出一个二元地址。它包括两部分的内容：一个是段号，即这个段在程序中的编号；另一个是段内的偏移地址。因此每一个逻辑地址都是这样一个二维地址。打个比方，在生活中我们的家庭座机号码就是一个二维的号码，第一维是区号，即全国的每个省、每个市都有一个区号，在拨打长途电话时先要拨这个区号；第二维是当地的电话号码。

在具体实现段式存储管理的地址描述时，有以下两种做法。

- 把段号和段内偏移组合在一起，也就是说，把逻辑地址一分为二，高端部分表示段号，低端部分表示段内偏移。这就好像在页式存储管理中，逻辑地址的高端部分表示页面号，低端部分表示页内偏移。
- 在指令中显式地给出段号和段内偏移。例如，早期的 8086 处理器采用的是 20 位地址，在访问一个内存单元时，给出的就是一个二维地址。一个是段寄存器（如 CS、DS、SS、ES）的值，另一个是段内偏移地址。然后把段寄存器的值左移 4 位，再加上段内偏移，从而得到最终的内存地址。

在给定一个逻辑地址以后，如何把它转换为相应的物理地址呢？这就需要用到一个数据结构：段表。系统会为每一个进程都建立一个段表，它给出了进程中的每一个段与它所对应的内存分区之间的映射关系。这有点类似于页式存储管理当中的页表，它描述了每个逻辑页面与它所在的物理页面之间的对应关系。

表 4.2 是段表的一个例子，在程序中总共有 3 个段，其编号分别为 0、1、2。然后在段表中，记录了每一个段所对应的内存分区的起始地址以及段的长度。

如果把段表和页表进行比较，它们有如下一些区别。

- 功能不同，页表实现逻辑页面号与物理页面号之间的映射，在页表项中存放的是物理页面号。而每个段表项存放的是这个段在相应的内存分区的起始地址。
- 页面的长度是固定的，如 4KB，而每一个段的长度是不固定的，所以需要另外再增加段长这个字段。

表 4.2 段表的例子

段 号	内存分区的起始地址	段 长
0	1500	1000
1	6400	400
2	4500	400

在段表的具体实现上，它是保存在内存中的。与页表一样，它也是操作系统的数据结构，是由操作系统管理的，普通的用户进程不能访问。另外，为了能够访问它里面的内容，在硬件上要增加一对寄存器。一个是段表基地址寄存器，用来指向内存中段表的起始地址；另一个是段表长度寄存器，用来指示段表的大小，即在这个程序当中所包含的段的个数。

如图 4.27 所示为段式存储管理中的地址映射机制。对于给定的一个逻辑地址，它本身是一个二维地址。第一维是段号，第二维是段内偏移地址。因此，它不必像页式存储管理那样，需要从给定的一维地址中剥离出逻辑页面号和页内偏移地址。在段表基地址寄存器中，存放了段表的起始地址，把它的值加上段号就得到了相应的段表项。这样就能知道这个段存放在内存的哪一个分区中，该分区的起始地址是多少，长度是多少。然后把分区的起始地址加上段内偏移地址，就得到了最终的物理地址，然后就可以访问内存了。

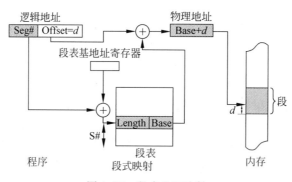

图 4.27 段式地址映射

如果把段式地址映射图与页式地址映射图进行比较，可以发现，它们几乎是完全一样的，只有一个地方不同，即物理地址的合成方式不同。在段式存储管理中，由于在段表项中存放的是内存分区的起始地址，所以直接把它加上段内偏移地址，就可以得到最终的物理地址。而在页式地址映射中，在页表项中存放的不是物理页面的起始地址，而是物理页面号，因此不能直接相加，而是要先把物理页面号左移 N 位（即乘以 2^N），N 为页内偏移地址的宽度，这样就得到了该物理页面的起始地址，然后再加上页内偏移地址。

如图 4.28 所示为段式地址映射的一个例子，逻辑地址 11E5 被转换为物理地址 35E5。

下面来看段式存储管理的一个例子。假设在一个段式存储管理系统中，逻辑地址为 32 位，其中包括 16 位的段号和 16 位的段内偏移。假设整数为 32 位，并且所有的地址都用十六进制表示。

表 4.3 是一个进程的段表。第一列是段号，第二列是这个段在内存中的起始地址，第三列是段的长度，第四列是段的保护信息，即只读、读-写或禁止访问。该进程共有 8 个段。

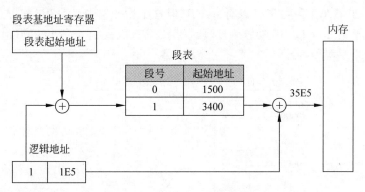

图 4.28　段式地址映射的例子

表 4.3　一个进程的段表

段　号	内存分区的起始地址	长　度	保　护　位
0	10000	18C0	只读
1	11900	3FF	只读
2	11D00	1FF	读-写
3	0	0	禁止访问
4	11F00	1000	读-写
5	0	0	禁止访问
6	0	0	禁止访问
7	13000	FFF	读-写

　　如图 4.29 所示为该进程的代码段,这里只列出了两个函数。main()函数的起始地址为 240,在它内部调用了 sin()函数,sin()函数的起始地址是 360。显然,240 和 360 这两个地址都是逻辑地址。因为这里采用的是动态地址映射的方法,当一个程序被装入内存时,它的内容不会发生任何变化,它里面用的地址就是逻辑地址。然后在执行每条指令时,由 MMU 负责完成地址映射。

代码段

main	sin
240 push x [10108]	360 mov 4(sp), r2
244 call sin	364 push r2
248 ...	...
	488 ret

图 4.29　进程的代码段

　　根据上述段表,可以画出该进程的逻辑地址空间和物理地址空间的情况,如图 4.30 所示。在逻辑地址空间中,由于地址为 32 位,因此最大的逻辑地址空间为 4GB,但并不是所有的地址都用上了。具体来说,由于逻辑地址的高 16 位是作为段号,低 16 位是作为段内偏移,因此从理论上来说,最多可以有 65 536(即 2^{16})个段,每个段最多可以有 65 536B(即 64KB)的空间。但实际上,这里总共只用了 8 个段,而且每个段的内部也不是全部都用了。对于第 0 个段,其段号为 0,段长为 18C0,因此在逻辑地址空间中,这个段的逻辑地址为 00000~018BF,也就是说,所有地址的段号(即高 16 位)都是相同的,都是 0,只是段内偏移不一样。另外,虽然每个段最多可以有 64KB,但这个段只有长为 18C0 的这一段地址空间是有效的。对于第 1 个段,其段号为 1,段长为 3FF,因此这个段的逻辑地址为 10000~103FF,其他段也是类似的。

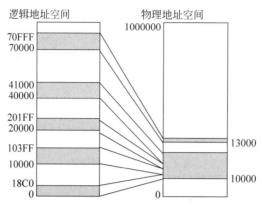

图 4.30　逻辑地址空间和物理地址空间

再来看物理内存的情况。对于第 0 个段,根据段表,它在物理内存的起始地址是 10000,而长度为 18C0,因此它占用的地址空间是 10000~118BF。对于第 1 个段,它在内存的起始地址是 11900,长度为 3FF。注意第 0 个段在内存的结束地址是 118BF,与 11900 非常接近,因此在内存中第 1 个段基本上是紧挨着第 0 个段来摆放,它的内存地址是 11900~11CFE。后面的段也是类似的,这里不再赘述。

对于上面这个例子,来讨论以下几个问题。

(1) X(sin()函数的参数)在哪里? 从代码段可以看出,X 的逻辑地址是 10108,因此它的段号为 1,段内偏移为 108。查段表,得到该段的内存分区的起始地址为 11900,把它加上段内偏移,因此最后的物理地址为 11A08。

(2) 栈指针的当前地址是 70FF0,其物理地址是多少? 逻辑地址 70FF0 的段号为 7,段内偏移为 FF0。查段表,得到该段的内存分区的起始地址为 13000,把它加上段内偏移,因此物理地址为 13FF0。

(3) 第一条指令在哪里? 程序的第一条指令即为 main()函数的第一条指令,其逻辑地址为 240,经过地址映射以后,相应的物理地址为 10240。

(4) push X 指令:将 SP 减 4,然后存储 X 的值,那么 X 被存储在什么地方? 栈指针 SP 的当前值为 70FF0,先把它减 4,变为 70FEC,然后再去计算它的物理地址,结果为 13FEC。

(5) call sin 指令的功能:①当前 PC 值入栈;②在 PC 内装入目标 PC 值。请问哪一个值被压入栈了? 新的栈指针的值是多少? 新的 PC 值是多少? 当执行到 call sin 指令时,PC 的值已经等于下一条指令的地址,因此,被压进栈的值是 248。这样,当函数调用结束后,就直接跳转到 248 这个位置继续执行。在压栈结束后,SP 的值为 70FE8。接下来要在 PC 中装入目标 PC 的值,该值为 sin()函数的起始地址 360。

(6) "mov 4(sp),r2"的功能是什么? 这条指令的功能是去访问 X 的值,即 sin()函数的输入参数。

3. 优点和缺点

段式存储管理方案的优点如下。

- 程序通过分段来划分多个模块,每个模块可以分别编写和编译,可以针对不同类型的段采取不同的保护方式,可以按段为单位来进行共享。
- 一个程序不必连续存放,没有内碎片。
- 便于改变进程所占用空间的大小。

段式存储管理方案的缺点主要是程序必须全部装入内存才能够运行,而且存在外碎片等。

在段式存储管理中,如何实现单个段的共享?图4.31就是一个例子。

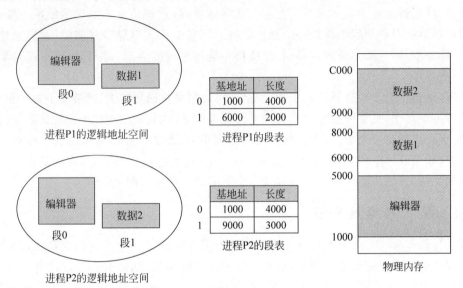

图 4.31　两个进程共享同一个段

在图4.31中,两个进程P1和P2实现了编辑器代码段的共享,实现方法就是在进程P1的段表中,把它的编辑器段(段0)映射到起始地址为1000的内存分区;在进程P2的段表中,把它的编辑器段(段0)也映射到相同的这块内存分区,这样就能实现共享。当然,两个进程的数据段是不共享的,它们被映射到不同的内存分区。

4.4.3　页式存储管理与段式存储管理的比较

可以从不同的角度来比较页式存储管理和段式存储管理。

第一,引入这两种存储管理方法的出发点是不一样的。分页是出于系统管理的需要,而分段则是出于用户应用的需要。对于页式存储管理来说,它的出现是为了减少碎片,提高内存的使用效率,因此把整个物理内存划分为许多个固定大小的物理页面,相应地,才把逻辑地址空间也划分为大小相同的逻辑页面,这样就可以把一个逻辑页面中的内容装入一个物理页面中。而对于段式存储管理来说,它的出现主要是为了实现程序中的各个逻辑单元的独立性,便于它们的共享、保护和修改,从而为每一个逻辑单元设立了一个单独的"段"。相应地,在物理内存的分配和回收上,采用的是以前的可变分区的存储管理方法,每一个段保存在一个内存分区中。概括地说,这两种存储管理方法,一个是自下而上,一个是自上而下,它们的出发点是不一样的。

第二,从程序员对所采用的存储管理技术的关注来看。在页式存储管理当中,对于程序员,这种存储管理完全是透明的,不必去关心。对于逻辑地址空间的分页,是由系统自动完成的,程序员甚至不知道分页这件事情的发生。程序员的工作主要是写程序,经过编译连接得到一个逻辑地址空间,他并不关心分页。分页是由 CPU 和操作系统共同完成的,操作系统负责维护页表的内容,而 CPU 负责访问页表,将逻辑地址映射为物理地址,这整个过程对程序员来说是透明的。而在段式存储管理中,程序员知道各个逻辑单元的存在,因为在访问内存单元时,给出的是一个二维地址,即段号和段内偏移。

第三,页面的大小是系统固定的,而段的大小则通常不固定。

第四,从逻辑地址的表示来看。对于页式存储管理,逻辑地址是一维的线性连续地址,各个模块在链接时必须组织成同一个地址空间。而对于段式存储管理来说,逻辑地址是二维的,一维是段号,一维是段内偏移,各个模块在链接时可以为每一个段分别组织一个地址空间。

第五,从退化的形式来看。对于页式存储管理,如果页面比较大,能装得下整个程序,那么对于每一个程序,只要分给它一个物理页面就可以了,这其实就退化为一种固定分区的方法,每一个页面就是一个分区,而且每个页面的大小、位置和个数都是固定的。而对于段式存储管理,如果段的个数为 1,即整个程序只有一个段,在这种情形下,其实就退化为一种可变分区的方法,系统只要为这一个段寻找一个空闲的内存分区即可。

4.4.4　段页式存储管理

段式存储和页式存储各有特点。段式存储为用户提供了一个二维的逻辑地址空间,可以满足程序和信息的逻辑分段要求,反映了程序的逻辑结构,从而有利于段的共享、保护和动态增长;而页式存储管理的特征是把内存分成一个个页面,从而有效地克服了碎片问题,提高了内存的利用率。为了保持页式在存储管理上的优点和段式在逻辑上的优点,人们把这两种管理方案结合了起来,提出了段页式存储管理技术。

段页式存储管理方案的基本思想很简单,就是先把程序划分为段,然后在段里进行分页。如图 4.32 所示,它的逻辑地址分为两个部分,一部分是段号,一部分是段内偏移,这和普通的段式存储管理方案是一样的。但是对于段内偏移地址来说,它又被分成了两个部分,一部分是逻辑页面号,一部分是页内偏移地址,这和普通的页式存储管理方案是一样的,是由系统自动划分的。以上讨论的是逻辑地址空间,在物理内存的管理上,它是按照页式存储管理方案来进行的,而且在内存的分配上,也是以页面为单位来进行分配的。

段号	段内地址	
	页号	页内地址

图 4.32　段页式存储管理的逻辑地址

在具体实现段页式存储管理时,首先需要几个数据结构。第一个数据结构是段表,它里面记录的是每一个段的页表起始地址和页表长度,而不是像普通的段式存储管理那样,记录的是这个段所在的内存分区的起始地址。

第二个数据结构是页表,它和普通的页式存储管理是一样的,记录了逻辑页面号与物理页面号之间的对应关系。但是它的特殊之处在于,每一个段都有一个页表,因为在一个程序中可能会有多个段,所以就可能会有多个页表。

在硬件方面,需要两个寄存器,一个是段表基地址寄存器,用来指向内存中段表的起始地址;另一个是段表长度寄存器,用来指示段表的大小,即程序中段的个数,这和原来是一样的。

如图 4.33 所示为段页式存储管理方案中地址映射的实现机制。显然,在段页式存储管理方案中,如果要从内存中取一条指令或读一个数据,就必须访问内存 3 次。第一次是访问段表,第二次是访问页表,第三次才是真正去访问目标数据。所以必须采用一些快速检索方法来提高对这些段表和页表的访问速度。

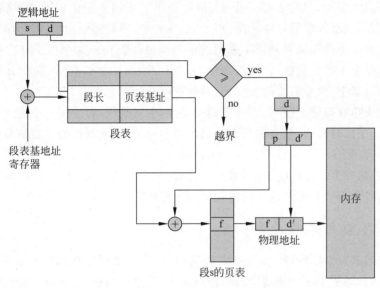

图 4.33　段页式存储管理的地址映射

4.5　虚拟存储技术

前面介绍的各种存储管理技术,包括分区存储管理、页式和段式存储管理,它们都是基于一个前提,即内存空间足够大,能够把整个程序都装入内存,然后再运行。但实际上在一个计算机系统中,尤其是在一个多道程序的环境下,很可能会出现内存不够用的现象,这可以分为以下三种情形。

- 某一个程序太大了,超过了内存的容量,无法把它全部装入内存。
- 虽然每一个程序都不是很大,但程序的个数太多了,它们加起来超过了内存的容量。
- 程序的个数非常多,而且每个程序也非常大,远远超过了内存的容量。

例如,对于一台典型的计算机,其内存为 16GB。在多道程序系统中,往往有多个进程同时在运行,如 10 个应用程序、66 个后台进程在运行。那么对于每一个应用程序来说,大概有多大呢?办公软件 Microsoft Office 大概 1GB,开发软件 Visual Studio 大概 3.7GB,计算软件 MATLAB 的 2020 版本高达 20.8GB。显然,如果要运行过多的应用软件,很可能会出现内存空间不够用的现象,在这种情形下,该如何来应对呢?这就需要用到虚拟存储管理技术。

什么是虚拟存储管理技术?先来看一个生活中的例子。在卓别林的电影"马戏团"中有一个镜头,一位魔术师正在表演大变活人的魔术。也就是说,在舞台上摆放了一张桌子,在桌子上立了一个柜子,这个柜子有一人高,但面积比较小,最多只能容纳一个人。魔术师开始表演了,他拉开柜子的门,并且向观众展示,这个柜子是空的,里面什么也没有。然后他关上柜门,并且施展法术,做出请君入瓮的样子。然后再次拉开柜门,结果从里面走出来了一个人。这个人出来以后,魔术师再次关上柜门,然后又施展法术,再把门打开,结果里面又走出来一个人。就这样持续下去,原本空无一物而且体积很小的柜子,却源源不断地走出来好几个人,这是怎么回事呢? 在电影中,由于卓别林的捣乱,使得这个魔术的谜底被揭晓了。原来这个柜子虽然很小,只能容纳一个人,但是柜子下面的桌子比较大,能够容纳多个人。在刚开始的时候,所有人都躲在桌子里,柜子是空的。然后轮到谁出场,谁就爬到柜子里,然后闪亮登场。那么虚拟存储管理技术采用的也是类似的思路。这个柜子好比是内存,内存比较小。而这张桌子好比是硬盘,硬盘比较大。当一个程序要运行时,在刚开始时,整个程序都是存放在硬盘上,然后需要用到哪部分,就把哪部分装入内存。

要想实现虚拟存储管理技术,有一个前提条件,也就是说,对于每一个应用程序,当它运行时,在任意一小段时间内,只有一小部分的内容会被访问,而其他的内容暂时不会被访问,这样一来,只需要把这一小部分内容装入内存即可。这就好比是大变活人的魔术,由于柜子比较小,只能容纳一个人,因此在任何时候,只能让一个人出场,而其他人暂时不能出来。但是这个前提条件是否成立呢? 这里的关键就在于程序的局部性原理。

4.5.1　程序的局部性原理

所谓程序的局部性原理(Principle of Locality),指的是程序在执行过程中的一个较短时期内,它所执行的指令地址和指令的操作数地址,分别局限在一定的区域内。这可以表现在以下两个方面。

- 时间局部性:一条指令的一次执行和下一次执行,一个数据的一次访问和下一次访问,都集中在一个较短的时期内。
- 空间局部性:当前正在执行的指令和它邻近的几条指令,当前正在访问的数据和它邻近的几个数据,都集中在一个比较小的区域内。

程序的局部性原理具体表现在以下几个方面。

- 程序在执行时,大部分是顺序执行的指令,只有少部分是转移和函数调用指令。而顺序执行就意味着在任意的一小段时间内,CPU 所执行的若干条指令在地址空间中是连续的。
- 函数调用虽然会引发跳转,但函数调用的嵌套深度有限,一般只有几层,因此,执行所涉及的范围不会超过这一组嵌套的过程。
- 在程序中存在相当多的循环结构,在这些循环结构的循环体当中,只有少量的指令,它们会被多次地执行。
- 在程序中存在相当多对一定数据结构的操作,如数组操作,这些操作往往局限在比较小的范围内。例如,在内存中,一个数组会占用连续的一段内存空间,各个数组元素是顺序存放的。

程序的局部性原理说明,在一个程序的运行过程中,在某一段时间内,这个程序只有一小部分内容处于活跃状态,正在被使用,而其他大部分内容可能都处于一种休眠状态,没有在使用。这就意味着,从理论上来说,虚拟存储技术是能够实现的,而且在实现了以后,是能够取得一个满意的效果的。事实上,在计算机的很多地方,都用到了程序的局部性原理。例如,页式地址映射中的 TLB、CPU 中的高速缓存 Cache,它们都是基于局部性原理的。

4.5.2　虚拟存储技术的原理

虚拟存储技术可以在页式或段式存储管理的基础上加以实现。它的基本原理是:在装入程序时,不必把整个程序都装入内存中,而只要将当前需要执行的那部分页面或段装入内存,就可以让程序开始执行。在程序的执行过程中,一方面,如果需要执行的指令或需要访问的数据不在内存中,就称为缺页或缺段。在这种情形下,会产生一个硬件中断,在中断处理程序中,CPU 会通知操作系统将相应的页面或段调入内存,然后继续执行程序。另一方面,操作系统会将内存中暂时不使用的页面或段调出去,保存在外存上,从而腾出更多的空闲空间来存放将要装入的程序以及将要调入的页面或段。

在虚拟存储管理方案中,一般具有较大的用户地址空间,即把物理内存与外存相结合,提供给用户的虚拟内存空间通常要大于实际的物理内存,从而实现了这两者的分离。以前在讨论分区、页式和段式存储管理方案时,都需要把整个程序装入内存才能运行,即用户的逻辑地址空间必须小于实际的物理内存。但是在虚拟存储技术中,由于程序的局部性原理的存在,使得用户地址空间和物理地址空间是分离的。无论一个程序有多大,系统都能够处理。因为对于每一个程序来说,它在运行时只需要把一小部分的内容装入内存即可。因此,无论一个程序是 10MB、100MB 或是 1GB,对于系统来说都是一样的。这就意味着,程序自身的大小,或者说用户逻辑地址空间的大小,与实际的物理内存的大小已经没有什么关系了,两者完全可以分离。例如,假设进程的地址空间为 32 位,则对于系统中的每一个进程,都有一个 4GB 的虚拟地址空间。

虚拟存储技术的另一个特征是部分交换,也就是说,虚拟存储的调入和调出都是对一部分虚拟地址空间来进行的,而不是针对进程的整个地址空间。

另外,虚拟存储技术具有不连续性,包括在物理内存分配上的不连续,以及在虚拟地址空间的使用上的不连续。例如,虽然虚拟地址空间有 4GB,但不是所有的地址都能用上。事实上,对于许多中小程序来说,虚拟地址空间中的大部分区域都是未被使用的。

4.5.3　虚拟页式存储管理

扫码观看

虚拟页式存储管理是当前主流的存储管理技术,大部分操作系统,如 Windows 和 Linux,都采用这种技术。

所谓虚拟页式存储管理,就是在页式存储管理的基础上增加了请求调页和页面置换的功能。它的基本思路是:当一个用户程序要调入内存运行时,不是将该程序的所有页面都装入内存,而是只装入部分页面,然后就可以启动该程序去运行。在运行过程中,如果发现要执行的指令或是要访问的数据不在内存中,就向系统发出缺页中断请求,然后系统在处理这个中断请求时,就会将保存在外存中的相应页面调入内存,从而使该程序能继续运行。

当内存空间不够用时,需要把内存中的页面暂时保存在磁盘上,这叫作后备存储。内存中的物理页面称为页框,而磁盘上的页面称为后备页面。总之,虚拟存储管理的目的,是给用户提供一种错觉,似乎内存的容量非常大,其大小为内存的大小再加上磁盘的大小,而且访问速度非常快,与内存一样快。打个比方,这相当于用内存来作为磁盘的缓冲区,在访问磁盘上的某个页面时,如果在内存中已经有了,那么直接从内存读取。如果内存中没有,才去访问磁盘。当然,这只是一种理想状态,或者说,这只是虚拟存储追求的目标。事实上,在某些情形下,如果系统设计得不好,可能给人的感觉恰恰相反:内存的容量并未增大,但是访问速度却和磁盘一样慢。

图 4.34 是虚拟页式存储管理的一个示意图。在进程运行时,由 MMU 负责地址映射,如果该页面的确在内存中,那么就映射到相应的物理页面;如果不在内存,那就要去磁盘把这个页面调进来。

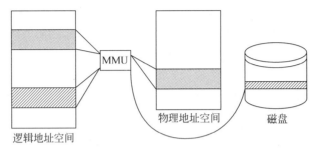

图 4.34　虚拟页式存储管理的示意图

在具体实现虚拟页式存储管理时,需要解决以下几个问题。

(1) 如何发现执行的程序或访问的数据不在内存。

(2) 程序或数据什么时候调入内存,采用何种调入策略。

(3) 当一些页面调入内存,且内存中没有空闲空间时,将淘汰哪些页面,即采用何种淘汰策略。

下面将逐一来讨论这些问题。

1. 页表表项

前面在介绍页式存储管理时,曾经讨论过进程的页表问题,即对于每一个进程,操作系统都会为它维护一张页表,用来把用户地址空间中的逻辑页面号映射为内存中的物理页面号。因此,对于每一个页表项来说,它只需要两个信息,即逻辑页面号和相应的物理页面号。但是在虚拟页式存储管理中,对于每一个页表项,光有这两个信息还不够,还需要增加其他的信息,包括驻留位(有效位)、保护位、修改位和访问位等,如图 4.35 所示。

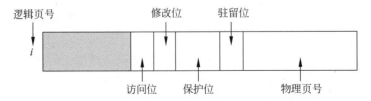

图 4.35　虚拟页式存储管理的页表项

如前所述,在虚拟页式存储管理中,只有一部分页面位于内存中,而其余的页面存放在外存。那如何知道一个页面到底是在内存还是外存中呢? 这就需要用到驻留位,该位的值就表示这个页面现在位于什么地方。如果驻留位的值等于1,表示该页面现在位于内存中,也就是说,这个页表项是有效的,它里面存放了该页面所对应的物理页面号;如果驻留位的值等于 0,表示该页面现在还在外存当中,也就是说,这个页表项是无效的。如果此时去访问它,将会导致缺页中断。缺页中断一般是由 MMU 引发的,当 CPU 要去访问一个内存单元时,由 MMU 负责进行地址映射,在地址映射时,会去内存或 TLB 中读取相应的页表项,如果发现页表项的驻留位的值为 0,就会触发一个缺页中断,这是自动进行的。

保护位表示允许对该页面进行何种类型的访问,如只读、可读写,可执行等。例如,代码段的页面一般是只读和可执行,而数据段、堆和栈,它们的页面一般是可读、可写的。

修改位表示该页面在内存中是否已经被修改过。如果该页面的内容已经被修改过,那么 CPU 就会自动地把这一位的值设置为 1。修改位的主要功能是:在虚拟存储管理中,每一个进程都只有一部分页面存在于内存中,而其他页面是存放在磁盘上。如果访问的页面不在内存,就会引发缺页中断,把需要的页面装进来。反之,如果内存空间不够用,也需要把内存中的页面重新保存到磁盘上。这样一来,页面就需要在内存和磁盘之间来回交换。而磁盘的读写速度是非常慢的,因此为了提高这种交换的效率,需要设置一个修改位。这样,当系统要把一个页面保存到磁盘上时,它先检查这个修改位,如果没有修改,也就是说,该页面的内容与它在磁盘上的备份是完全一样的,那么操作系统就可以放心地把它的内容覆盖掉,不必再存回磁盘。反之,如果该页面的内容曾经被修改过,那么操作系统就不能把它抛弃掉,而必须把它写回到硬盘,否则,那些被修改过的内容就会丢失掉。当然,这种页面主要是数据页面,如数据段、堆和栈等,而代码段的页面一般是只读的,不会被修改。

访问位表示该页面在内存中曾经被访问过,不管是读操作也好,写操作也好,只要是被访问过,这一位的值就会被硬件自动设置为 1。这个信息主要用在页面置换算法当中。

如图 4.36 所示为在虚拟页式存储管理下,一个地址映射的简单例子。

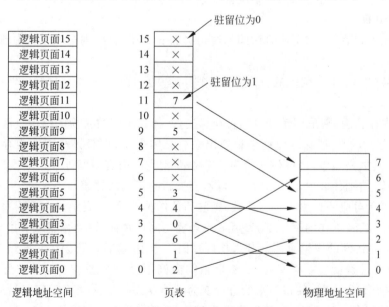

图 4.36 虚拟页式存储管理中的地址映射例子

在图 4.36 中,逻辑地址为 16 位,因此,逻辑地址空间的大小为 64KB。而对于实际的物理内存来说,其大小只有 32KB。假设每个页面的大小为 4KB,这样,在逻辑地址空间中总共有 16 个逻辑页面,其编号为 0~15。而对于物理内存,总共只有 8 个物理页面,其编号为

0～7。在内存与外存之间的换入与换出,都是以页面作为基本单位的。在图4.36的页表中,记录了每一个逻辑页面所对应的物理页面号,但由于逻辑地址空间远远大于实际的内存空间,因此不可能把所有的逻辑页面都装入内存。事实上,只有8个逻辑页面被装入到内存,相应地,在它们的页表项当中,包含它们所对应的物理页面号,而且驻留位的值为1。而剩下的8个逻辑页面被保存在外存中,因此在它们的页表项当中,驻留位的值为0,表示没有相对应的物理页面号,因此用一个X表示。

假设现在要去执行指令:

MOV REG,[0]

即访问逻辑地址为0的内存单元,将其值取出来,放到寄存器REG当中。这就意味着,需要把逻辑地址0转换为相应的物理地址。根据前面介绍的方法,逻辑地址0的逻辑页面号为0,页内偏移地址也为0。然后以0为索引,去查找页表,相应的物理页面号为2,因此,最终的物理地址是 $2 \times 4096 + 0 = 8192$。在得到这个物理地址以后,MMU就会把它发送到地址总线上,从而去访问相应的内存单元,因此,这一次的内存访问就顺利完成了。

假设现在要去执行另外一条指令:

MOV REG,[32780]

即对逻辑地址32780进行访问。用同样的方法可以得到逻辑页面号为8,页内偏移地址为12。然后以8为索引,到页表中去查找。结果发现在第8个逻辑页面的页表项当中,驻留位的值为0,即该页面并没有在内存当中,这样,MMU就无法继续下去,只能引发一个缺页中断,把这个问题提交给操作系统去处理。

2. 缺页中断

在地址映射过程中,如果所要访问的逻辑页面p不在内存,则产生缺页中断。中断的处理过程如下。

(1)如果在内存中有空闲的物理页面,则分配一页,设其编号为f,然后转第(4)步;否则转第(2)步。

(2)若内存已满,则采用某种页面置换算法,选择一个将被替换的物理页面f,它所对应的逻辑页面为p′,然后把它从内存中替换出去。具体来说,如果该页面在内存期间曾经被修改过,即在其页表项中,修改位的值为1,则需要把它的内容写回外存;如果该页面在内存期间未被修改过,则什么也不做,届时它自然会被新的页面所覆盖。

(3)对p′所对应的页表项进行修改,把驻留位的值置为0,表示这个逻辑页面现在已经被替换出去了,已经不在内存中了,以后如果再要访问该页面,就会出现缺页中断。

(4)将需要访问的逻辑页面p装入物理页面f当中,这就需要去访问磁盘,而在访问磁盘时,当前这个进程就会被阻塞起来,然后系统会调用另一个进程去运行。当I/O操作完成后,会有一个I/O中断,使得原来的进程变为就绪状态。后来当它重新开始运行后,会修改p所对应的页表项的内容,把驻留位的值置为1,把物理页面号设置为f。

(5)重新运行被中断的指令,此时,由于它需要访问的页面p已经在内存中了,所以就能顺利地运行下去,而不会产生缺页中断。

图4.37是缺页中断处理的流程图。

回到前面讲的例子,即对逻辑地址32780进行访问。该地址位于第8个逻辑页面当中,

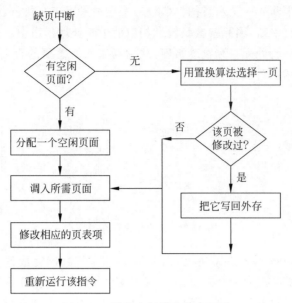

图 4.37　缺页中断处理的流程图

但是查找页表后发现,该逻辑页面并没有被调入内存,因此会引发一个缺页中断。在中断处理过程中,系统首先会判断在内存中是否还有空闲的物理页面,结果发现已经没有了,所有的 8 个物理页面已经全部分配出去了。因此,只能采用某种页面置换算法,去选择一个物理页面,然后把它的内容置换出去。假设页面置换算法选中的是第一个物理页面,系统就会去查看该页面在内存中时,是否曾经被修改过,如果是,就要把它的内容写回到外存。接下来,就可以把所需的逻辑页面装入第一个物理页面当中。然后,还需要去修改相应的页表项的内容。这个修改包括两个部分,先是修改逻辑页面 1 所对应的页表项,将其驻留位的值设置为 0,表示该页面已经不在内存。然后要修改刚被调入内存的第八个逻辑页面的页表项,把它的驻留位的值设置为 1,并且把它的物理页面号也设置为 1。接下来,就可以重新去执行该条指令。由于相应的页面已经被调入内存,因此不会再发生缺页中断。在地址映射时,逻辑地址 32780 的逻辑页面号为 8,页内偏移地址为 12。然后以 8 为索引,去查找页表,相应的物理页面号为 1,因此,最终的物理地址是 $1 \times 4096 + 12 = 4108$。

有的读者可能会有疑问,什么样的页面会被修改过呢? 如前所述,在进程的地址空间中,有代码段、数据段、堆和栈,在进程的运行过程中,代码页面的内容不会发生变化,因此直接覆盖即可,等下次需要时再从外存读入。而数据段、堆和栈中存放的是各种不同类型的变量,它们的值是有可能会发生变化的。例如,如果修改了一个局部变量的值,那么该变量所在的栈帧就发生了变化。而且这种变化是临时性的、经常性的,在进程运行的整个过程中,所有的变量都有可能处于变动之中。因此,如果要把这样的页面从内存中踢出去,那么就必须临时地把它们保存在外存中,否则这些数据就丢了。另外,在把页面写回外存时,是写在什么地方呢? 是写入到相应的可执行文件当中吗? 显然不是! 没有听说一个可执行文件在运行结束以后,其大小和时间发生了变化。如果是这样,那么更大的可能性是感染了病毒。一般来说,操作系统会创建和维护一个系统文件,用来存放各个进程被置换出去的页面,相当于一个临时的中转文件。

图 4.38 是缺页中断的一个示意图。假设一个用户进程正在执行,当它执行到某一条指令时,发生了一个缺页中断,因此就会跳转到相应的中断处理程序中。而中断处理程序是由操作系统来实现的,它会分配一个物理页面,从磁盘调入所需要的页面,并修改相关的页表项,然后回到这条指令重新执行。

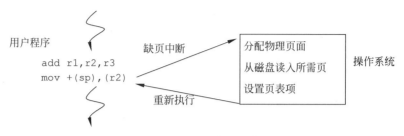

图 4.38　缺页中断的示意图

总之,对于缺页中断,整个过程是由 CPU 和操作系统共同完成的。具体来说,CPU 负责地址映射,并在缺页时产生一个缺页中断,而中断的处理则由操作系统来完成。而对于用户进程来说,它根本感觉不到缺页中断的发生,就好像它感觉不到进程的切换一样。

4.5.4　页面置换算法

系统在处理缺页中断时,可能要用到页面置换算法。也就是说,当缺页中断发生时,需要调入新的页面,如果此时内存已经满了,就需要使用页面置换算法,从内存中选择一个页面,把它置换出去。

最简单的办法就是随机法,从内存中随机地选择一个页面,把它置换出去。但这显然不是一个令人满意的方法,因为如果选中的是一个经常要访问的页面,那么当它被置换到外存后,过了一会儿,恐怕又得把它再换进来,而这种页面的换进换出并不是免费的,而是需要系统开销。它需要把一个页面的内容保存到磁盘中,然后再把另外一个页面的内容读入到内存,也就是说,需要访问磁盘两次,而磁盘的访问速度是很慢的。因此,对于一个好的页面置换算法来说,它应该尽可能减少页面的换进换出次数,或者说,尽可能减少缺页中断的次数,从而减少系统在这方面的开销。具体来说,可以把那些未来不再使用的,或是短期内较少使用的页面换出去,而把那些经常要访问的页面保留下来。

对于页面置换算法,无论是在理论研究还是在实际的应用当中,人们都做了大量的工作,提出了各种各样的算法,包括最优页面置换算法、最近最久未使用算法、最不常用算法、先进先出算法、时钟页面置换算法等。下面对它们逐一介绍。

1. 最优页面置换算法

最优页面置换(Optimal Replacement,OPT)算法的基本思路是:当一个缺页中断发生时,对于保存在内存当中的每一个逻辑页面,计算在它的下一次访问之前,还需要等待多长时间,然后从中选择等待时间最长的那个,作为被置换的页面。

从算法本身来看,这的确是一个最优的算法,它总是把最不常用的页面置换出去,这样就能尽可能地减少缺页中断的次数。但这只是一种理想状态下的情况,而在实际的系统当中,它是无法实现的。因为操作系统根本就无法知道,每一个页面还要等待多长的时间,才会被再次访问,将来的情况是不知道的。不过,最优页面置换算法也不是一无是处,它可以用作其他算法的性能评价的依据。也就是说,如果要判断一个页面置换算法好不好,可以拿它与最优页面置换算法进行一个比较,看有多大的差距。具体来说,可以在一个模拟器上运行某个程序,并且记录下每一次的页面访问情况。有了这些数据以后,在第二遍运行该程序时,就可以采用最优页面置换算法,因为将来的情况是已知的。

下面来看一个例子。假设一个进程总共有 5 个逻辑页面,在它的运行过程中,对逻辑页面的访问顺序为 1,2,3,4,1,2,5,1,2,3,4,5。如果在内存中给它分配 4 个物理页面,则在使用了最优页面置换算法以后,缺页的情况是:在 12 次页面访问中总共缺页 6 次。

如图 4.39 所示,有 4 个物理页面,其编号分别为 0、1、2、3。在"缺页"一栏,如果是一个 ╳,就表示这次访问引发了缺页中断;如果是一个 √,就表示这次访问没有引发缺页中断。在最开始时,在内存中没有任何页面,即 4 个物理页面都是空闲的。然后要访问逻辑页面 1,由于该页面没在内存中,因此发生了一个缺页中断。在缺页中断中,发现内存中还有空闲的物理页面,因此就直接把该页面调入内存,保存在第 0 个物理页面当中。因此,这一次访问相当于是发生了缺页中断,但没有使用页面置换算法。接下来访问逻辑页面 2、3 和 4 都是类似的,都会引发缺页中断,但不需要用到页面置换算法。接下来是访问逻辑页面 1,由于该页面已经在内存当中,因此这一次没有发生缺页中断。逻辑页面 2 的访问也是类似的。接下来是对逻辑页面 5 的访问,此时它还不在内存中,因此发生了一个缺页中断。而且在内存中没有空闲页面,因此需要使用页面置换算法来淘汰一个逻辑页面。当前在内存中的逻辑页面为 1、2、3、4,对于这 4 个页面,从将来的访问情况来看,显然页面 4 是最晚才会被访问的,因此把它淘汰出局。后面的情况都是类似的,这里不再赘述。

OPT	1	2	3	4	1	2	5	1	2	3	4	5
页0	1	1	1	1	1	1	1	1	1	1	4	4
页1		2	2	2	2	2	2	2	2	2	2	2
页2			3	3	3	3	3	3	3	3	3	3
页3				4	4	4	5	5	5	5	5	5
缺页	╳	╳	╳	╳	√	√	╳	√	√	√	╳	√

图 4.39　最优页面置换算法

有的读者可能会问,逻辑页面的访问序列是如何得到的呢? 我们知道,CPU 在执行一个程序的时候,是一条指令接一条指令地执行。在执行每一条指令时,都要去访问内存,如取指令、读写数据等。既然要访问内存,就会给出一个逻辑地址,然后进行地址映射,从这个逻辑地址中分离出逻辑页面号和页内偏移。所以说,每访问一次内存就会给出一个逻辑页面号,那么连续多次去访问内存,就会得到一个逻辑页面的访问序列。

2. 最近最久未使用算法

最近最久未使用(Least Recently Used,LRU)算法的基本思路是:当一个缺页中断发生时,从内存中选择在最近一段时间内最久没有被使用的那个页面,把它淘汰出局。

LRU 算法实质上是对最优页面置换算法的一个近似,它的理论依据就是程序的局部性原理。也就是说,在最近一小段时间内,如果某些页面被频繁地访问,那么在将来的一小段时间内,它们可能还会被频繁地访问。反之,如果在过去一段时间内,某些页面长时间没有被访问,那么在将来,它们还可能会长时间得不到访问。页面置换算法的最终目标,就是把将来长时间内得不到访问的页面置换出内存,而将来的访问情况是不知道的,所以 LRU 算法的策略就是根据程序的局部性原理,利用过去的、已知的页面访问情况,来预测将来的情况。

在具体实现上,由于 LRU 算法需要记录各个页面使用时间的先后顺序,因此系统的开销比较大。下面介绍几种可能的实现方法。

- 系统维护一个页面链表,把最近刚刚使用过的页面作为首结点,把最久没有使用的页面作为尾结点。在每一次访问内存时,找到相应的逻辑页面,把它从链表中摘下来,移动到链表的开头,成为新的首结点。在每一次缺页中断发生时,淘汰链表末尾的那个页面。

- 系统设置一个活动页面栈,当需要访问某个页面时,就把相应的页面号压入栈顶。然后,考察栈内是否有与该页面相同的页面号,如果有则把它抽出来。位于栈顶的页面就是最近刚刚访问过的。当需要淘汰一个页面时,选择栈底的页面,因为它就是最久未使用的。

- 在每次内存访问时,给相应页面打上时间戳,然后在缺页中断时,选择最老的页面淘汰出去。

以上 3 种实现方法当中,前两种是排序法,即把最近刚刚访问的页面放在链首或栈顶,把很久没访问的页面放在链尾或栈底。这样,在淘汰页面时就很简单了,只要淘汰链尾或栈底的页面即可。第三种方法开始时不排序,而是等到页面置换时再来排序。

下面来看一个例子。假设一个进程总共有 5 个逻辑页面,在它的运行过程中,对逻辑页面的访问顺序为 1,2,3,4,1,2,5,1,2,3,4,5。如果在内存中给它分配 4 个物理页面,则在使用了最近最久未使用页面置换算法以后,缺页的情况是:在 12 次页面访问中总共缺页 8 次,比刚才的 OPT 算法多了 2 次。

如图 4.40 所示为基于页面链表的 LRU 算法的执行过程。在刚开始时,该进程的所有页面都位于外存,因此内存中的 4 个物理页面都是空闲的。然后要访问逻辑页面 1,由于它没有在内存中,所以会发生一个缺页中断,把它调入内存。此时由于内存是空闲的,因此就直接调入,不需要使用页面置换算法。从页面链表来看,只有一个结点,它既是首结点,也是尾结点。接下来是访问逻辑页面 2,由于它也没有在内存中,因此又发生了一个缺页中断,把它调入内存。此时在页面链表中有两个结点,新来的页面 2 成为首结点,而刚才的页面 1 成为尾结点。接下来访问逻辑页面 3 和 4,其过程也是类似的,页面 4 成为链表的首结点。接下来访问逻辑页面 1,由于该页面已经在内存中,因此不会发生缺页中断,但是需要调整链表结点的顺序,把页面 1 摘下来,挂到链表的最前端,成为新的首结点,而原来排在倒数第 2 的页面 2 就成为新的尾结点。接下来访问逻辑页面 2,其过程也是类似的,页面 2 成为新的首结点,而页面 3 成为新的尾结点。下面是逻辑页面 5,由于它还没有在内存中,因此会发生缺页中断,而且在内存中也没有空闲的物理页面了,因此,根据 LRU 算法的要求,把链表中的尾结点,即页面 3 淘汰出去。然后把新来的页面 5 添加到链表的最前端,成为新的首结点。后面的情况都是类似的,这里不再赘述。总之,在这个进程的整个运行过程中,总共发生了 8 次缺页中断。

另外,也可以采用栈的方法来实现 LRU 算法,如图 4.41 所示。该算法的执行过程是:首先访问逻辑页面 1,把它压到栈顶。然后访问逻辑页面 2,同样把它压到栈顶,这样,刚才的页面 1 就位于页面 2 的下方。接下来访问页面 3 和页面 4,也都是类似的。此时在栈当

LRU	1	2	3	4	1	2	5	1	2	3	4	5
链尾	1	1	1	1	2	3	4	4	4	5	1	2
			2	2	3	4	1	2	5	1	2	3
				3	4	1	2	5	1	2	3	4
链首				4	1	2	5	1	2	3	4	5
缺页	×	×	×	×	√	√	×	√	√	×	×	×

图 4.40　基于页面链表的 LRU 算法执行过程

中有 4 个页面,其中页面 4 位于栈顶,页面 3 和页面 2 次之,而页面 1 位于栈底。

接下来访问逻辑页面 1,由于它已经在内存,因此这一次访问没有造成缺页中断,但是需要调整各个页面在栈中的先后顺序,把页面 1 抽出,放到栈顶,其余页面的相对顺序保持不变。然后访问页面 2,其过程也是类似的。

接下来访问逻辑页面 5,由于它没有在内存中,因此会引发一次缺页中断,而且由于内存已满,因此需要使用页面置换算法,淘汰一个页面。根据 LRU 算法的思路,淘汰的是位于栈底的页面 3,而新来的页面 5 则被放在栈顶。后面的情况都是类似的。

在图 4.41 中,逻辑页面号旁边的 * 表示发生了缺页中断。在 12 次的页面访问中,总共缺页 8 次,而且缺页发生的位置与图 4.40 是完全一样的,它们是同一个算法的不同实现。

1, 2, 3, 4, 1, 2, 5, 1, 2, 3, 4, 5

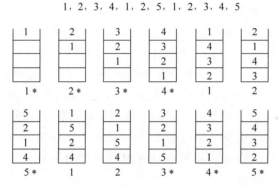

图 4.41　基于页面栈的 LRU 算法执行过程

LRU 算法是一个有效的,而且也有一定的道理,在生活当中也有类似的例子。例如,在股市评论中,经常说散户的操作模式是追涨杀跌。所谓追涨杀跌,就是看到股票上涨了就买入,看到股票下跌了就卖出,那么这其实就是典型的 LRU 算法。股民最想知道的是一只股票未来的走势,是上涨还是下跌,但是未来的情况是不知道的,所以只能用现在的情况去预测未来,虽然这种预测并不总是那么靠谱。

LRU 算法虽然有一定的道理,但完美的 LRU 算法并不实用。因为如果要在系统中实现 LRU 算法,就必须在每一次内存访问时,都要去更新该页面的访问时间(时间戳法)或调整各个页面的先后顺序(页面链表法和页面栈法),这样一来,会给系统增加非常大的开销。原因很简单:我们在执行每一条指令时都需要去访问内存,而只要访问内存就必须执行上述操作,换句话说,我们每执行一条指令,就需要额外再执行几十条指令来调整页面的顺序,这显然是不现实的。因此,比较可行的做法是实现一个近似的 LRU 算法,也就是在硬件的支持下,使用某种简单而快速的方法来寻找比较老(而非最老)的页面,所以这就是理论和实践的区别,在理论上,最好的算法是 OPT,但是它无法实现,因为不知道未来的页面访问情况。所以就退一步,用 LRU 算法来近似地代替 OPT 算法,用过去的页面访问情况来近似地代替将来的页面访问情况。但 LRU 算法的开销又太大,所以只好再退一步,对 LRU 算法再进行近似。

3. 最不常用算法

最不常用(Least Frequently Used,LFU)算法的基本思路是:当一个缺页中断发生时,选择访问次数最少的那个页面,把它淘汰出局。从实现方法看,需要对每一个页面都设置一个访问计数器,当一个页面被访问时,就把这个页面的访问计数器的值加 1。然后在发生缺页中断时,淘汰计数值最小的那个页面。

LFU 算法与 LRU 算法有些类似,它们都是基于程序的局部性原理,通过分析过去的访问情况来预测将来的访问情况。两者的差别在于:LRU 算法考察的是多久没有访问,也就是说,对于每一个页面,从它的上一次访问到现在,经历了多长时间。这个时间越短越好,因为每次都是把时间最长的那个页面淘汰出局。而 LFU 算法考察的是访问的次数或频度,也就是说,对于每一个页面,在最近一段时间内,它总共被访问了多少次。访问次数越多越好,因为每次都是把访问次数最少的那个页面淘汰出局。

4. 先进先出算法

先进先出(First-In First-Out,FIFO)算法非常简单,在很多地方都有应用。前面在介绍进程的调度算法时,也谈到了先进先出算法。

FIFO 页面置换算法的基本思路是:选择在内存中驻留时间最长的页面,把它淘汰出局。具体来说,系统会维护一个链表,在这个链表中,记录了所有位于内存当中的逻辑页面。从链表的排列顺序来看,链首页面的驻留时间最长,链尾页面的驻留时间最短。当发生一个缺页中断时,就把链首的页面淘汰出局,并且把新的页面添加到链表的末尾。当然,也可以用其他的数据结构来实现 FIFO 算法,如队列,队列的特点就是先进先出。

FIFO 页面置换算法的优点是比较简单,但它的性能比较差,被它调出去的页面有可能是经常要访问的页面。而且,采用这种算法还可能会发生一种异常现象,即 Belady 现象。因此,该算法很少被单独使用。

什么是 Belady 现象呢?一般来说,如果给一个进程分配更多的物理页面,那么这个进程在运行时,应该会出现更少的缺页次数。但是在采用先进先出算法的时候,情况并不总是这样的,有时候会出现分配的物理页面数增加,而缺页率却反而提高的异常现象。究其原因,是因为先进先出算法的置换特征与进程访问内存的动态特征相矛盾,也与置换算法的目标和要求不一致。置换算法的目标是替换出那些将来较少使用的页面,而先进先出算法替换的却是驻留时间最长的页面,因此,被它置换出去的页面不一定是进程不会访问的页面,甚至有可能是进程经常要访问的页面。

考虑如下的例子:假设一个进程总共有 5 个逻辑页面,在它的运行过程中,对逻辑页面的访问顺序是 1,2,3,4,1,2,5,1,2,3,4,5。如果在内存中给它分配 3 个物理页面,那么在使用了先进先出的置换算法以后,缺页的情况是:在 12 次页面访问当中,总共缺页 9 次。

如图 4.42 所示为 FIFO 算法的执行过程。在最开始时,这个进程的所有页面都位于外存,因此内存中的 3 个物理页面都是空闲的。首先访问的是逻辑页面 1,由于该页面没在内存中,所以发生了一个缺页中断,把它调入到内存。另外,要创建一个页面链表,该链表中只有一个结点,即页面 1。接下来访问逻辑页面 2,由于该页面也没在内存,因此又发生了一个缺页中断,把它调入到内存,同时为该页面创建一个链表结点。根据 FIFO 的思想,刚才的页面 1 现在成为首结点,而新来的页面 2 则被添加到链表的末尾,成为尾结点。逻辑页面 3 的访问也是类似的。

FIFO	1	2	3	4	1	2	5	1	2	3	4	5
链尾	1	2	3	4	1	2	5	5	5	3	4	4
		1	2	3	4	1	2	2	2	5	3	3
链首			1	2	3	4	1	1	1	2	5	5
缺页	×	×	×	×	×	×	×	√	√	×	×	√

图 4.42　分配 3 个物理页面的 FIFO 算法

接下来访问逻辑页面 4,由于该页面未在内存,因此发生了一个缺页中断。而且由于内存已满,因此需要使用页面置换算法,淘汰一个页面。根据 FIFO 算法的思路,把链表的首结点,即页面 1 淘汰出去,因为它是最早进来的页面。然后把新来的页面 4,添加到链表的末尾,成为新的尾结点。后面的过程是类似的,每次淘汰的都是驻留时间最长的那个页面。另外,如果在访问一个页面时,该页面已经在内存,那么就不会发生缺页中断,而且链表中各个结点的先后顺序也不会有任何变化,因为它们是根据到达时间而不是访问时间来进行排序的。例如,在访问了页面 5 之后,链表的首结点为 1,尾结点为 5。然后下一个要访问的是页面 1,由于页面 1 已经在内存,所以不会产生缺页中断,也不会对链表的顺序进行任何调整,链表的首结点仍然是 1。但是在刚才的 LRU 算法当中,如果内存中的一个页面被再次访问,那么就要调整它在链表中的顺序。

下面把这个例子改一改,给这个进程分配 4 个物理页面,然后看看结果如何,会不会减少缺页中断的次数。

如图 4.43 所示,如果给这个进程分配 4 个物理页面,那么在 12 次的页面访问当中,总共发生了 10 次缺页中断。这比刚才的 3 个物理页面的情形还多了 1 次,这种异常的现象,就是所谓的 Belady 现象。

FIFO	1	2	3	4	1	2	5	1	2	3	4	5
链尾	1	2	3	4	4	4	5	1	2	3	4	5
		1	2	3	3	3	4	5	1	2	3	4
			1	2	2	2	3	4	5	1	2	3
链首				1	1	1	2	3	4	5	1	2
缺页	×	×	×	×	√	√	×	×	×	×	×	×

图 4.43　分配 4 个物理页面的 FIFO 算法

我们用一个生活中的例子来比较算法 LRU、LFU 和 FIFO。在大学实验室里,导师带了一批研究生。按传统习惯,先进实验室的称为师兄或师姐,后进实验室的称为师弟或师妹。每个研究生在学校期间都要从事科研工作,并且撰写科技论文。一般来说,谁发表的论文越多,档次越高,谁的学术水平就越高。假设学校开始严格管理,实行末位淘汰制,每年要淘汰一名学生。那么淘汰谁呢? 在理想状况下,当然是淘汰在未来表现最差的。但未来的情形并不知道,所以只能根据当前的表现来做出决定。所谓 LRU 算法,即淘汰那个已经很久没有发表论文的学生;所谓 LFU 算法,即淘汰那个在最近一段时间内发表论文最少的学生;所谓 FIFO 算法,即根本不考虑论文发表的问题,而是说,谁的资历最老,谁最先来实验室,就淘汰谁。这样一来,实验室的大师兄就很有意见了,因为他的科研水平最高,发表的论文也最多,但是却被淘汰了。

5. 时钟页面置换算法

前面在讨论先进先出算法时,指出了它的缺点。也就是说,它是根据页面的进入时间来做出选择的,谁进入的时间越早,谁就先被淘汰。它没有去考虑页面的访问情况,无论页面在内存中是否被访问过,结果都一样。因此,时钟页面置换(Clock)算法就对它进行了改进,考虑了页面的访问情况,把它也作为淘汰页面的一个依据。

时钟页面置换算法的基本思路是:

- 需要用到页表项当中的访问位。如果一个页面在内存中被访问过(包括读操作和写操作),那么硬件就会自动把它的访问位的值设置为1,而操作系统则负责把这些访问位的值定期清 0。

- 把各个页面组织成环形链表的形式,类似于一个钟的表面,然后把指针指向最古老的那个页面,即最先进来的页面。

- 当发生一个缺页中断时,考察指针所指向的那个最老的页面,如果它的访问位的值为 0,这说明该页面的驻留时间最长,而且从未被访问过,因此把它淘汰出局;如果访问位的值为 1,说明该页面的驻留时间虽然最长,但是在这一段时间内,它曾经被访问过了。因此就暂时不淘汰这个页面,而是将其访问位的值设置为 0,然后把指针往下移动一格,去考察下一个页面。如此进展下去,直到找到被淘汰的页面,即把新来的页面装入到被淘汰页面所在的物理页面当中,然后把指针移动到下一个位置。

如图 4.44 所示为时钟页面置换算法的一个例子。这里有 12 个逻辑页面,从 A 到 L,它们被组织成一个环形链表的形式,每个页面类似于钟面上的一个整点时间。每个页面旁边的数字,表示其访问位的值。假设在当前状态下,指针所指向的是页面 C。然后发生了一个缺页中断,需要把一个页面淘汰出局。根据时钟页面置换算法的思路,首先考察页面 C 的访问位,发现它的值等于 1,这说明它在内存的这段时间内,曾经被访问过。当然,具体被访问了多少次,是什么时候被访问的,这些都不知道,无法获取这些信息。因为访问位只有一位,它的值要么是 1 要么是 0。而对于 LFU 算法和 LRU 算法,这些信息是知道的。在LFU 算法中,有一个计数器,来记录页面的访问次数。而在 LRU 算法中,每当一个页面被访问时,就会调整它在队列当中的位置,把它排在最前面。

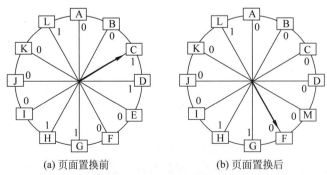

(a) 页面置换前   (b) 页面置换后

图 4.44 时钟页面置换算法

由于页面 C 的访问位的值为 1,因此就不能把它淘汰出局,而是把它的访问位的值设置为 0,然后往下移动一格,继续考察页面 D。结果发现 D 的访问位的值也等于 1,所以不能把它淘汰出局,而是把它的访问位的值设置为 0,然后再往下移动一格,继续考察页面 E。结果发现 E 的访问位的值等于 0,因此就选中它来作为被淘汰的页面,把新的页面 M 装入它所在的物理页面当中,然后把指针往下移动一格。

最后来讨论一下 LRU、FIFO 和 Clock 这 3 种算法之间的关系。首先,从本质上来说,LRU 算法和 FIFO 算法都是基于先进先出的思路。也就是说,它们都是把各个页面按照某种时间上的顺序来进行排队,然后每次都是把这个队列的首结点或者尾结点来作为被淘汰的页面。只不过对于 LRU 算法来说,它是针对页面的最近访问时间来进行排序的,所以每当发生一次页面访问时,它都要动态地调整各个页面之间的先后顺序。因为对于刚刚被访问的那个页面来说,它的最近访问时间已经发生了变化。而 FIFO 算法是针对页面进入内存的时间来进行排序的,这个时间是固定不变的,所以各个页面之间的先后顺序也是固定不变的,不需要去动态地调整。如果一个页面在进入内存以后没有被访问过,那么它的最近访问时间其实就是它进入内存的时间。换句话说,如果在内存当中的所有页面都没有被访问过,那么 LRU 算法就退化为 FIFO 算法。例如,假设某个进程有 6 个逻辑页面,这些逻辑页面的访问顺序为 1,2,3,4,5,6,1,2,3,4,5,6,1,2,3,4,5,6,…。如果系统给这个进程分配了 3 个物理页面,那么很显然,对于这个例子,LRU 算法和 FIFO 算法所做出的置换决策是完全一样的。

其次,LRU 算法的性能比较好,但是系统的开销比较大。因为每访问一次页面,都要去调整页面之间的先后顺序。而 FIFO 算法的系统开销比较小,它只记录各个页面的到达顺序,但是它的性能不太好。因此,一种折中的办法就是 Clock 算法,它在每一次页面访问时,不是像 LRU 算法那样,去动态地调整这个页面在链表当中的顺序,而仅仅是做一个标记,将其访问位的值设置为 1。然后等到发生缺页中断时,如果指针指到了这个页面,就把它移动到链表的末尾。对于内存当中那些没有被访问过的页面,Clock 算法在处理它们时,表现得和 LRU 算法一样好。而对于那些曾经被访问过的页面来说,它就不能像 LRU 算法那样,记住它们的准确位置。在 Clock 算法中,对于每一个页面,无论它被访问了 1 次还是 100 次,无论它是刚刚被访问过的,还是很久以前被访问的,其结果都一样,因为访问位只有 1 位,所以它的值只能是 0 或 1。当然,Clock 算法的优点就是开销小,它只需要访问位这一个数据结构,而且访问位的设置是由硬件自动来进行的。

4.5.5　工作集模型

前面介绍的各种页面置换算法,都是基于一个前提,即程序的局部性原理。事实上,虚拟存储管理、高速缓存 Cache 和 TLB 等技术,都是基于程序的局部性原理。但此原理是否真的成立? 如果它不成立,那么一切的工作都无从谈起。对于各种页面置换算法来说,它们之间就没有什么区别。举一个极端的例子,假设进程对逻辑页面的访问顺序是 1、2、3、4、5、6、7、8、9、…,就这样一直单调递增。在这种情形下,如果分配的物理页面个数有限,如 3 个或 4 个,那么不管采用哪一种页面置换算法,最后的结果都是一样的,即在每一次页面访问时,都会导致缺页中断。在这种情形下,如果想彻底解决这个问题,只能是把所有的页面都装入到内存。但这就不再是虚拟存储技术了,而是简单的页式存储管理技术。反过来说,如果局部性原理是成立的，那如何来证明它的存在，如何对它进行定量地分析？为了解决这个问题，就要引入一种新的方法，即工作集模型。

工作集模型是由计算机科学家 Denning 在 20 世纪 60 年代提出来的，它描述的是一个程序在运行过程中的表现行为及其规律。所谓工作集，就是指一个进程当前正在使用的逻辑页面的集合，它可以用一个二元函数 $W(t,\Delta)$ 来表示。其中，t 指的是当前的执行时刻，Δ 称为工作集窗口（Working-set Window），它是一个定长的页面访问窗口。而工作集 W 就等于在当前时刻 t 之前的 Δ 窗口当中的所有页面所组成的集合。显然，随着当前时刻 t 的不断变化，进程的工作集也在不断地变化。另外，由于工作集是一个集合，因此 $|W(t,\Delta)|$ 就表示这个集合的大小，即工作集当中的页面个数。

如图 4.45 所示为工作集的一个例子。假设该组数据表示进程对逻辑页面的访问顺序，并且假设 Δ 窗口的长度为 10，那么：

$$W(t_1,\Delta)=\{1,2,5,6,7\}$$
$$W(t_2,\Delta)=\{3,4\}$$

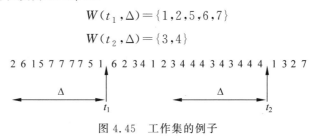

图 4.45　工作集的例子

图 4.46 描述了在一个进程的运行过程中，工作集大小的变化情况。从图中可以看出，当进程开始执行后，随着访问新页面逐步建立较稳定的工作集。当内存访问的局部性区域的位置大致稳定时，工作集大小也大致稳定。而当局部性区域的位置改变时，工作集快速扩张和收缩过渡到下一个稳定值。

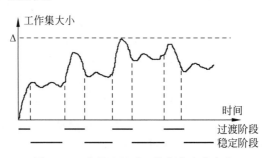

图 4.46　进程运行时工作集大小的变化

除了工作集，还有一个驻留集的概念。所谓驻留集，就是在当前时刻，进程实际驻留在内存当中的页面集合。驻留集和工作集既有区别，也有联系。

工作集是进程在运行过程中所固有的性质，它描述的是当进程运行到某个时刻，它需要用到哪些页面。而驻留集则取决于系统分配给进程的物理页面个数，以及所采用的页面置换算法。例如，假设当一个进程运行到某个时刻，它的工作集为{A，B，C}，也就是说，在最近一小段时间内，该进程只会访问 A、B 和 C 这 3 个逻辑页面。假设系统给这个进程分配了 5 个物理页面，那么这 5 个物理页面当中所存放的逻辑页面，就构成了该进程的驻留集。

如果一个进程的整个工作集都在内存当中，也就是说，它的工作集是它的驻留集的一个子集,那么该进程将会很顺利地运行,不会造成太多的缺页中断。这个局面会一直持续下去,直到进程的工作集发生剧烈变动。此时就会发生很多缺页中断,不断地把一些新的页面从磁盘读入内存,从而过渡到另一个状态。

另外,当进程的驻留集的大小达到某个数目之后,即使再给它分配更多的物理页面,缺页率也不会明显地下降。事实上,如果进程的工作集都已经在内存当中了,这时即使再给它分配更多的物理页面,也没有太大的用处。

反过来,如果分配给一个进程的物理页面数太少,不能包含整个工作集,即驻留集是工作集的一个子集。这个时候,进程将会造成很多的缺页中断,需要频繁地在内存与外存之间替换页面,从而使进程的运行速度变得非常慢,这种状态称为"抖动"(Thrashing)。由于指令的执行速度非常快(以 ns 为单位),而磁盘读写操作的速度非常慢(以 ms 为单位),因此,当进程在运行时,如果频繁地出现缺页中断,频繁地去访问磁盘,那么将会对它的运行速度造成很大的影响。例如,假设在某个时刻,进程的工作集大小为 5 个页面{A,B,C,D,E},而分配给该进程的物理页面只有 3 个。在这种情形下,在任何时候,最多只能把工作集中的 3 个页面装入内存,而剩下的 2 个页面只能存放在磁盘上,然后不断地在内存与外存之间来回倒腾。

下面通过一个例子把前面的内容复习一下。在一个虚拟页式存储管理系统中,假设某进程的页表内容如表 4.4 所示。

表 4.4　一个进程的页表

逻辑页面号	物理页面号	有　效　位
0	101H	1
1	—	0
2	254H	1

假设页面大小为 4KB,一次内存访问的时间为 100ns,一次快表(TLB)的访问时间为10ns,处理一次缺页的平均时间为 10^8 ns(已含更新 TLB 和页表的时间)。进程的驻留集大小固定为 2,系统采用 LRU 页面置换算法和局部淘汰策略(即在页面置换时,只能淘汰本进程自己的页面),初始时 TLB 为空。

设有虚拟地址访问序列 2362H、1565H 和 25A5H(均为十六进制),请问:①依次访问上述三个虚拟地址,各需多少时间? ②基于上述访问序列,虚拟地址 1565H 的物理地址是多少?

对于第 1 个问题,根据页式存储管理的工作原理,访问一个虚拟地址的过程包括两个环节,即地址映射和内存访问。而在地址映射时,先要从虚拟地址中分离出页面号和页内偏移地址。由于页面的大小为 4KB,即 2^{12}B,因此虚拟地址中的低 12 位为页内偏移,高 4 位为页面号。当然,这个计算是在 CPU 中进行的,速度非常快,因此所需要的时间可以忽略不计。接下来要根据页面号去访问页表,但为了提高效率,先要去访问 TLB,若 TLB 未命中,再去访问内存中的页表。此外,如果页表项中的有效位为 0,则会产生缺页中断,在中断处理时会把相应的页面读入内存。基于这些步骤,可以计算出这三个虚拟地址的访问时间。

- 对于 2362H,逻辑页面号为 2,访问 TLB 时间为 10ns。由于初始时 TLB 为空,因此未命中,需要去访问内存中的页表,时间为 100ns。得到物理页面号以后合成相应的物理地址(此部分时间可忽略),然后根据该地址去访问相应的内存单元,所需时间为 100ns,因此,总共需要的时间为:10ns+100ns+100ns=210ns。

- 对于 1565H,逻辑页面号为 1,访问 TLB 时间为 10ns,但未命中,因此去访问内存中的页表,时间为 100ns。但是在页表项中发现有效位为 0,因此会引发一次缺页中断,中断处理的时间为 10^8ns。然后重新执行该指令,访问 TLB 时间为 10ns,此时 TLB 已经更新了,因此会命中,直接访问页表项,计算物理地址。最后是访问相应的内存单元,时间为 100ns,因此,总共需要的时间为:10ns+100ns+10^8ns+10ns+ 100ns=(10^8+220)ns。

- 对于 25A5H,逻辑页面号为 2,在访问 TLB 时,由于刚才已经访问过第 2 个逻辑页面,其页表项已经被装入到 TLB,因此会命中,直接取出物理页面号,合成相应的物理地址。最后根据该地址去访问内存,时间为 100ns,因此,总共需要的时间为: 10ns+100ns=110ns。

对于第 2 个问题,在访问虚拟地址 1565H(即逻辑页面 1)时,会产生缺页中断。由于驻留集的大小为 2,即只给该进程分配了两个物理页面,其物理页面号分别为 101H 和 254H。此时,这两个物理页面当中,已经有内容了。在 101H 中存放的是逻辑页面 0,在 254H 中存放的是逻辑页面 2。现在又要把逻辑页面 1 从磁盘读进来,因此就必须从页面 0 和页面 2 当中,选一个淘汰出去。由于页面置换算法是 LRU,它淘汰的是最近最久未使用的页面,而页面 2 刚刚被访问过了,因此淘汰的是页面 0。也就是说,应该把页面 1 装入 101H 这个物理页面当中。有了物理页面号和页内偏移,就能计算出相应的物理地址为 101565H。

4.5.6 虚拟页式的设计问题

1. 页面分配策略

页面分配策略指的是对于每一个进程,应该给它分配多少个物理页面,如何确定其驻留集的大小。对于这个问题,主要有两种策略,即固定分配策略和可变分配策略。

所谓固定分配策略,也就是说,驻留集的大小是固定不变的。例如,对于内存中所有的空闲页面,可以在各个进程之间平均分配,或者根据程序的大小来按比例分配。程序越大,得到的物理页面就越多;程序越小,得到的物理页面就越少。然后在分配完以后,各个进程的物理页面数就固定不变了。在这种情形下,如果某个进程在运行时,发生了一个缺页中断,那么只能采取局部页面置换的方式,也就是说,从该进程自己的驻留集中,选择一个页面淘汰出去。

固定分配策略的主要缺点是:对于每一个进程,很难确定应该给它分配多少个物理页面,因为每个进程的工作集大小是各不相同的,而且在它的运行过程中,工作集大小可能会不断地变化。如果分配的页面数太少,有可能会发生抖动现象;如果分配的页面数太多,又会浪费内存资源,从而降低进程之间的并发水平。

所谓可变分配策略,是指驻留集的大小是可以变化的。例如,每个进程在刚开始运行时,先根据程序的大小给它分配一定数量的物理页面。然后在进程的运行过程中,再动态地调整它的驻留集的大小。在这种情形下,可以采用全局页面置换的方式。也就是说,如果某个进程在运行时,发生了一个缺页中断,那么被置换的页面既可以是该进程内部的页面,也可以是其他进程的页面。这样,就能实现各个并发运行的进程竞争地使用内存当中的所有物理页面。

可变分配策略的优点是性能比较好,它可以根据工作集大小的变化来动态地调整所分配的物理页面个数,但是相应的代价就是增加了系统的开销。在具体实现上,可以使用缺页率算法来动态地调整驻留集的大小。

所谓缺页率,就是缺页的次数与内存访问次数之间的比率,或者是缺页的平均时间间隔的倒数。影响缺页率的因素主要有 4 点:

- 页面置换算法的选择。例如,先进先出算法就不是一个好的选择。
- 分配给进程的物理页面数目。对于通常的页面置换算法,分配给进程的物理页面数越多,则缺页率就越低。
- 页面本身的大小,页面太大了或是太小了,都会对缺页率造成影响。
- 程序的编制方法。在编写程序时,也要考虑到这个问题,尽量使程序在运行时能遵循局部性原理。也就是说,在访问内存时要尽可能局限在一小段地址范围内,而不要发散式访问。

缺页率算法的基本思路,就是通过对进程当前的缺页率的分析,来动态地调整它所占用的物理页面数。如图 4.47 所示,对于进程的缺页率设置了一个下边界和一个上边界。如果进程的缺页率太高,超出了上边界,这可能会引发抖动的现象,因此就要给这个进程分配更多的物理页面,把它的缺页率降下来。反之,如果进程的缺页率太低,低于下边界,那么就要减少它的物理页面数,提高缺页率。总之,要力图使每个进程的缺页率保持在一个合理的范围内。有的读者可能会觉得奇怪,缺页率不是越小越好吗,为什么还要提高缺页率?这是因为当一个进程的工作集已经全部在内存时,它就能很顺畅地执行。此时,即使给它分配更多的物理页面,它的缺页率也不会明显地下降。在这种情形下,就要从它的手里拿走一些页面,分配给其他的进程。

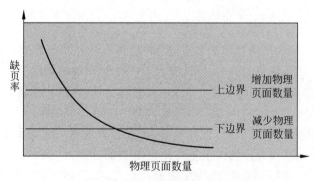

图 4.47 缺页率算法

程序的编写方式也会对缺页率造成影响。例如,假设在一个系统当中,页面的大小为 4KB,分配给每个进程的物理页面数为 1。在一个进程中,定义了一个整型二维数组 A[1024][1024]。我们知道,二维数组在内存中的存放方式是按行存放,先存放第一行的 1024 个元素,再存放第二行的 1024 个元素,依此类推。由于每一行有 1024 个元素,而每个整型变量的长度是 4B,因此每一行所需的存储空间是 4KB,正好是一个页面的大小。假设现在要对这个数组进行初始化,有如下两种初始化方法:

```
for(j = 0; j < 1024; j++)
    for(i = 0; i < 1024; i++)
        A[i][j] = 0;
```

初始化方法 1

```
for(i = 0; i < 1024; i++)
    for(j = 0; j < 1024; j++)
        A[i][j] = 0;
```

初始化方法 2

方法 1 是按列访问,方法 2 是按行访问,从功能上来看,这两种方法是完全相同的,都是把这个二维数组的所有元素初始化为 0,但是它们所造成的缺页次数却相差很大。如下所示,假设第一行的 1024 个数组元素存放在第一个逻辑页面中,第二行的 1024 个数组元素存放在第二个逻辑页面中,依此类推。

```
A[0][0]   A[0][1]   A[0][2]... A[0][1023]        1
A[1][0]   A[1][1]   A[1][2]... A[1][1023]        2
... ... ...
... ... ...
A[1023][0]  A[1023][1]  ...    A[1023][1023]  1024
```

对于方法 1,它得到的页面访问顺序是:

$$1,2,3,\cdots,1024,1,2,3,\cdots,1024,1,2,3,\cdots \qquad 共 1024 组$$

由于物理页面只有一个,因此总共发生了 1024×1024 次缺页中断。

对于方法 2,它得到的页面访问顺序是:

$$1,1,1,\cdots,1,2,2,2,\cdots,2,3,3,3,\cdots \qquad 共 1024 组$$

因此总共发生了 1024 次缺页中断。

从上面这个例子可以看出,在功能完全相同的情形下,程序的一个小小的变动就会给缺页率带来如此大的影响。

2. 页面大小

在设计一个虚拟页式存储管理系统时,页面大小是一个很重要的参数。在选择页面大小时,需要平衡各种相互竞争的因素,因此并没有一个全局性的最优解。

有的因素要求比较小的页面大小。例如,页面越小,则内碎片就越少。在页式存储管理中,系统会自动地把一个进程划分为大小固定的页面。但每个进程的大小是各不相同的,而且一般都不会是页面大小的整数倍,也就是说,在进程的最后一个页面中,可能会存在内碎片。从统计的规律来说,内碎片的大小平均是半个页面。因此,页面越小,当然内碎片也就越少。另外,根据程序的局部性原理,一个进程在运行时,只需要装入很少部分的代码和数据就可以运行。如果页面很大的话,那么在一个页面里就会包含很多的内容,而在这些内容中,可能只有一小部分是当前需要用到的。而剩下的那些内容,可能目前还暂时用不上,但它们却占用了内存空间。因此,如果页面越小,这一部分的内容就会越少。或者说,内存中那些暂时不会被使用的程序部分就越少。

另一方面,有的因素又要求比较大的页面大小。例如,如果页面越小,那么对于相同的一个程序,它就需要越多的页表项,所以页表就会越庞大,占用的内存空间就越多。另外,在内存与磁盘之间经常要进行页面的换入换出。如果页面越小,那么在传送相同大小的内容时,它所需要的传送次数就越多,因而在这方面的系统开销就越大。因此,对于这两种因素来说，它们都希望页面大小越大越好。

在现代操作系统（如 Linux 和 Windows）当中，页面的大小一般是 4～64KB。

3. 多级页表

如前所述，页表的功能是把逻辑页面号映射为相应的物理页面号。但是在虚拟存储技术当中，虚拟内存空间往往要大于实际的物理内存。例如，现代计算机所使用的虚拟地址至少为 32 位，因此虚拟地址空间的大小为 $2^{32}=4$GB。如果每个页面的大小为 4KB，那么逻辑页面的个数为 2^{20}，这意味着在页表中有 2^{20} 个页表项。如果每个页表项的大小为 4B，那么总的大小就是 4MB。而这仅仅是一个进程的情形，事实上，系统中的每一个进程都有自己的虚拟地址空间，都需要自己的页表，这样就会占用大量的内存空间。因此，为了解决这个问题，就不能像原来那样使用简单的线性的页表结构，而必须提出新的结构。这里只介绍两种类型的页表结构，即多级页表和反置页表。

多级页表的基本思路是：虽然进程的逻辑地址空间很大，但是在进程运行时，并不会用到所有的虚拟地址，因此没有必要把所有的页表项都保存在内存当中。例如，平常使用的很多应用程序都是比较小的，才几百 KB。虽然它们的逻辑地址空间也是 4GB，但是只用到了其中的一小部分，因此完全没有必要把 4MB 的页表全部装入内存。

多级页表的一个具体实现方案是二级页表。假设逻辑地址为 32 位，页面大小为 4KB。那么根据页式存储管理技术的思路，把逻辑地址划分为两个部分：

- 逻辑页面号为 20 位。
- 页内偏移地址为 12 位。

如图 4.48 所示，对于通常的页式存储管理方案，逻辑页面号为 20 位，页表项的个数为 2^{20}（1 048 576）。当需要访问内存时，先把逻辑地址的高 20 位取出来，作为索引去访问页表，从而找到相应的页表项，然后取出里面的物理页面号，并将它与 12 位的页内偏移地址组合成真正的物理地址。但是在二级页表的结构下，由于这 1 048 576 个页表项并不是全部都要用上，因此可以把它们划分为很多个块，每个块包含 1024 个连续的页表项，这样总的块数为：1 048 576/1024＝1024。每个块就是一个二级页表，而且块与块之间，不必连续存放。事实上，由于一个页表项的大小为 4B，因此每个块的大小为 1024×4B＝4KB，所以每一个

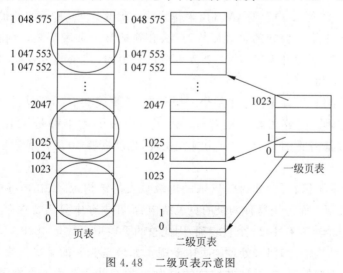

图 4.48　二级页表示意图

二级页表正好能存放在一个页面当中,这样,各个块之间就是相互独立的,可以分别存放在不连续的物理页面中。但这样一来,在访问这些二级页表时会有一些问题。在原来的单级页表的情形下,由于所有的页表项都是连续存放的,因此,只要知道页表的起始地址和逻辑页面号,就可以直接定位到相应的页表项。但现在各个二级页表不是连续存放的,因此不能这样直接定位。为了解决这个问题,可以再构造一个一级页表,然后把每一个二级页表的起始地址,保存在这个一级页表的某一行。由于有 1024 个二级页表,所以一级页表有 1024 行。这样在地址映射时,先查找一级页表,找到相应的二级页表的起始地址,然后在二级页表中寻找相应的页表项。

在具体实现时,在二级页表的结构下,需要把 20 位逻辑页面号再进一步划分为两部分:
- 10 位的字段 P1,用来指向第一级页表中所对应的页表项。
- 10 位的字段 P2,用来指向第二级页表中所对应的页表项。

如图 4.49 所示为二级页表结构中的地址映射过程。

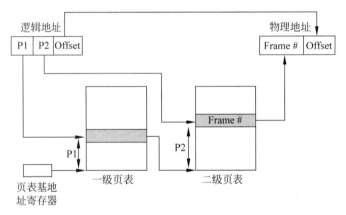

图 4.49 二级页表结构中的地址映射过程

如图 4.50 所示为二级页表的一个例子。假设一个进程的逻辑地址空间为 4GB,但它只用到了其中的 12MB。即在它的逻辑地址空间当中,最底下的 4MB 用来存放代码,接下来的 4MB 用来存放数据,最顶上的 4MB 用来作为栈。除此之外,其余的地址空间都未使用。在这种情形下,如果采用普通的页表结构,那么必须把整个页表都装入内存。该页表共有 1 048 576 个页表项,但其中只有 3072 个页表项是有用的,其余的页表项都没用,这样就会浪费大量的内存空间。

在二级页表结构下,首先构造了一个一级页表,该页表共有 1024 项。然后构造 3 个二级页表,分别与代码段、数据段和栈对应。由于每个段的大小都是 4MB,而页面大小为 4KB,因此每个段都需要 4MB/4KB=1024 个页面,也就需要 1024 个页表项,这正好能够存放在一个二级页表中。

通过这个例子可以看出,如果是原来的单级页表的结构,那么在内存中总共需要保存 1 048 576 个页表项。而采用这种两级的页表结构后,在内存中只需要保存 1 个一级页表和 3 个二级页表,每个页表有 1024 个页表项,因此总的页表项个数是 4096。

在二级页表结构中,如何来处理缺页中断呢?如果是普通的单级页表,前面讨论过,如果在访问某个页表项的时候,发现驻留位的值为 0,那么就会产生一个缺页中断,把相应的

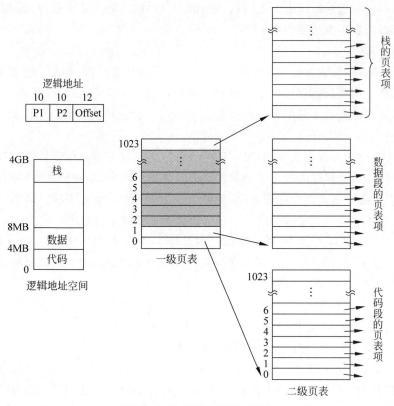

图 4.50　二级页表的一个例子

页面装入内存,然后再去修改这个页表项,填入相应的物理页面号,并且把驻留位的值改为1,这样以后就不会再发生缺页中断了。但是在二级页表结构当中,有两级页表,因此缺页中断的处理需要分为两种情形来讨论。

情形 1:访问二级页表时发生了缺页中断。例如,假设要访问代码段中的一个页面,在地址映射时,先访问一级页表,再访问二级页表,然后发现相应页表项的驻留位的值为 0,那么此时的处理方式与刚才是一样的。先把该页面装入内存,然后再修改这个二级页表项,在里面填入相应的物理页面号。

情形 2:访问一级页表时发生缺页中断。例如,栈的原始空间大小是 4MB,如果在程序运行过程中不断进行进栈操作,栈就会一直往下涨,突破 4MB 的范围,从而访问到其下方的区域,这样在一级页表中就会出现缺页中断。在这种情形下,首先要创建一个二级页表,然后把它的起始地址装入到一级页表的对应页表项,这样就建立了一级页表与二级页表之间的对应关系。但是对于这个新建的二级页表,其内部暂时还是空的,没有内容。然后重新执行刚才的指令,这样在访问第一级页表时,就不会再产生缺页中断了,但是在访问二级页表时,还会出现缺页中断。这时再把相应的逻辑页面装入内存,并修改二级页表中相应的页表项。

如果逻辑地址为 32 位,那么用二级页表基本上就可以了。但现代计算机系统普遍升级到了 64 位,这时二级页表就不够用了。在 X86-64 体系结构中,从理论上来说,地址为 64位,地址空间的大小为 2^{64}B。但实际上,当前使用的虚拟地址为 48 位,采用了四级页表结构。其中,页内偏移地址的长度为 12 位,剩余的 36 位,被划分为 4 个部分,每部分长度为 9 位,分别用作每一级页表的索引。

4. 反置页表

前面介绍的各种页表方案都是根据进程的逻辑页面号来组织,即每一个进程都有自己独立的页表,然后用逻辑页面号来作为访问页表的索引。在这种情形下,当逻辑地址空间非常大时,每个进程的页表项的个数就会非常多,从而占用大量的空间。因此,必须对页表的结构进行改进。

除了刚才介绍的多级页表结构,另一种解决方案是反置页表。也就是说,在整个系统中只设置一张页表,然后根据内存当中的物理页面号来组织页表,用物理页面号来作为访问页表的索引。在内存中有多少个物理页面,就在页表中设置多少个页表项。例如,假设物理内存的大小为 256MB,每个页面的大小为 4KB,那么无论系统中有多少个进程,也无论每个进程的逻辑地址空间有多大,总的页表项的个数都是一样的,即 $256MB/4KB = 64 \times 1024$,而且总共只有一张页表。这样一来,页表项的个数只与物理内存的大小和页面的大小有关,而与逻辑空间的大小和进程的个数无关。

既然页表是以物理页面号为索引,而且系统中只有一张页表,所有进程的地址映射信息都存放在这张页表中。在这种情形下,在页表的每一个页表项当中,需要记录在相应的物理页面当中,存放的是哪一个进程的哪一个逻辑页面。

这种反置页表的方法节省了大量的内存空间,但它使得从逻辑页面号到物理页面号的转换变得更加复杂。因为在访问内存单元时,给出的都是逻辑地址,而从逻辑地址中只能抽取出逻辑页面号。但反置页表却是根据物理页面号的顺序来存放的,因此,在给定一个逻辑页面号以后,就不能像以前那样,直接把它加上页表的起始地址就定位到相应的页表项。而必须搜索整个页表才能找到它所对应的物理页面号。为了加快搜索速度,可以使用其他的一些技术,如 Hash 表。

图 4.51 是反置页表的一个示意图。CPU 在执行某个进程的一条指令时,可能需要去访问某个内存单元。因此就给出了这个内存单元的逻辑地址,其中,pid 是进程的标识符,p 是逻辑页面号,Offset 是页面偏移地址。然后根据 pid 和 p,到反置页表当中去查找,看看它所对应的物理页面号是哪一个。这个查找的过程很慢,只能从头开始,一行一行地查找。假设当查找到第 f 个页表项时,找到了进程标识符 pid 和逻辑页面号 p,这就说明,这

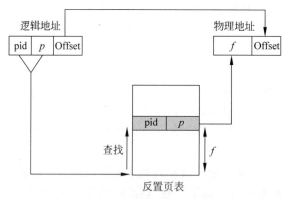

图 4.51 反置页表的示意图

个逻辑页面是保存在第 f 个物理页面当中。因此,就把物理页面号 f 和页内偏移地址 Offset 组合成一个真正的物理地址,然后用它来访问内存。

习　　题

一、单项选择题

1. 在固定分区分配中,每个分区的大小(　　)。
   - A. 相同
   - B. 随进程长度变化
   - C. 可以不同但预先固定
   - D. 可以不同但根据进程长度固定

2. 在可变分区的存储管理技术当中,可以采用各种不同的内存分配算法。在以下的四个算法当中,(　　)不是常用的分区分配算法。
   - A. 最先匹配法
   - B. 下次匹配法
   - C. 最后匹配法
   - D. 最佳匹配法

3. 在可变分区存储管理中,能使内存空间中空闲区分布较均匀的算法是(　　)。
   - A. 最先匹配法
   - B. 下次匹配法
   - C. 最佳匹配法
   - D. 最坏匹配法

4. 动态重定位技术依赖于(　　)。
   - A. 重定位装入程序
   - B. 重定位寄存器
   - C. 地址机构
   - D. 目标程序

5. 一个分段存储管理系统中,地址长度为 32 位,其中段号占 8 位,则最大段长是(　　)。
   - A. 2^8 B
   - B. 2^{16} B
   - C. 2^{24} B
   - D. 2^{32} B

6. 页式存储管理中的页表由(　　)建立。
   - A. 用户
   - B. 编译程序
   - C. 操作系统
   - D. 编辑程序

7. 页式存储管理当中的页面是为(　　)。
   - A. 用户所感知的
   - B. 操作系统所感知的
   - C. 编译系统所感知的
   - D. 链接程序所感知的

8. 在页式存储管理中,若关闭 TLB,则每当访问一条指令或存取一个操作数时都要访问(　　)次内存。
   - A. 1
   - B. 2
   - C. 3
   - D. 4

9. 在下列存储管理方法当中,(　　)不会产生内碎片。
   - A. 页式存储管理
   - B. 段式存储管理
   - C. 固定分区存储管理
   - D. 段页式存储管理

10. 虚拟存储管理系统的基础是程序的(　　)理论。
    - A. 局部性
    - B. 全局性
    - C. 动态性
    - D. 虚拟性

11. 在虚拟页式存储管理中,若采用 LRU 页面置换算法,则当分配的页面数增加时,缺页中断的次数(　　)。
    - A. 减少
    - B. 增加
    - C. 无影响
    - D. 可能增加也可能减少

12. 在虚拟页式存储管理中,若采用 FIFO 页面置换算法,则当分配的页面数增加时,缺页中断的次数(　　)。
    - A. 增加
    - B. 减少

C. 无影响　　　　　　　　　　　　　D. 可能增加也可能减少

13. 进程在执行中发生了缺页中断,经操作系统处理后,应让其执行(　　)指令。

  A. 被中断的　　　　　　　　　　　　B. 被中断的前一条

  C. 被中断的后一条　　　　　　　　　D. 启动时的第一条

14. 在一个进程的运行过程中,对逻辑页面的访问顺序是 1,2,3,4,1,2,5,1,2,3,4,5, 6。若在内存中给它分配 3 个物理页面,且采用先进先出(FIFO)页面置换算法,则产生(　　)次缺页中断。

  A. 8　　　　　　　B. 9　　　　　　　C. 10　　　　　　　D. 11

二、填空题

1. 存储器的层次结构由_____、_____、内存、磁盘和磁带组成。

2. 请给出一个易失型存储器的例子:_____;再给出一个非易失型存储器的例子:_____。

3. 在可变分区存储管理中,由于进行动态不等长存储分配,在内存中会形成一些很小的空闲区域,我们称为_____。

4. 在可变分区存储管理中,可以采用_____技术将很多不连续的小的空闲分区合并为一个大的空闲分区。

5. 在 CPU 当中,专门负责把逻辑地址映射为物理地址的那个功能单元叫作_____。

6. 把_____地址转换为_____地址的工作称为地址映射。

7. 在段式存储管理中,物理内存的管理方式采用的是_____。

8. 在段表当中,每一个段表项的主要内容包括段号、_____和_____。

9. 对于段式存储管理来说,如果每一个进程只有一个段,那么它就退化为_____的存储管理方法。

10. 对于页式存储管理,如果页面非常大,那么它就退化为一种_____的存储管理方法。

11. 页表的主要功能是给出了_____和_____之间的映射关系。

12. 页式存储管理中的页表是由_____来建立和维护的。

13. 在地址映射过程中,为了缩短页表的查找时间,可以采用一种特殊的快速查找硬件方法:_____。

14. 在页式地址映射当中,如果不采用 TLB 技术,那么每当 CPU 需要去访问某个内存单元时,它实际上需要去访问内存_____次。

15. 在页式存储管理当中,程序必须全部装入内存后才能运行,这个说法对吗?_____。

16. 如果要用 C 语言来编程实现页表,请问你会把它定义为一个什么数据结构?_____。

17. 虚拟存储技术的理论基础是程序的_____。

18. 现代操作系统往往采用了虚拟页式存储管理技术,因此,当操作系统在启动时,首先要计算出系统的物理页面的个数,请给出物理页面个数的计算公式:_____。

19. 在发生缺页中断时,是不是一定要去调用页面置换算法?_____。(回答"是"或"不是")

20. _____页面置换算法会产生 Belady 异常现象。

21. 当一个进程在运行时,如果它的_____已经在内存当中,那么这个进程将会很顺利地运行,不会造成太多的缺页中断。此时,即使再给它分配更多的物理页面,缺页率也不会有明显的下降。

22. 对于反置页表,如何计算它所包含的页表项的个数,请给出相应的计算公式:_____。

三、简答题

1. 假设有一个内存管理器,可以用来申请连续的内存空间(如 malloc 或 new)。用户在申请内存空间时,申请的空间大小必须是 100B 的整数倍,如 100B、200B、1000B 等,请问,如果在系统中采用这样的内存管理器,会不会产生外碎片的问题?为什么?会不会产生内碎片的问题?为什么?

2. 在一个分区存储管理方案下,进程的内存地址空间一般可以分为 4 个段:代码段(text)、数据段(data)、堆(heap)和栈(stack)。以下为一段例程。

```
# include < malloc.h >
unsigned char gvCh;
unsigned int gvInt = 0x12345678;
void main(void)
{
    unsigned char array[10], * p;
    p = (unsigned char * )malloc(10 * sizeof(char));
    while (1);
}
```

请问:

(1) 代码段和数据段的大小是在什么时候确定的?

(2) 在经过编译链接后,当该程序被装入内存时,与 while 语句相对应的可执行代码是存放在哪一个段中?

(3) 变量 gvCh、gvInt 和数组 array 分别存放在哪一个段当中?

(4) 变量 p 存放在哪一个段当中?

(5) *(p+1)所描述的内存单元位于哪一个段当中?

3. 什么叫程序的局部性原理?在计算机系统当中,有哪一些技术是基于程序的局部性原理?请给出 3 个例子。

4. 为了实现页式存储管理,在硬件上必须增加两个寄存器:页表基地址寄存器和页表长度寄存器,请问:这两个寄存器当中的内容在什么时候需要更新?由谁来负责更新?其内容平时存放在什么地方?

5. 在页式存储管理中，页表的功能是什么？页表存放在什么地方？页表的起始地址存放在什么地方？假设系统中有 N 个进程，那么总共有多少张页表？在页式存储管理中，程序必须全部装入内存才能运行，对吗？

6. 在虚拟页式存储管理中，页表的功能是什么？页表项的格式由谁来设定？页表项的内容由谁来填写？驻留位的功能是什么？如何计算一个进程有多少个页表项？

四、应用题

1. 表 4.5 是某系统的空闲分区表，系统采用可变分区存储管理策略。现有以下作业序列：96KB、20KB、200KB。若分别采用最先匹配（First-fit）算法、下次匹配（Next-fit）算法、最佳匹配（Best-fit）算法和最坏匹配（Worst-fit）算法，请问：对于每一种算法来说，能否满足该作业序列的请求？为什么？

说明：在上一次分配中，分配的是起始地址为 510KB 的内存块。

表 4.5 某系统空闲分区表

分 区 号	起 始 地 址	大　　小
1	100KB	32KB
2	150KB	10KB
3	200KB	5KB
4	220KB	218KB
5	530KB	96KB

2. 有一页式系统，其页表存放在内存中。

（1）如果对内存的每一次存取需要 $1.5\mu s$，请问实现一次页面访问的存取时间是多少？

（2）如果系统加有快表，平均命中率为 85%，当页表项在快表中时，其查找时间忽略为 0，请问此时的存取时间为多少？

3. 如表 4.6 所示，某一款 CPU 采用的是段式地址映射机制，它的 MMU 负责把 8 位的虚拟地址转换为相应的物理地址。这 8 位的虚拟地址分为两部分，高 4 位表示段号，低 4 位表示段内偏移地址。高 4 位的段号又被进一步地划分：如果最高位为 0，表示直接把这个虚拟地址映射为相应的物理地址（即映射后的物理地址等于该虚拟地址）；如果最高位为 1，则使用剩余的 3 位来作为段表的索引（即段号）。请问：

（1）虚拟地址 0 将被映射成什么物理地址（如果有的话）？

（2）虚拟地址 0xCE 将被映射成什么物理地址（如果有的话）？

（3）虚拟地址 0xDA 将被映射成什么物理地址（如果有的话）？

表 4.6 某个进程的段表

段　　号	段的基地址	段 的 长 度
0	0x800	0x0F
1	0x000	0x07
2	0x500	0x0F
3	0x100	0x00
4	0x200	0x0F
5	0x020	0x04

续表

段　　号	段的基地址	段的长度
6	0x340	0x0F
7	0x800	0x00

4. 在一个段页式存储管理系统中,逻辑地址的格式为:

段号	页号	偏移地址

其中,段号的长度为 2b,页号的长度为 8b,偏移地址的长度为 12b。每个页表项的长度是 8b(即 1B),以下的所有数据均是十六进制。

已知段表的内容如表 4.7 所示。

表 4.7　段表

起 始 地 址	长　　度	标 志 位
0x2004	0x40	有效、只读
0x0000	0x10	有效、读/写
0x2040	0x40	有效、读/写
0x1010	0x10	无效

另外,还知道一些物理内存单元的值如表 4.8 所示。

表 4.8　物理内存单元

地址	+0	+1	+2	+3	+4	+5	+6	+7	+8	+9	+A	+B	+C	+D	+E	+F
0x0000	0E	0F	10	11	12	13	14	15	16	17	18	19	1A	1B	1C	1D
0x0010	1E	1F	20	21	22	23	24	25	26	27	28	29	2A	2B	2C	2D
...							...									
0x1010	0E	0F	10	11	12	13	14	15	16	17	18	19	1A	1B	1C	1D
...							...									
0x2000	02	03	04	05	06	07	08	09	0A	0B	0C	0D	0E	0F	10	11
0x2010	12	13	14	15	16	17	18	19	1A	1B	1C	1D	1E	1F	20	21
0x2020	22	23	24	25	26	27	28	29	2A	2B	2C	2D	2E	2F	30	31
0x2030	32	33	34	35	36	37	38	39	3A	3B	3C	3D	3E	3F	40	41
0x2040	42	43	44	45	46	47	48	49	4A	4B	4C	4D	4E	4F	50	51
0x2050	52	53	54	55	56	57	58	59	5A	5B	5C	5D	5E	5F	60	61
0x2060	62	63	64	65	66	67	68	69	6A	6B	6C	6D	6E	6F	70	71
0x2070	72	73	74	75	76	77	78	79	7A	7B	7C	7D	7E	7F	80	81

请计算下列逻辑地址所对应的物理地址。

逻辑地址	物理地址
0x204ABC	
0x102041	
0x304F51	

逻辑地址	物理地址
0x23200D	
0x1103DB	
0x010350	

5. 考虑以下的段页式存储管理方案：

<table>
<tr><td colspan="2" align="center">段表</td></tr>
<tr><td align="center">段　号</td><td align="center">页　表</td></tr>
<tr><td align="center">0</td><td align="center">2</td></tr>
<tr><td align="center">1</td><td align="center">0</td></tr>
<tr><td align="center">2</td><td align="center">1</td></tr>
</table>

<table>
<tr><td colspan="4" align="center">页表 0</td></tr>
<tr><td align="center">逻 辑 页 面</td><td align="center">物 理 页 面</td><td align="center">有效?</td><td align="center">只读?</td></tr>
<tr><td align="center">0</td><td align="center">10</td><td align="center">Y</td><td align="center">N</td></tr>
<tr><td align="center">1</td><td align="center">17</td><td align="center">N</td><td align="center">N</td></tr>
<tr><td align="center">2</td><td align="center">89</td><td align="center">Y</td><td align="center">N</td></tr>
<tr><td align="center">3</td><td align="center">90</td><td align="center">Y</td><td align="center">N</td></tr>
<tr><td align="center">4</td><td align="center">29</td><td align="center">Y</td><td align="center">N</td></tr>
<tr><td align="center">5</td><td align="center">47</td><td align="center">N</td><td align="center">N</td></tr>
<tr><td align="center">6</td><td align="center">55</td><td align="center">Y</td><td align="center">N</td></tr>
<tr><td align="center">7</td><td align="center">32</td><td align="center">Y</td><td align="center">N</td></tr>
<tr><td align="center">8</td><td align="center">36</td><td align="center">Y</td><td align="center">N</td></tr>
<tr><td align="center">9</td><td align="center">9</td><td align="center">Y</td><td align="center">N</td></tr>
</table>

<table>
<tr><td colspan="4" align="center">页表 1</td></tr>
<tr><td align="center">逻 辑 页 面</td><td align="center">物 理 页 面</td><td align="center">有效?</td><td align="center">只读?</td></tr>
<tr><td align="center">0</td><td align="center">3</td><td align="center">N</td><td align="center">N</td></tr>
<tr><td align="center">1</td><td align="center">22</td><td align="center">N</td><td align="center">N</td></tr>
<tr><td align="center">2</td><td align="center">73</td><td align="center">Y</td><td align="center">N</td></tr>
<tr><td align="center">3</td><td align="center">74</td><td align="center">Y</td><td align="center">N</td></tr>
<tr><td align="center">4</td><td align="center">85</td><td align="center">Y</td><td align="center">N</td></tr>
<tr><td align="center">5</td><td align="center">29</td><td align="center">Y</td><td align="center">N</td></tr>
<tr><td align="center">6</td><td align="center">63</td><td align="center">Y</td><td align="center">N</td></tr>
<tr><td align="center">7</td><td align="center">93</td><td align="center">Y</td><td align="center">N</td></tr>
<tr><td align="center">8</td><td align="center">83</td><td align="center">Y</td><td align="center">N</td></tr>
<tr><td align="center">9</td><td align="center">15</td><td align="center">Y</td><td align="center">N</td></tr>
<tr><td align="center">10</td><td align="center">27</td><td align="center">Y</td><td align="center">N</td></tr>
<tr><td align="center">11</td><td align="center">34</td><td align="center">Y</td><td align="center">N</td></tr>
</table>

<table>
<tr><td colspan="4" align="center">页表 2</td></tr>
<tr><td align="center">逻 辑 页 面</td><td align="center">物 理 页 面</td><td align="center">有效?</td><td align="center">只读?</td></tr>
<tr><td align="center">0</td><td align="center">33</td><td align="center">Y</td><td align="center">Y</td></tr>
<tr><td align="center">1</td><td align="center">46</td><td align="center">Y</td><td align="center">Y</td></tr>
<tr><td align="center">2</td><td align="center">54</td><td align="center">N</td><td align="center">Y</td></tr>
<tr><td align="center">3</td><td align="center">6</td><td align="center">Y</td><td align="center">Y</td></tr>
<tr><td align="center">4</td><td align="center">99</td><td align="center">N</td><td align="center">Y</td></tr>
<tr><td align="center">5</td><td align="center">67</td><td align="center">Y</td><td align="center">Y</td></tr>
<tr><td align="center">6</td><td align="center">21</td><td align="center">Y</td><td align="center">Y</td></tr>
</table>

给定如下参数：

- 一个页面的大小为 1000B，为了计算方便，本题使用的是十进制地址，因此，虚拟内存的第一个页面的虚拟地址是从 0 到 999（所有对内存的访问都是 4B 的字）。
- 最大的页表项数是 100（即 0～99）。
- 每个进程最多只有 3 个段（代码段、堆和栈）。
- 如果页面是无效的（有效位为"N"），假定缺页中断将会把相应的页面装入给定的物理页面。例如，如果去访问页表 2 中的页面 2，将会产生缺页中断，然后操作系统将会把该页装入物理页面 54。

请问：

(1) 段号、页号和偏移地址各需要多少位？

(2) 计算下列虚拟地址访问所对应的物理地址，可能会出错，如无效段、无效页、保护权限错或缺页中断。

① 读虚拟地址 211333。

② 写入虚拟地址 5345。

③ 读虚拟地址 1810627。

④ 读虚拟地址 104806。

⑤ 读虚拟地址 200097。

6. 在采用虚拟页式存储管理的系统当中，某个进程在运行的时候访问了如下的逻辑地址：10、11、104、170、73、309、185、245、246、434、458、364。假设页面的大小为 100B，系统分配给该进程的物理页面数为 2，如果采用 OPT、FIFO、LRU 和 Clock 页面置换算法，那么缺页发生的次数分别是多少？

7. FIFO 页面置换算法与 LRU 页面置换算法的比较：

(1) 给出一个逻辑地址的页面号序列（用整数来表示逻辑页面号），使得在此序列下，FIFO 算法要优于 LRU 算法（即前者缺页中断的次数更少）。

(2) 给出另一个序列，使得在此序列下，FIFO 算法与 LRU 算法是等价的（即两者缺页中断的次数是相同的）。

(3) 再给出一个序列，使得在此序列下，LRU 算法要优于 FIFO 算法。

要求：序列的长度、物理页面的个数由读者自己来定，只要能显示出上述效果即可。另外，在每一种情形下，需要计算出这两种算法的具体的缺页次数。

8. 有一个矩阵：int A[100][100]；

在一个虚拟页式系统中，采用 LRU 算法，一个进程有 3 页内存空间，每页可以存放 200 个整数，其中第 1 页存放程序，且假定程序已在内存中。

程序 A	程序 B
| ```
for(i = 0; i < 100; i++)
    for(j = 0; j < 100; j++)
    {
        A[i][j] = 0;
    }
``` | ```
for(j = 0; j < 100; j++)
    for(i = 0; i < 100; i++)
    {
        A[i][j] = 0;
    }
``` |

请分别就程序 A 和 B 的执行过程计算缺页次数。

9. 在采用虚拟页式存储管理的系统当中,某个进程的页表如表 4.9 所示,表中的逻辑页面号和物理页面号都是十进制数,起始的页面号都是 0,页面的大小为 1024B。

(1) 要求画出地址映射的示意图(不考虑 TLB),并叙述一个逻辑地址被转换成物理地址的过程。

(2) 下列两个逻辑地址对应于什么物理地址(如果有的话):5499 和 2221(如果愿意采用十六进制形式,即 157B 和 08AD,那么结果也用十六进制来表示)。

表 4.9　页表

逻辑页面号	驻 留 位	物理页面号
0	1	4
1	1	7
2	0	—
3	1	2
4	0	—
5	1	0

10. Gribble 公司正在开发一款 64 位的计算机体系结构,也就是说,在访问内存时,最多可以使用 64 位的地址。假设采用的是虚拟页式存储管理,现在要为这款机器设计相应的地址映射机制。

(1) 假设页面的大小是 4KB(即 4096B),每个页表项(Page Table Entry,PTE)的长度是 4B,而且必须采用三级页表结构,每一级页表结构当中的每个页表都必须正好存放在一个物理页面当中,请问在这种情形下,如何来实现地址的映射? 具体来说,对于给定的一个虚拟地址,应该把它划分为几部分,每部分的长度分别是多少? 功能是什么? 另外,在采用了这种地址映射机制后,可以访问的虚拟地址空间有多大?(提示:64 位地址并不一定全部用上了。)

(2) 假设每个页表项的长度变成了 8B,而且必须采用四级页表结构,每级页表结构当中的页表都必须正好存放在一个物理页面当中,请问在这种情形下,系统能够支持的最大的页面大小是多少? 此时,虚拟地址应该如何划分?

11. 在一个虚拟页式存储管理系统中,有两个进程 P1 和 P2,物理内存中总共有三个物理页面。P1 和 P2 在运行时不断生成对各自逻辑页面的访问请求,从而得到一个访问序列。其格式为<进程>-<逻辑页面号>,例如,P1-A 表示进程 P1 对其逻辑页面 A 的访问请求。假设系统采用以下两种页面置换算法。

LRU Global:全局的 LRU 页面置换算法。所谓全局,即各个进程竞争地使用所有的物理页面,当发生一个缺页中断时,被置换的页面既可以是本进程的页面,也可以是其他进程的页面。

FIFO Local:局部的 FIFO 页面置换算法。所谓局部,即各个进程所占用的物理页面数是固定的,当发生一个缺页中断时,被置换的页面必须是该进程自身的页面。在本例中,假设进程 P1 开始时占用了 2 个物理页面,进程 P2 占用了 1 个。

问题描述:在表 4.10 中,第一行列出了 P1 和 P2 的访问请求序列,其余行用来显示在不同的页面置换策略下,在每一次的内存访问后,三个物理页面中所包含的内容(A~F 表示逻辑页面号,星号表示为空)。作为示范,该表格的前两列已经填写了相应的内容,请填写剩下的内容,并计算出两种算法的缺页次数。

表 4.10 某访问请求序列的执行过程

访问请求	P1-A	P1-B	P2-C	P2-F	P2-E	P1-A	P2-D	P2-E	P2-D	P1-A	P1-B	缺页次数
全局 LRU	A	A										
	*	B										
	*	*										
局部 FIFO	A	A										
	*	B										
	*	*										

12. 如表 4.11 所示,设某计算机的逻辑地址空间和物理地址空间均为 64KB,按字节编址。某进程最多需要 6 页数据存储空间,页大小为 1KB,操作系统采用固定分配局部置换策略为此进程分配 4 个页框。

表 4.11 某进程页表

页　号	页　框　号	装　入　时　间	访　问　位
0	7	130	1
1	4	230	1
2	2	200	1
3	9	160	1

当该进程执行到时刻 260 时,要访问逻辑地址为 17CAH 的数据。请回答下列问题:

(1) 该逻辑地址对应的页号是多少?

(2) 若采用先进先出(FIFO)置换算法,该逻辑地址对应的物理地址是多少?要求给出计算过程。

(3) 若采用时钟(Clock)置换算法,该逻辑地址对应的物理地址是多少?要求给出计算过程。(设搜索下一页的指针按顺时针方向移动,且指向当前 2 号页框,示意图见图 4.52。)

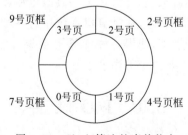

图 4.52 Clock 算法的当前状态

第5章 I/O 设备管理

从某种意义上来说,操作系统的目标是给用户提供一个高层的机器接口(虚拟机),把所有的硬件细节都封装在这个虚拟机中。我们知道,计算机最核心的硬件部件有两个:CPU和内存。其中,CPU负责执行指令,内存负责存储数据。但光有这两个部件是不行的,试想一下,如果摆在我们面前的是一块主板,上面只连着 CPU 和内存,那么怎么才能让它工作起来呢? 对于普通的计算机用户来说,根本无法直接与 CPU 和内存打交道。

为了解决这个问题,需要引入输入/输出(Input/Output,I/O)设备,用户正是通过这些输入/输出设备来使用计算机。为了加深读者的印象,来看一个网络上流传的小笑话。

显示器说:我好惨,整天被人看。

键盘说:我更惨,每天被人打。

鼠标说:我才惨呢,每天被人摸。

主机说:你们有我惨吗? 每天被人按肚脐眼!

在一个现代计算机系统中,存在着大量的输入/输出设备,它们种类繁多,差异很大,包括控制方式上的差异、数据传输速度上的差异等。而且随着科学技术的发展,新设备也层出不穷。在 20 世纪 90 年代初期,在一台计算机中,只有一些最基本的输入/输出设备,如键盘、磁盘和显示器。后来随着图形用户界面的引入,鼠标也逐渐成为标准配置。在 20 世纪 90 年代中期,随着多媒体计算机的出现,又增加了音箱、麦克风和 CD-ROM 等设备,有了这些设备以后,计算机的应用水平又提高了一个层次。CD-ROM 的存储容量超过 600MB,这就使得大规模的应用程序(如比较大的游戏软件)成为可能。而声卡的出现使得计算机从无声世界进入到有声世界,使用户能在计算机上听歌曲、看电影。之后,随着硬件价格的下降,很多计算机又配置了打印机、扫描仪和光盘刻录机等设备。最早的光盘刻录机只有单倍速,而且价格在万元人民币以上。而 U 盘和移动硬盘的出现,使得存储容量小、不易携带、可靠性低的软盘彻底成为历史。再后来,随着摄像头的微型化和普及,人们可以很方便地进行网络视频聊天或者召开在线会议。总之,在计算机系统中存在着各种不同类型的输入输出设备,因此,如何对这些设备进行管理,使得各种资源能够得到充分、合理的利用,这是操作系统的一个重要任务,也是本章将要讨论的内容。

5.1 I/O 硬件

如前所述,I/O 设备种类繁多。事实上,如果访问一个电商网站,然后单击它的计算机配件网页,那么在上面就会罗列各种各样的、当前主流的 I/O 设备,如 SSD 硬盘、显示器、显卡、鼠标、键盘、U 盘、移动硬盘、摄像头等。另外,还有各种游戏装备,如专门为玩游戏而配置的显示器、显卡、键盘、鼠标和游戏手柄等。

需要指出的是,不同专业的人眼中的硬件设备是不一样的。对于电子专业的人来说,他们关心的是硬件本身,他们眼中的输入/输出设备可能是由一组芯片、导线、电源和马达等物理元器件组成的一个硬件。而对于计算机专业的人来说,他们是从操作系统的角度来看待输入/输出设备的,他们所关心的并不是某个硬件自身的设计、制造和维护,而是如何来对它进行编程,如何让它运转起来。也就是说,这个硬件所接收的控制命令是什么,它所完成的功能是什么,以及它所返回的出错报告有哪些。因此,本书是从这个角度来理解输入/输出设备的。

5.1.1　I/O 设备的类型

可以从不同的角度,把输入/输出设备划分为不同的类型。

首先,从设备的交互对象来看,可以把设备分为以下三类。

- 人机交互设备:包括视频显示设备、键盘、鼠标和打印机等。
- 与计算机或其他电子设备交互的设备:包括磁盘、磁带、传感器等。
- 计算机之间的通信设备:包括网卡、调制解调器等。

其次,根据设备的交互方向,可以把设备分为以下三类。

- 输入设备:如键盘、鼠标、麦克风和扫描仪等,数据通过这些设备输入到计算机。
- 输出设备:如显示器和打印机,数据从计算机输出到这些设备。
- 双向交互设备:如磁盘和网卡,它们既能输入,也能输出。

再次,还可以按照数据的组织方式,把设备分为以下两类。

- 块设备:以数据块来作为信息的存储和传输单位,每个数据块都有一个地址,可以直接定位和访问。数据块之间的读写操作是相互独立的,如硬盘。
- 字符设备:以字符来作为信息的存储和传输单位,数据即字节流,只能顺序访问,无定位无寻址,如鼠标、串口和键盘等。

另外,还可以按照数据的传输速率,把设备分为低速设备、中速设备和高速设备;或者从程序的使用角度,把设备分为逻辑设备和物理设备。

总之,对于各种类型的输入/输出设备,它们之间的差别主要表现在数据的传输速率、应用领域、控制的复杂程度、数据的传输单位、数据的表示方法,以及出错条件等方面。

5.1.2　设备控制器

扫码观看

刚才讨论的是输入/输出设备的类型,请读者思考一个问题:有了这样的一些设备,是不是就能够实现各种输入/输出功能呢?或者说,各种 I/O 设备千奇百怪,那么能否有一个统一的、标准的硬件访问接口呢?

以最常用的两种 I/O 设备键盘和鼠标为例。对于普通的计算机用户来说,他们在使用键盘时,是直接跟键盘上的按键打交道,想按哪个键就按哪个键。但是对于操作系统来说,如果想让键盘正常地工作,就必须了解其内部的工作原理。如果下次读者家里的键盘坏了,在扔到垃圾桶之前,可以先做一件事情:把它拆开,而且是彻底地拆开,拆成最小的零部件。这时就会发现,键盘的基本单位是按键,这些按键通过一些电路和电子元器件(电阻、电容等)连接起来。对于每一个按键,把它拆开以后,里面是一些机械装置,包括开关帽、底座、触点金属片、弹簧、固定卡和跳线等。显然，发明和制造键盘的，应该是一些电子和机械专业的工程师。

而对于鼠标来说，最外面是一个塑料外壳和两个按键，把它拆开来以后，里面有无线模块、滚轮、微动开关、主控芯片、存储芯片、快捷键等。显然，鼠标的内部装置和工作原理与键盘是完全不同的。

这样问题就来了：在一个计算机系统当中，有着各种不同类型的输入/输出设备，而每一种设备的内部装置和工作原理都是各不相同的。在这种情形下，如果你是操作系统的设计者，你该怎么办？更重要的是，操作系统的设计者往往是计算机专业出身，而不是电子或机械专业出身，要想让他们去弄明白所有设备的所有电子和机械原理，这是完全不可能的。

为了解决这个问题，一种自然而然的想法就是把不同类型的硬件设备的内部实现细节封装在一个黑箱中，然后对外提供一个标准的、统一的接口。这样一来，对于程序员来说，就不用去关心它内部的实现原理，什么开关帽、触点金属片、弹簧和滚轮，这些都不用去关心，只要知道这个接口的访问方式即可，然后所有设备的接口都是类似的。这个接口就是设备控制器（Device Controller）。

图 5.1 是一个简单的计算机系统的体系结构图。从图 5.1 中可以看出，对于每一个输入/输出单元来说，它一般是由两个部分组成的，一个是机械部分，一个是电子部分。这两个部分相互合作，共同来完成系统当中的各种输入/输出功能。有的读者可能会问，为什么不把这两个部分合二为一呢，为什么要把它们作为相互独立的部分呢，这主要是为了在设计时，能够更加模块化、更加通用。

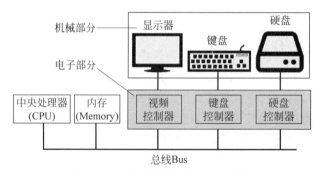

图 5.1　简单计算机系统的体系结构

机械部分就是前面所讲的输入/输出设备本身，而电子部分称为设备控制器或适配器（Adapter）。控制器与适配器的区别就是：适配器一般是印制电路卡的形式，它可以很方便地插入到主板的扩充槽当中。而控制器一般是一组芯片，它主要是集成在主板上或者是I/O 设备的内部。但不管是适配器还是控制器，它们的功能都是一样的，也就是完成设备与主机之间的连接和通信。例如，为了实现显示功能，把字符或图像显示出来，那么当然需要一个显示器。但光有显示器还是不够的，它只是一个外在的机械设备，光有这个设备还不能完成显示功能。为了实现显示功能，还需要一个视频控制器，通常的称呼是显卡。显示器是连在显卡上，而显卡是插在计算机的主板上。只有当显示器和显卡相互配合时，才能够在显示器上显示各种图像。类似地，对于键盘和磁盘驱动器这些输入/输出设备来说，它们都有相应的设备控制器。有的读者可能会说，我的键盘买回来就直接能用，并没有去买什么键盘控制器。这是因为键盘控制器的功能很简单,价格也便宜,所以就直接集成在主板上,不用单独去买了。

在设备控制器上通常有一个插槽,可以用电缆把它和相应的输入/输出设备连接起来。另外,在控制器和输入/输出设备之间的接口可以定义为一个标准接口。例如,符合 ANSI、IEEE 或者是 ISO 这样的国际标准,或者是某种事实上的工业标准。这样一来,对于不同的制造商来说,它们有的是生产控制器的,有的是生产输入/输出设备的,但这些都没有关系,只要它们生产出来的产品能够符合这个标准,那么不同厂家之间的产品就能够随意地配对组合,并且正常使用。这样就提高了设备的通用性。例如,如果组装一台计算机,那么对于显示器,可以购买各种不同的品牌,如三星、冠捷或者飞利浦,而对于显卡来说,也可以选择不同的品牌,这都没有关系,可以把它们任意组合起来。

5.1.3　I/O 地址

如前所述,每一种类型的输入/输出设备都有一个相应的设备控制器,设备与设备控制器结合起来,才能完成相应的输入/输出功能。如图 5.2 所示,输入/输出设备本身并不直接跟 CPU 打交道,而是通过它的设备控制器来跟 CPU 打交道。具体来说,每个设备控制器里面都有一些寄存器,用于和 CPU 进行通信,包括控制寄存器、状态寄存器和数据寄存器等。例如,通过往控制寄存器中写入不同的值,操作系统就可以命令该设备去执行发送数据、接收数据、打开和关闭等操作。另外,操作系统也可以通过读取状态寄存器的值,来了解该设备的当前状态,如就绪、繁忙等。除了这些寄存器以外,很多设备还有一个数据缓冲区,可以供操作系统来读写。

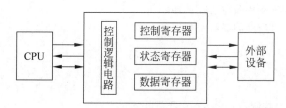

图 5.2　设备控制器的内部结构

现在的问题是:CPU 如何与这些控制寄存器以及数据缓冲区进行通信呢? 事实上,在 CPU 中执行的是一条条的指令,在执行指令时,如果是对普通的内存单元进行访问,那么很简单,只要指明这个内存单元的起始地址即可。但现在要处理的是设备控制器里面的寄存器,这又如何来访问它们当中的内容呢? 解决方法主要有三种:I/O 独立编址、内存映像编址以及混合编址。

1. I/O 独立编址

I/O 独立编址的基本思路是:由于系统中有很多 I/O 设备,每个设备都有一个设备控制器,而每一个控制器中都有若干个寄存器。因此可以给所有设备控制器中的每一个寄存器分配一个唯一的 I/O 端口编号,也称为 I/O 端口地址,然后用专门的输入/输出指令来对这些端口进行操作。这些端口地址所构成的地址空间是完全独立的,与内存地址空间没有任何关系。

图 5.3 是 I/O 独立编址的一个示意图。总共有两个地址空间,一个是内存地址空间,

其中的每一个地址，都对应于一个内存单元；另一个是 I/O 端口地址空间，其中的每一个地址，都对应于某一个设备控制器中的一个寄存器。

例如，对于汇编指令：

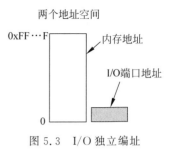

两个地址空间

图 5.3   I/O 独立编址

```
MOV R1,[2]
```

这是一条普通的内存访问指令，它表示把内存地址为 2 的那个内存单元的内容读进来，并且保存在 CPU 的寄存器 R1 当中。

而对于指令：

```
IN R1,[2]
```

这条指令也是去访问地址为 2 的单元，但它是一条专门的输入/输出指令，它表示把 I/O 端口地址为 2 的那个寄存器的内容读进来，并且保存在寄存器 R1 当中。类似地，如果要把一个寄存器的值写入到某个 I/O 端口地址，可以用 OUT 指令。

采用 I/O 独立编址的方法，其优点是：输入/输出设备不会占用内存地址空间。而且在编写程序时，对于每一条指令，很容易区分它是对内存进行访问，还是对输入/输出端口进行访问。因为对于不同的操作来说，其指令的形式是不一样的。

I/O 独立编址的典型例子是早期的 8086/8088 芯片，它给 I/O 端口分配的地址空间为 64KB，只能用 IN 和 OUT 指令来对这些端口地址进行读写操作。

```
mov al, ♯0x11
out ♯0x20, al ! 发送到中断控制器 8259A－1
mov al, ♯0x20 ! 硬件中断的起始 (0x20)
out ♯0x21, al
mov al, ♯0x28
out ♯0xA1, al
…
in al, ♯0x64 ! 键盘控制器的状态寄存器端口
test al, ♯2
jnz empty_8042
…
```

以上是 Linux 系统启动时执行的一些代码，其中使用了 IN 指令和 OUT 指令，分别对中断控制器和键盘控制器内部的不同寄存器进行了访问。

2. 内存映像编址

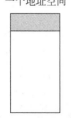

一个地址空间

图 5.4   内存映像编址

内存映像编址的基本思路是：把所有设备控制器当中的每一个寄存器都映射为一个内存地址，专门用于输入/输出操作。从操作的层面来看，对这些地址的访问与普通的内存访问是完全相同的。

如图 5.4 所示，在内存映像编址方式下，端口地址空间与内存地址空间是统一编址的。总共只有一个地址空间，端口地址空间是内存地址空间的一部分，它一般位于内存地址的高端，而地址低端为普通的内存地址。

在内存映像编址方式下,如图 5.5 所示,当 CPU 要访问内存或 I/O 设备时,就把一个地址打在地址总线上。如果该地址位于内存地址区间,则去访问内存;如果该地址位于 I/O 地址空间,则去访问 I/O 设备。那么系统如何判断该地址是位于哪一个区间内呢?有几种不同的做法,例如,可以把地址的高位作为片选信号,或者是在存储管理单元(MMU)中设置相应的地址范围。

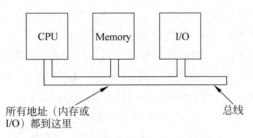

图 5.5　内存映像编址方式下的寻址

内存映像编址的优点是:

- 编程方便,无须专门的输入/输出指令,可以像普通的内存单元那样来访问输入/输出端口,甚至可以用 C/C++ 等高级语言来编程。
- 对普通的内存单元可以进行的所有操作指令,都可以同样作用于输入/输出端口。包括基本的读操作、写操作,也包括其他一些内存操作,如 test 指令,它用来测试一个内存单元的值是否为 0。
- 在内存映像编址方式下,无须专门的保护机制来防止用户进程去执行 I/O 操作。如前所述,I/O 操作是一种特权指令,不允许用户进程直接使用,而必须通过系统调用的方式,由系统态的内核程序来完成。为了做到这一点,只要借用存储管理当中的内存保护机制即可。也就是说,把这些端口地址排除在用户进程的逻辑地址空间之外,不允许它们去访问。

内存映像编址的缺点是:

- 不能对控制寄存器的内容进行 Cache,必须关闭。
- 每一次都要判断访问的是内存还是 I/O。

如前所述,CPU 在访问内存时,需要使用 Cache,这样能减少对内存的访问次数,提高访问速度。但是在访问 I/O 设备时,不能使用 Cache。因为对于内存单元来说,无论是读操作还是写操作,都是由 CPU 来控制的。如果 CPU 不去修改,则内存单元的值就不会改变。因此,Cache 中的值总是最新的。但设备控制器不一样,即使 CPU 不去访问它,它里面的值也可能会发生变化。例如,如果一次 I/O 操作完成,则状态寄存器的值就会发生变化,从繁忙变为就绪。在这种情形下,为了确保每次读入的都是最新的值,就不能使用 Cache,而必须直接去访问 I/O 端口。打个比方,有一个人做了一锅汤,想尝一尝汤的咸淡。他拿了一个小碗盛了点汤,一尝,发现淡了。于是往锅里加了一些盐,然后又拿起刚才的小碗尝了尝汤,发现还是淡了,因为小碗里的汤并没有发生变化。就这样,当他往锅里加了无数盐之后,小碗里的汤还是淡的。毕竟,碗里的汤是最早的旧的汤,而锅里的汤才是当前最新的汤。这就好比 Cache 当中的内容,仍然是过去的内容,而不是 I/O 设备的最新内容。

3. 混合编址

混合编址的基本思路是把以上两种编址方法混合在一起。具体来说,对于所有设备控制器当中的寄存器来说,它采用的是 I/O 独立编址的方法,每一个寄存器都有一个独立的 I/O 端口地址。而对于设备的数据缓冲区来说,它采用的是内存映像编址的方法,把它们的地址统一到内存地址空间当中。例如,Intel 公司的 Pentium 处理器采用的就是这种方案。它把内存地址空间当中 640KB~1MB 这一段区域保留起来,专门用作设备的数据缓冲区。另外,它还有一个独立的 I/O 端口地址空间,大小为 64KB。图 5.6 是混合编址的示意图,在内存空间中有一块 I/O 地址空间,另外还有一个独立的 I/O 地址空间。

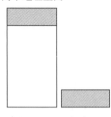

两个地址空间

图 5.6　混合编址

在图 5.7 中,列出了个人计算机上的部分 I/O 端口地址。例如,对于可编程中断控制器(Programmable Interrupt Controller),它的端口地址是从 0020 到 0021,占用了两个端口地址。这说明在这个控制器当中,有两个寄存器。当然,对于不同的计算机,这些端口地址可能会有一些差别。读者可以看一看自己计算机上各种设备控制器的端口地址是什么。以 Windows 10 系统为例,在菜单栏的"Windows 系统"目录下单击"控制面板",然后在随后出现的对话框中单击"硬件和声音",这时,在"设备和打印机"一行,就会出现一个"设备管理器"按钮,单击该按钮,就会出现一个单独的应用程序。然后在它的"查看"菜单栏中选择"按类型列出资源",这样就可以看到每一种不同类型的 I/O 设备所占用的内存、输入/输出端口和中断请求等资源。图 5.7 列出的是其中的输入/输出端口资源。

图 5.7　PC 上的部分 I/O 端口地址

到目前为止,已经介绍了 I/O 设备的类型、设备控制器以及 I/O 端口地址。那么根据这些知识,能不能开始编程使用这些设备,来完成相应的输入/输出功能呢? 如果能,那应该如何去做呢? 答案就是采用 I/O 控制方式。

5.2　I/O 控制方式

当我们拿到一个新的硬件设备时,光有硬件本身是不行的,要想让它正常地运转起来,还需要编写软件,用软件来指挥它运行,这就需要用到 I/O 控制方式。具体来说,I/O 控制就是在 CPU 上执行指令,与 I/O 设备的设备控制器中的各种寄存器进行通信。例如,往控制寄存器中写入各种操作命令,从状态寄存器中读出当前状态,以及从数据寄存器中读入或写入数据,所有这些过程都必须在 CPU 中通过指令的形式来完成。

I/O 控制既有非常简单的方式,也有比较复杂的方式。有的不需要任何额外的硬件支持,单凭软件即可完成。有的则需要中断机制或 DMA 控制器等硬件的支持。具体采用哪一种 I/O 控制方式,取决于具体的 I/O 设备本身,以及系统的软硬件配置、对性能的要求等因素。一般来说,当前的 I/O 控制方式主要有三种:程序循环检测方式(Programmed I/O)、中断驱动方式(Interrupt-driven I/O)和直接内存访问方式(Direct Memory Access),每一种方式都有各自的优点和局限性。

扫码观看

5.2.1 程序循环检测方式

何谓程序循环检测方式?先来看一个生活中的例子:小朋友在家里吃饭。对于一个只有一两岁的小朋友,他或她一般不太愿意也不太会自己吃饭,一定要大人喂。那么大人喂饭的过程一般是这样:如果小朋友的嘴巴没空(如上一口饭菜尚未吃完),那么此时不能再喂,而必须耐心等待。至于等待时间的长短,往往取决于对方的心情。等到嘴巴空出来以后,就再盛一勺饭菜,喂到小朋友的嘴里。然后重复上述步骤,直到一碗饭全部吃完。

对于基于程序循环检测的 I/O 控制方式,它的基本思路也是类似的。具体来说,在程序(一般是设备驱动程序)当中,通过不断地检测 I/O 设备的当前状态,来控制一个 I/O 操作的完成。在进行 I/O 操作之前,先要循环地去检测设备是否已经就绪。也就是说,要去查看该设备的控制器中的状态寄存器,看它是否空闲。如果不空闲,就只能等待;如果空闲,就向控制器发出一条命令,启动这次 I/O 操作。然后,在这个操作的进行过程中,也要循环地去检测设备的当前状态,看它是否已经完成。最后,在 I/O 操作完成以后,如果这是一次输入操作,那么还要把读进来的数据保存到内存中的某个位置。总之,从硬件上来说,在 I/O 操作的整个过程中,控制 I/O 设备的所有工作都是由 CPU 来完成的。这种方式也称为繁忙等待方式或轮询方式。它的缺点是在进行一个 I/O 操作时,要一直占用着 CPU,而 CPU 和 I/O 设备之间的运行速度是不匹配的,CPU 很快而 I/O 设备很慢,这样就会浪费大量的 CPU 时间。还是以喂饭为例,小朋友吃饭的速度是非常慢的,他们是边吃边玩,一顿饭得吃 1 小时甚至更长的时间。在这段时间当中,喂饭的大人什么也干不了,只能饿着肚子在那里陪着。

需要说明的是,I/O 控制与 I/O 操作是不一样的,两者不能混为一谈。I/O 控制是由 CPU 来进行,而 I/O 操作是由设备自己来完成。例如,假设我们去磁盘读入一个数据块,那么读磁盘的命令是由 CPU 发出的,具体方式就是往磁盘控制器内部的控制寄存器当中写入命令。但是真正去访问磁盘设备、把数据读进来,这个操作是由磁盘控制器和磁盘驱动器这两个硬件相互配合、自己完成的,与 CPU 没有关系。因此,对于程序员来说,关心的是如何编写程序,对 I/O 设备进行控制,对控制器内部的各个寄存器进行读写。至于 I/O 设备内部的工作原理,根本就不用去关心。举一个生活中的例子,当我们在使用洗衣机来洗衣服的时候,需要做的事情是:把脏衣服放进去,再倒入洗衣液,最后按一下启动按钮,这样就可以了。至于洗衣机的内部工作原理,它是如何洗干净衣服的,我们根本不用关心。

下面来看一个具体的例子。在一个嵌入式系统中,有一个字符显示设备,能够把一个个字符显示在一块小屏幕上。已知在系统中,I/O 地址采用的是内存映像编址方式,现在需要在这个字符设备上显示一个字符串"ABCDEFGH"。对于操作系统来说,要完成这个任务其实很简单,只要把这 8 个字符一个接一个地送到该显示设备的相应的 I/O 端口即可。而且由于采用的是内存映像编址的方式,因此这些端口地址就是普通的内存地址。对这些地址所进行的操作,就是普通的内存访问操作,可以用 C 之类的高级语言来实现,而不需要去使用什么专门的输入/输出指令。

如图 5.8 所示,需要显示的这个字符串被保存在系统内核的一个缓冲区中,它的起始地址保存在指针 p 当中。在内存的地址空间中,有一个单元对应于字符显示设备控制器当中的状态寄存器,其地址保存在指针 display_status_reg 当中。另一个单元对应于设备控制器当中的数据寄存器,其地址保存在指针 display_data_reg 当中。现在要做的事情,就是把这 8 个字符一个接一个地放入到 display_data_reg 所指向的内存单元中。这个操作表面上是一次内存访问操作,但实际上是把字符送到设备的控制器当中,而控制器就会自动地把这些字符送到显示设备的屏幕上去。另外,在送数据的过程中,要不断地去查询状态寄存器的值。需要说明的是,p、display_status_reg 和 display_data_reg 这三个指针变量同样是位于内存空间当中的,图 5.8 只是为了直观起见,把它们单独画在旁边。

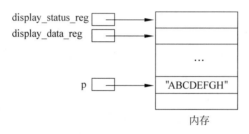

图 5.8 I/O 控制的一个例子

根据上述要求,可以编写如下 C 语言程序来完成这项功能。在这段程序中,count 表示需要显示的字符个数,i 是循环变量,表示当前正在打印的是第 i 个字符,其初始值为 0。在循环体中,第一条语句是一个循环体为空的循环检测语句,用来判断显示设备是否已经就绪。如果尚未就绪,就在该处循环等待;如果已经就绪,则退出循环检测语句,然后把第 i 个字符复制到设备的数据寄存器当中。从代码中可以看出,在程序员眼中,这个数据寄存器其实就是一个普通的内存单元,因此,这个操作就是一个简单的赋值操作。但它的功能和普通的赋值操作有所不同,它相当于是给设备发出了一个命令,命令它去显示一个字符。

```
for(i = 0; i < count; i++)
{
    while( * display_status_reg != READY);
    * display_data_reg = p[i];
}
```

如果读者对上述这段代码还有所疑虑,不妨把喂饭那个例子也写成相应的伪代码,仅供参考和比较。

```
while(饭未吃完)
{
        while(小朋友嘴巴没空) 等待；
        装一勺饭菜,喂到小朋友嘴里；
}
```

显然,这两段代码的程序结构几乎是完全一样的,其功能也是差不多的。

此外,有的读者可能还有另外一个疑问,就是为什么这个程序是一个两重的循环语句,即为什么每次在显示下一个字符之前,都要先用一个循环语句来检测一下,如果不这么做行不行。具体来说,能否把这个程序修改为以下形式？

```
while( * display_status_reg != READY);
for(i = 0; i < count; i++)
{
        * display_data_reg = p[i];
}
```

这段代码的意思是：首先查询显示设备的状态是否就绪,如果尚未就绪,就在该处循环等待；如果已经就绪,那么就一个接一个地把每一个字符送入到它的数据寄存器。

这种写法是不行的,由于 CPU 与 I/O 设备的运行速度不匹配,将会造成显示数据的丢失。具体来说,对于赋值语句

* display_data_reg = p[i];

它仅仅是一条赋值语句,因此,它的执行速度是非常快的。事实上,CPU 在执行指令的时候,速度是纳秒一级的。因此,这条语句将会很快执行完,然后会执行 i++ 操作,把循环变量加 1。再判断循环控制条件,发现条件成立,因此又开始执行新一轮的循环,去显示下一个字符。但是相对来说,字符显示设备是一个慢速设备,它在执行这个显示命令时,在把一个字符真正显示在屏幕上时,不可能像 CPU 那么快,而是需要一定的时间来完成,如毫秒一级。这样,当 CPU 再一次执行到循环体中的赋值语句,试图去显示第二个字符时,对于设备控制器来说,它虽然已经把第一个字符给取走了,但是还没有来得及处理,也就是说,它还是处于繁忙状态,还不能接收新的数据。如果此时硬要把第二个字符塞给它,就会造成数据的丢失。因此,正确的做法应该是：当 CPU 把上一个字符交给了数据寄存器之后,就应该循环等待,等到对方处理完这个字符以后,其状态就会变成就绪状态,这时才能把下一个字符放进去。

另外,在上面这个例子中,I/O 编址采用的是内存映像编址方式,如果改为 I/O 独立编址,那么这段程序该如何修改呢？

其实程序的基本框架是差不多的,也是两重循环。只不过在访问设备控制器中的寄存器时,所用到的指令不太一样。在读取状态寄存器的值时,需要使用 IN 指令。而在把数据写入到数据寄存器时,需要使用 OUT 指令。换句话说,如果采用的是 I/O 独立编址,那么就必须使用汇编语言来编程实现。或者说,程序的大部分内容仍然可以用 C 语言来实现,只不过在访问状态寄存器和数据寄存器时,要在 C 语言中嵌入一些汇编语言指令,这样才

能使用 IN 和 OUT 指令。

5.2.2　中断驱动方式

　　循环检测的控制方式会占用大量的 CPU 时间。事实上,在一个 I/O 操作的整个过程中,所有的控制 I/O 设备的工作都是由 CPU 来完成的,这样就会造成 CPU 时间的浪费。例如,在上面的例子中,假设字符显示设备的显示速度为 100 字符/秒,那么在循环检测的方式下,当一个字符被写入到显示设备的数据寄存器以后,CPU 需要等待 10ms 才能把下一个字符写进去。而在这 10ms 的时间内,CPU 一直在执行循环等待,这样 CPU 时间就被白白浪费掉了。10ms 看上去似乎不太多,但是不要忘了,指令的执行速度是纳秒一级,因此 10ms 能执行很多条指令。如何解决这个问题?一种办法就是让 CPU 在这 10ms 的时间内,不要在那里干等着,而是去做一些其他的、有用的事情,如去运行其他的进程。然后等到显示设备已经处理完上一个字符时,CPU 再接着去输出下一个字符。而要做到这一点,就必须依赖于硬件的支持,采用中断技术。因此,这种方法被称为中断驱动的控制方式。

　　在介绍中断驱动方式之前,同样先来看一个生活中的例子。假设小朋友现在已经长到三四岁了,已经上幼儿园了。那么在幼儿园当中,小朋友是如何吃饭的呢?肯定不能像在家里那样专门有人喂,因为如果采用这种方式(即循环检测方式),那么就必须单独占用一个大人,这样这个大人别的事情就都干不了,只能在那儿专门喂饭。但是在幼儿园,一个班往往有二三十个孩子,而老师通常只有三个,因此不可能采用这种方法。事实上,在幼儿园,小朋友的吃饭过程一般如下。

- 老师从食堂取来一大桶米饭和一大桶菜。
- 如果小朋友们尚未准备好吃饭,则循环等待,直到他们准备就绪。
- 老师将饭菜装入每个小朋友的小碗。
- 小朋友们开始吃饭,而老师则去做别的事情。
- 在吃饭过程中,小朋友们可以通过各种信号打断老师。

　　也就是说,在幼儿园,小朋友们是自己吃饭的,通常不需要老师喂。这样,当小朋友们在吃饭的时候,老师就可以在旁边忙活其他的事情,如收拾房间、制作教具等。然后小朋友们如果有需要,可以通过各种信号来打断老师。当老师被打断以后,她就会去查看发生了什么事情,具体来说:

- 如果小朋友举着小手,这说明他/她碗里的饭已经吃完了,还想再吃一碗,因此就给他/她添饭。
- 如果小朋友举着拳头,这说明他/她碗里的汤已经喝完了,还想再喝一碗,因此就给他/她添汤。
- 如果小朋友吃完饭了,就给他/她收拾碗和勺子。

　　当老师处理完一个小朋友的中断请求之后,又回到刚才的状态,去收拾房间或制作教具。需要说明的是,以上例子中的举手、举拳头等信号,都是清华洁华幼儿园的规定,而其他的幼儿园不一定是这样。至于为什么要举手、举拳头,而不是直接告诉老师你的需求,那是因为在吃饭时是不允许说话的,怕噎着。

　　在上面这个例子中,把教师比喻为 CPU,把小朋友比喻为 I/O 设备。对于教师而言,她的工作主要有两块,一块是与就餐有关的,另一块是与就餐无关的(收拾房间或制作教具)。

对于前者,又包括两个部分,一是在准备就绪后启动就餐;二是在就餐过程中及时响应小朋友的请求。对于基于中断驱动的 I/O 控制方式,它的基本原理也是类似的。

那么在一个计算机系统当中,如何实现基于中断驱动的 I/O 控制方式呢? 为了回答这个问题,先要弄清楚中断的概念。

对于一个操作系统而言,中断是非常重要的。有人把中断对于操作系统的重要性比喻为机器中的驱动齿轮。没有齿轮的机器是没有办法工作的,同样,没有中断的操作系统,也是没有办法正常运行的。因此,有人把操作系统称为由"中断驱动"或者"中断事件驱动"的。

所谓中断,指的是由于某个事件的发生,改变了正在 CPU 上执行的指令的顺序。这种事件对应于 CPU 芯片内部或外部的硬件电路所生成的电信号。中断处理的过程一般是这样:当中断事件发生时,CPU 会暂停当前正在执行的程序,并且在保留现场后自动转去执行相应事件的处理程序,当处理完以后再返回断点,继续执行被打断的程序。

中断可以分为两大类,即同步中断和异步中断。

所谓同步中断,是指当 CPU 正在执行指令时,由 CPU 的控制单元所发出的中断,也称为"异常"。异常又可以分为以下两类。

- 由 CPU 检测到的异常,包括错误(Fault)、陷阱(Trap)和中止(Abort)。例如,算术溢出、被零除、用户态下使用了特权指令等,都会引发相应的异常。
- 由程序主动来设定的异常,也就是说,程序员通过 int、int3 等指令来发出的中断请求,也称为软中断,它主要用来实现系统调用服务。

所谓异步中断,指的是由 CPU 以外的其他硬件设备在任意时刻所发出的中断,简称为"中断"。它也可以分为以下两类。

- 可屏蔽中断,即 I/O 中断。它是当外部设备操作正常结束或发生错误时所发生的中断。例如,打印机打印完成或缺纸,读磁盘时驱动器中没有磁盘等。
- 不可屏蔽中断,即由掉电、存储器校验错误等硬件故障引起的硬件中断。

这里讨论的主要是 I/O 中断,即外部输入/输出设备引发的中断。

如图 5.9 所示为一个典型的计算机系统中的中断机制。中断控制器负责管理系统中的所有 I/O 中断,只有它才能向 CPU 发出中断请求。而对于普通的 I/O 设备,当它需要发送中断时,不是直接发给 CPU,而是先发给中断控制器,并由它来决定是否要转发给 CPU。在硬件层面上,当一个 I/O 设备完成了 CPU 交给它的 I/O 任务以后,它的设备控制器就会向中断控制器发出一个信号,该信号会被中断控制器检测到。这时,中断控制器就会判断一下,看看当前是不是已经有一个中断正在处理,或者是否有一个更高优先级的中断同时出现。如果都没有,那么就开始处理这个信号。一方面,它会把一个编号放在地址总线上,这个编号标明了是哪一个设备所发出的中断请求;另一方面,它会向 CPU 发出一个中断信号。然后 CPU 就会中断当前的工作,并且用这个编号作为索引去访问一个中断向量表。在中断向量表中,存放的是每一个中断处理程序的起始地址。这样就能找到与该中断相对应的中断处理程序的起始地址,然后跳转到该程序去运行。当这个中断处理程序开始运行后不久,就会向中断控制器发出一个确认信号,表示这一个中断已经被处理。这样,中断控制器就可以发出新的中断请求了。

还是以前面的字符显示的例子来说明中断驱动方式的基本思路。在这种方式下,对于

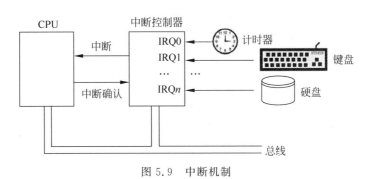

图 5.9　中断机制

用户进程来说，它需要做的事情就是把字符串"ABCDEFGH"放到一个缓冲区 buffer 中，然后调用一个系统调用函数 display() 去把它打印出来。

用户进程代码如下。

```
strcpy(buffer, "ABCDEFGH");
display(buffer, strlen(buffer));
```

对于系统调用函数 display()，它的代码如下。

```
copy_from_user(buffer, p, count);        // p: 内核缓冲区
enable_interrupts( );
while( * display_status_reg != READY);
i = 0;
* display_data_reg = p[i];
scheduler( );
```

这段代码的基本思路：首先把 buffer 缓冲区中的字符串复制到一个字符数组 p 中，p 位于系统内核中。为什么要做这件事情呢？为什么不直接去使用 buffer 缓冲区呢？原因在于：buffer 缓冲区是位于用户地址空间当中，而现在需要在内核空间中运行，这两个空间是相互独立的。在存储管理一章曾经讨论过，在现代操作系统中，对于每一个进程，都有一个 4GB 的虚拟地址空间。其中 2GB 是用户地址空间，用来存放用户进程自己的、独立的内容，包括代码和数据。而另外 2GB 是内核地址空间，用来存放操作系统的代码和数据，而且所有进程的内核地址空间是共享的，内容是一致的。在本例中，用户进程的代码和数据缓冲区 buffer 是位于用户区，而系统调用函数 display() 和数据缓冲区 p 是位于内核区。由于 display() 函数是运行在内核态，因此要把用户缓冲区 buffer 当中的内容复制到内核空间。

那么 copy_from_user() 这个函数如何实现呢？其实很简单，直接去访问即可。当进程发起系统调用，从用户态进入到内核态以后，并没有发生进程切换，仍然是同一个进程。因此，页表是完全一样的。只不过在用户态下，使用的是页表的下半部分。而在内核态下，使用的是页表的上半部分。而且在内核态下，完全可以去访问用户空间。

接下来是打开中断，即把程序状态字寄存器中的中断位打开，这样，CPU 就能够处理中断。然后是一个循环检测语句，判断字符显示设备的当前状态是否空闲。如果不空闲，就一

直循环等待。当发现它空闲后,就把循环变量 i 初始化为 0,并把需要显示的第一个字符 p[0] 放入显示设备的数据寄存器当中,让它显示出来。与循环检测方式不同的是,这里仅仅是把第一个字符放入到数据寄存器中,然后就不管了。至于这个字符何时显示结束,以及剩余的那些字符如何显示,这些都不是在 display() 函数中完成的。事实上,在把第一个字符放入到数据寄存器之后,当前进程就会去调用系统调度程序,切换到另一个进程去执行,而自己则会被阻塞起来,并且挂到相应的阻塞队列中。

对于剩余的那些字符,它们是在哪里处理的呢?是在中断处理程序当中。以下是中断处理程序的代码。

中断处理程序

```
if(i > = count - 1)            //所有字符显示完毕
{
        unblock_user( );
}
else
{
    i = i + 1;
    * display_data_reg = p[i];
}
acknowledge_interrupt( );
return_from_interrupt( );
```

需要指出的是:中断处理程序是什么时候被调用执行的呢?当然是在中断发生的时候。而中断又是在什么时候发生的呢?是在 I/O 设备已经完成了它的 I/O 操作的时候。在本例中,每当设备显示完一个字符以后,就会发生一次中断。而这就说明,每当这个中断处理程序被调用的时候,它就已经知道了一个事实,即上一个字符已经被顺利地显示出来了。因此,这时就没有必要再去循环地检测设备的状态是否空闲,因为它肯定是空闲的,因此可以直接对设备进行操作了。

具体来说,首先检查一下循环变量 i 的值,如果它等于 count−1,说明所有的字符都已经显示完毕,因此就去相应的阻塞队列中把刚才被阻塞的用户进程唤醒,并把它挂到就绪队列中去。否则,说明后面还有需要显示的字符,因此就把循环变量 i 加 1,然后把下一个字符直接复制到数据寄存器当中,此时不需要检测设备是否空闲。接下来是一些后处理操作,先是向中断控制器发出一个确认信号,然后结束中断处理程序,返回到被中断的那个进程。

从整个执行过程来看,首先是一个用户进程(假设是进程 A)在运行,它调用了 display 函数,进入到内核态下运行。然后把第一个字符'A'送到字符显示设备的设备控制器。控制器于是命令设备来显示这个字符,而这需要 10ms 的时间。与此同时,在 CPU 上原来是进程 A 在运行,现在 A 被阻塞,然后系统调度进程 B 去运行,B 是一个与 A 无关的进程。在 10ms 以后,'A'字符显示完成。设备控制器会发出一个中断给 CPU,从而打断了进程 B 的执行(注意当前是进程 B 在执行),并且跳转到相应的中断处理程序。此时并没有发生进程的切换,因此仍然是进程 B 在运行,但执行的指令(中断处理程序)实际上是在做进程 A 的工作,是在帮助进程 A 完成此次 I/O 操作。在中断处理程序当中,把第二个字符'B'送到设备控制器,然后回到进程 B 继续运行。又过了 10ms,当字符'B'也显示完成后,设备控制器又会发中断给 CPU。如此往复,直到所有的字符都显示完毕。总之,在 8 个字符显示的整个过程中,在 CPU 上运行的主要是 B 进程,然后每隔一段时间会执行一下中断处理程序,而 A 进程始终处于阻塞状态。与此同时,字符显示设备也在一直工作,它和 CPU 是两个不同的资源,因此可以同时工作。当所有字符显示完成后,就会把进程 A 唤醒。

需要指出的是:在中断处理程序当中,在访问显示字符串的时候,使用的是内核中的数据缓冲区 p。这就是为什么之前要把进程 A 中缓冲区 buffer 的内容复制到内核缓冲区 p 的原因,此处如果写的是 buffer 而不是 p,那么就无法正确地访问。因为当中断处理程序在运行的时候,是在进程 B 的资源平台上。进程 B 的页表与进程 A 的页表是不同的,而 buffer 是进程 A 中的虚拟地址,它不能用进程 B 的页表来进行地址映射。而 p 是内核中的地址,无论是进程 A 还是进程 B,它们的内核地址空间中的内容是相同的,因此能够顺利地访问。

最后把中断驱动方式的基本思路总结一下。当一个用户进程需要进行 I/O 操作时,它会去调用相应的系统调用函数,由这个函数来发起 I/O 操作,并且在发起之后把该用户进程阻塞起来,然后调度其他的进程去使用 CPU。当所需的 I/O 操作完成时,相应的设备就会向 CPU 发出一个中断,然后系统可以在中断处理程序当中做进一步的处理。如果还有剩余的数据需要处理,那么就再次启动 I/O 操作。从这个过程可以看出,在中断驱动的控制方式下,数据的每一次读写还是通过 CPU 来控制完成的,只不过当 I/O 设备在进行数据处理的时候(这段时间往往比较长),CPU 不必等待,而是可以继续执行其他的进程。

5.2.3 直接内存访问方式

在中断驱动的控制方式下,每一次的数据读写还是通过 CPU 来控制完成,而且每一次处理的数据量很少,因此中断出现的次数就很多,而中断的处理需要额外的系统开销,因此也会浪费一些 CPU 时间。例如,对于前面的字符显示的例子,假设设备的显示速度为 100 字符/秒,那么在循环检测的方式下,当一个字符被写入到设备的数据寄存器以后,CPU 需要等待 10ms 才能写入下一个字符,也就是说,这 10ms 全部被浪费掉了。而在中断驱动的方式下,这 10ms 中的大部分会被用来执行其他的进程,但也有少部分用于系统开销。如果中断的次数比较多,那么这些额外的系统开销也还是不少。

如前所述,I/O 操作一般分为两个环节。第一个环节是 CPU 或内存与设备控制器之间的通信,第二个环节是设备控制器与 I/O 设备之间的通信。在 I/O 操作启动或完成时,CPU 需要访问控制器,并与之交换数据。例如,如果是一次写操作,那么在 I/O 操作启动时,CPU 需要把数据从内存写入到设备控制器内部的缓冲区,然后设备控制器自己去和 I/O 设备打交道,把这些数据写到设备上。反之,如果是读操作,CPU 先给控制器发信号,让它去启动 I/O 操作,把数据读入到控制器内部的缓冲区中,然后 CPU 再把这些数据读入到内存。因此,第一个环节是 CPU 与控制器打交道,第二个环节是控制器与 I/O 设备打交道,从而真正让 I/O 设备去工作。

对于第二个环节,即控制器与 I/O 设备打交道,这主要涉及各种硬件实现细节,不在本书的讨论范围。因此,这里只考虑第一个环节,即 CPU 与控制器之间的数据传送。CPU 可以一字节一字节地向设备控制器请求数据,这是最基本的方法。在具体编程实现时,如果是 I/O 独立编址,那么就使用专门的 IN 和 OUT 指令;如果是内存映像编址,那么就使用普通的赋值语句。但不管是哪一种方式,每一次只能传送一字节或一个字。因此,如果需要交换的数据量比较大,那么就需要重复执行很多次的传送指令,就会浪费大量的 CPU 时间。为了解决这个问题,一种方法是直接内存访问(Direct Memory Access,DMA)的控制方式。它可以避免通过编程来实现大规模的 I/O 数据移动,也就是说,不是用软件来做这件事情,而是让硬件来帮着做。

以磁盘读取操作为例,假设要从磁盘上读取一个数据块。如前所述,磁盘是一种块设备,它是以数据块来作为信息的存储和传输单位,每一个数据块都有一个地址。下面来看一下,如果不使用 DMA 方式,而是使用刚才所说的中断驱动的控制方式,那么整个过程是怎么样的。

(1) CPU 向磁盘控制器发出命令,读取一个数据块。或者准确地说,是磁盘驱动程序在 CPU 上运行的时候,向磁盘控制器发出命令,读取一个数据块。

(2) 磁盘控制器从磁盘驱动器中一位接一位地读取这个数据块,该数据块可能包含一个或多个扇区。从磁盘驱动器中读出来的是一连串的位流,这样直到整个数据块都保存在控制器内部的缓冲区当中。

(3) 磁盘控制器通过校验位来验证这个数据块是否传送正确,如果正确,就向 CPU 发出一个中断。因此,真正的 I/O 操作是由硬件自己来完成的,是由设备控制器和驱动器自己来完成的。

(4) 当操作系统开始运行后,会利用一个循环语句,从磁盘控制器的缓冲区当中读出这个数据块。具体来说,即在每一次的循环内,从控制器的数据寄存器当中,读取一字节或一个字,并把它保存在内存当中。

总之,在中断驱动的方式下,第(1)步是由 CPU 来启动的,而第(2)步和第(3)步都是由 I/O 设备自己来完成的。在此期间,CPU 就可以去运行其他的进程。等到所有的数据都已经正确地从 I/O 设备传送到控制器内部的缓冲区以后,第(4)步再由 CPU 通过一个循环语句把这些数据复制到内存当中。因此,在中断驱动的方式下,CPU 负责第(1)步和第(4)步,而 I/O 设备负责第(2)步和第(3)步。但是在 DMA 方式下,可以把第(4)步也省略掉,不是由软件来完成,而是由 DMA 控制器硬件来完成。这样就进一步解放了 CPU,使它有更多的时间去运行别的进程。

要想使用直接内存访问的控制方式,首先在硬件上要有一个 DMA 控制器。这个控制器可以集成在设备控制器当中,也可以集成在主板上。DMA 控制器的一个特点是能够独立于 CPU,直接去访问系统总线,因此它能代替 CPU 去指挥 I/O 设备与内存之间的数据传送,从而为 CPU 腾出更多的时间。

另外,既然是一个控制器,那么在 DMA 的内部也会有一些寄存器,这些寄存器可以被 CPU 来读写。也就是说,CPU 可以通过写操作来向它发出命令,也可以通过读操作来了解它的当前状态。这些寄存器包括一个内存地址寄存器、一个字节计数器以及一个或多个控制寄存器。这些控制寄存器指明了 I/O 设备的端口地址、数据传送方向、传送单位,以及每一次传送的字节数。

下面来具体看一下,在使用了 DMA 以后,从磁盘上读取一个数据块的整个过程是怎么样的(如图 5.10 所示)。

(1) 上层的 I/O 软件调用了磁盘的驱动程序,命令它去读取磁盘上的某一个数据块,并保存在特定地址的内存区域。因此,这个驱动程序就开始在 CPU 上运行。

（2）CPU（即驱动程序）对 DMA 控制器进行编程，即对它的各个寄存器的值进行设置，告诉它应该把什么数据传送到内存的什么地方，以及总共需要传送多少字节。

（3）CPU 向磁盘控制器发出命令，让它去读取一个数据块。

（4）磁盘控制器从磁盘驱动器中把所需的数据块读进来，保存在它内部的缓冲区当中，并且验证数据的正确性。这项工作需要较长的时间，在此期间，CPU 就可以去运行别的进程。显然，CPU 和 DMA 并不去管数据是如何从 I/O 设备传送到设备控制器当中，这个过程是由设备自己来完成的。

（5）磁盘控制器完成数据块的读入工作后，向 DMA 控制器发出信号，从而启动这一次的数据传送，即需要把数据块从磁盘控制器内部的缓冲区传送到内存。

（6）DMA 控制器通过总线向磁盘控制器发出一个读操作的请求信号，并且把将要写入的内存地址打在总线上。

（7）磁盘控制器从内部缓冲区当中取出一字节，并按照 DMA 控制器所给出的地址写入到内存当中。

（8）当这个写操作完成以后，磁盘控制器会通过总线向 DMA 控制器发出一个确认信号。然后 DMA 控制器就会把内存地址加 1，并且把需要传送的字节数减 1。如果这个计数器的值仍然大于 0，那么就转到第（6）步，传送下一字节。

（9）当所有数据都传送完毕后，DMA 控制器就会向 CPU 发出一个中断，告诉它数据传输已经完成。这样，当中断处理程序开始运行时，它就知道，从磁盘驱动器当中读出来的数据块，不仅是到了磁盘控制器内部的缓冲区当中，而且已经在 DMA 的控制下，被传送到了内存当中。也就是说，当这个中断发生的时候，整个 I/O 过程实际上已经完成了。

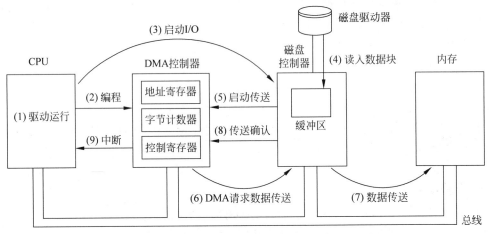

图 5.10　基于 DMA 的磁盘读取过程

再回到前面那个字符显示设备的例子，看看在 DMA 的控制方式下，是怎样的一个解决方案。需要指出的是，这个例子与图 5.10 的磁盘读取操作有两个区别。首先，它是输出而不是输入操作；其次，它是字符设备而不是块设备。

对于用户进程来说，没有任何变化，它需要做的事情仍然是把字符串保存在一个缓冲区 buffer 中，然后调用一个系统调用函数 display() 去把它打印出来。

系统调用函数 display() 的代码如下。

```
copy_from_user(buffer, p, count);
setup_DMA_controller(p, count);
scheduler( );
```

与中断驱动方式相比,这段代码非常简单。它的最主要的工作就是设置 DMA 控制器,也就是说,对 DMA 控制器进行编程,设置它的各个寄存器的值,包括把内存起始地址 p 放进去,把需要显示的字符个数 count 放进去。此外,还有其他一些初始化的工作。做完了这些事情以后,display()函数就完成了任务,因此就调用系统的调度程序,从就绪队列中选择另外一个进程去运行。而原来的用户进程则会被阻塞起来,直到这个 I/O 操作完成为止。

以下是中断处理程序的代码。

```
acknowledge_interrupt( );
unblock_user( );
return_from_interrupt( );
```

中断处理程序也非常简单,原因在于:当中断发生时,表明 I/O 操作已经全部完成,所有的字符都已经被送到了显示设备的设备控制器当中。此时,已经没有太多实质性的工作,仅仅是把先前被阻塞的进程唤醒,告诉它 I/O 操作已经完成,并把它挂到就绪队列中。也就是说,在这种情形下,在整个 I/O 操作过程中,中断只会出现一次。

从上述代码可以看出,在 DMA 控制方式下,无论是系统调用函数 display(),还是中断处理程序,都非常简单,都没有对字符显示设备进行直接的操作,而是通过 DMA 控制器来完成。CPU 需要做的事情,只是初始化和启动一下,然后 DMA 控制器就会代替 CPU,把内存中需要显示的字符一个接一个地送到设备控制器当中。这样一来,CPU 的工作量就大为减轻,可以腾出更多的时间去执行其他的进程。

5.3 I/O 软件

在前面的内容中,讨论的一直是硬件,以及如何对这些硬件进行控制。但是在学习操作系统时,我们更关心的是软件,与输入/输出有关的软件。具体来说,为了更好地管理系统当中各种各样的输入/输出设备,需要哪一些相关的软件?这些软件各自完成什么样的功能?它们之间的相互关系、组织结构又如何?一般来说,与 I/O 软件有关的角色主要有三个,即应用程序开发人员、操作系统设计者和 I/O 设备厂商。那么在 I/O 软件的设计与实现过程中,这三个角色分别承担什么任务呢?

5.3.1 I/O 软件的层次结构

在操作系统中,为了提高效率,实现模块化管理,I/O 软件的基本思想是采用分层结构,把各种设备管理软件组织成一系列的层次。如图 5.11 所示,一般来说可以分为四层,即中断处理程序、设备驱动程序、设备独立的系统软件以及用户空间的 I/O 软件。每一层都是用来实现特定的功能,相邻的层次之间有着良好的调用接口。其中,低层的软件(包括中断处理程序和设备驱动程序)负责与硬件打交道,与硬件的特性相关,它把硬件和较高层的软

| 用户空间的I/O软件 |
| 设备独立的系统软件 |
| 设备驱动程序 |
| 中断处理程序 |
| **硬件** |

图 5.11　I/O 软件的层次
结构

件隔离开来。而较高层的软件（包括设备独立的系统软件和用户空间的 I/O 软件）是独立于硬件的，与硬件的实现细节无关。

1. 中断处理程序

在 I/O 软件的最底层是中断处理程序。前面在讨论 I/O 控制方式时，已经见到过几个中断处理程序的例子。如前所述，当 I/O 设备完成一次 I/O 操作时，设备控制器会向中断控制器发信号，然后中断控制器再向 CPU 发信号，从而触发一次中断。在中断发生后，将跳转到相应的中断处理程序去执行。因此，在 I/O 操作中，中断处理程序是必不可少的。它与设备驱动程序一起合作，共同来完成相应的 I/O 功能。既然要合作，就需要同步。中断处理程序与设备驱动程序之间的同步方式可以采用各种进程间通信方式，如信号量和 P、V 原语。

中断是一种异步行为，难以处理，我们无法准确地知道中断会在什么时候发生。作为操作系统的设计者，应该把中断处理隐藏起来，使得对于用户程序和大多数的操作系统模块来说，它们不必去感知中断的存在。

最后，中断处理需要执行不少的 CPU 指令，如进程上下文的保存和恢复，这些都需要一定的系统开销。

2. 设备驱动程序

设备驱动程序就是与具体的设备类型密切相关的，用来控制设备运行的程序。它一般是由设备的生产厂商提供的。如果自己组装过计算机就会知道，当我们在购买声卡、网卡和显卡等设备时，除了设备本身以外，通常还需要安装相应的设备驱动程序，这些驱动程序可以存放在光盘、U 盘等移动存储介质中，也可以直接从公司的网站下载，它们是由设备生产商制作并提供的。而且对于不同的操作系统，它们往往会有不同的版本。

一般来说，在 I/O 软件当中，真正与 I/O 设备密切相关的，直接对它们进行控制的软件，就是设备驱动程序。只有它才会直接去对设备控制器当中的寄存器进行操作，去读状态命令，去写控制命令。前面讨论的 I/O 控制方式，即通过编写软件的方式来让设备能够正常地运行，实际上讲的就是驱动程序的编写。

设备驱动程序与 I/O 设备之间是密不可分、一一对应的。每一个 I/O 设备都需要相应的设备驱动程序，而每一个设备驱动程序一般也只能处理一种类型的设备。因为对于不同的设备来说，其设备控制器当中的寄存器的数目是各不相同的，而且控制命令的类型也各不相同。例如，对于一个鼠标驱动程序来说，它需要从鼠标这个设备中读取各种各样的信息，包括移动的位置、哪一个按键被按下等。而对于一个磁盘驱动程序来说，它为了进行磁盘的读写操作，就必须知道扇区、磁道、柱面和磁头等各种各样的参数，并使用这些参数来控制磁盘控制器。

如图 5.12 所示，设备驱动程序虽然是由硬件生产厂商提供的，但它一般也是操作系统的一部分，是位于系统的内核空间当中。它们直接对设备控制器进行控制，指挥它们去完成 I/O 操作。而设备控制器又是真正地去和硬件设备打交道。操作系统的其余部分则是与设备驱动程序打交道。

对于不同的 I/O 设备，它们的设备驱动程序的编写方式是不一样的，但也会有一些基本的套路。一般来说，很多设备驱动程序在具体实现时，会执行以下步骤。

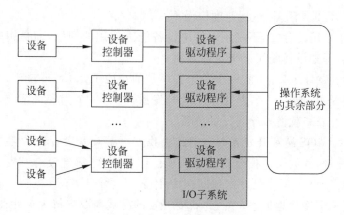

图 5.12　设备驱动程序是操作系统的一部分

（1）初始化，如打开设备。

（2）解释系统的命令，检查输入的参数是否有效。如果无效，则返回一个出错报告；如果有效，就要把输入的抽象参数转换为控制设备所需要的具体参数。例如，对于一个磁盘驱动程序来说，它所得到的输入参数可能是一个简单的数据块编号，即线性地址。例如，函数调用 read(fd,15,buf) 表示读取磁盘的第 15 个数据块到 buf 中。这个函数是操作系统制定的一个标准接口函数，它适用于所有的块设备，而不仅仅是这个磁盘。但是对于磁盘驱动程序来说，它为了去控制磁盘控制器，当然不能使用这样一个参数，而必须对它进行转换，把它转换为相应的磁头号、磁道号、扇区号和柱面号等具体的参数，然后才能使用这些参数，向设备控制器发出命令。

（3）检查设备当前是否空闲，如果设备正忙，则这一次的操作请求暂时无法完成，因此把它加入到等待队列，稍后再处理。如果设备空闲，那么再检查硬件的状态，看能否开始运行。

（4）设备驱动程序向设备控制器发出一连串的命令，即把这些命令写入到控制器的各个寄存器当中，通过端口地址写进去。每发出一条命令以后，可能还需要去检查一下控制器是否已经收到了这条命令，并且已经准备好接收下一条命令。

（5）当这个 I/O 操作完成以后，驱动程序会去检查出错的情况。如果一切正常，则程序运行结束，并返回一些状态信息给它的调用者。如果这是一个输入操作，那么还要把输入的数据上传给上一层的系统软件。

5.3.2　设备独立的系统软件

如前所述，真正的 I/O 控制的工作是由设备驱动程序（包括中断处理程序）来完成的，而设备驱动程序是由硬件厂商提供的，有了它以后，设备基本上就能正常地运转起来。那么在这种情形下，对于操作系统的设计者来说，需要做什么事情呢？具体来说，对于操作系统的 I/O 管理模块，它的功能是什么？事实上，在一些简单的嵌入式系统中，只要有驱动程序就可以正常工作了，连操作系统都不需要。

在计算机的操作系统当中设置 I/O 管理软件，主要有如下几个原因。

- I/O 设备的种类繁多、功能各异，需要标准化接口。
- I/O 设备不可靠，如存储介质失效或传输错误。

* I/O 设备不可预测，且运行速度快慢不一。

换言之，操作系统的存在，不是用来解决设备能否使用的问题，而是用来解决设备如何用得更好的问题，即让设备使用起来更加方便。

为了加深读者的印象，先来看一个关于程序员的小段子。

两个程序员是好朋友，一个为 iOS 系统开发游戏，另一个为安卓系统开发游戏。两个人同时决定各自开发一款游戏给自己的阵营。

一个月过去了，iOS 游戏开发者兴奋地跑去找安卓游戏开发者说："我终于完成了！并且上架了，反响很好，我的第一桶金就要赚到了！你怎么样，搞定没有？"安卓程序员冷冷地说："还早得很呢"。iOS 程序员好奇地问："为什么？"

安卓程序员依旧冷冷地回答："因为我要开发的游戏需要支持 3 英寸、3.2 英寸、3.5 英寸、3.7 英寸、3.8 英寸、3.9 英寸、4 英寸、4.1 英寸、4.2 英寸、4.3 英寸、4.5 英寸、4.7 英寸、4.8 英寸、5 英寸、5.5 英寸、5.7 英寸、6.8 英寸、7 英寸、7.2 英寸、7.5 英寸、7.8 英寸、8 英寸、8.7 英寸、8.8 英寸、8.9 英寸、9 英寸、9.2 英寸、9.5 英寸、9.7 英寸、9.8 英寸、9.9 英寸、10.1 英寸、11.1 英寸、12 英寸和 13 英寸等屏幕大小，以及 $240\times320px$、$240\times400px$、$240\times480px$、$320\times400px$、$320\times480px$、$360\times480px$、$360\times640px$、$480\times640px$、$480\times720px$、$480\times800px$、$480\times854px$、$540\times960px$、$600\times800px$、$600\times1024px$、$640\times960px$、$720\times1280px$、$752\times1280px$、$768\times1024px$、$800\times1024px$ 和 $800\times1280px$ 等分辨率。还有 1 核、2 核、3 核、4 核、5 核、6 核、7 核和 8 核的支持优化。还得要求多窗口运行而且不死机。"

这个段子告诉我们，在软件开发的时候，如果程序员需要直接面对各种各样、不同类型的 I/O 设备，而且这些设备来自不同的厂家，其设备驱动程序也各不相同，在这种情形下，程序员就会感到非常痛苦。

再举一个例子。假设要去访问一个数据文件，这个文件可能是存放在机械硬盘上，也可能是存放在固态硬盘、光盘、移动硬盘或 U 盘上。不同存储设备的生产厂商是不一样的，驱动程序也是不一样的，在这种情形下，对于程序员来说，应该如何来编写程序？难道要把所有的存储设备都枚举一遍？

总之，为了使程序员更好地去使用 I/O 设备，在操作系统当中就必须专门有一层软件，即设备独立的 I/O 软件，也称为内核 I/O 子系统。它的主要功能包括：给上层应用的统一接口、与设备驱动程序的统一接口、提供与设备无关的数据块大小以及缓冲技术等。

1. 应用程序与操作系统的接口

如图 5.13 所示，对于应用程序开发人员，他不会直接与底层的硬件设备打交道，而是与操作系统打交道，操作系统会提供一个应用程序编程接口（Application Programming Interface，API），让编程人员来调用。那么对于应用程序开发人员来说，他们希望操作系统提供什么样的接口呢？这些接口函数应该具备什么样的一些特点呢？

显然，最根本的目标只有一个，即越简单越好，使用越方便越好，就像"傻瓜相机"一样，一看就会用。具体来说，有如下三个方面。

* 设备独立性：使用户在编写程序、访问各种 I/O 设备时，无需事先指定特定的设备类型。例如，假设需要访问一个文件，该文件可能来自硬盘、U 盘或光盘，显然，这些设备都是各不相同的，我们希望各种类型的设备之间的差异由操作系统来处理，对用户来说是透明的，不必关心。

图 5.13　应用程序与操作系统的接口

- 统一命名：用简单的字符串或整数的方式来命名一个文件或设备。例如，在 UNIX 系统中，所有的文件和设备都采用相同的命名规则，即路径名。
- 阻塞与非阻塞 I/O：我们希望操作系统提供的 API 函数分为两类，一类是阻塞性的，即当进程启动一个系统调用后，它会被阻塞起来，直到这次 I/O 操作完成。另一类是非阻塞性的，即当进程启动一个系统调用后，不管这次 I/O 操作是否完成，都会立即返回，然后该进程继续往下运行。我们需要根据不同的应用背景，来选择不同类型的函数。

那么在一个实际的操作系统当中，API 函数是否具有上述特点呢？以下是 Windows 操作系统中的一个 API 函数。

```
HANDLE CreateFile(
    LPCTSTR lpFileName,                        //文件名
    DWORD dwDesiredAccess,                     //访问模式
    DWORD dwShareMode,                         //共享模式
    LPSECURITY_ATTRIBUTES lpSecurityAttributes, //安全属性
    DWORD dwCreationDisposition,               //创建方式
    DWORD dwFlagsAndAttributes,                //文件属性
    HANDLE hTemplateFile                       //模板文件的句柄
);
```

CreateFile()函数的功能是创建或打开以下的某种对象：控制台、通信资源(如串口)、目录、磁盘设备(分区)、文件(硬盘和光盘等)。

从 CreateFile()函数的功能和参数来看，这就是典型的设备独立性。也就是说，对于不同类型的设备，无论是硬盘、光盘、串口还是控制台，系统把对它们的访问都抽象为一种统一的形式，即文件，然后用相同的一组 API 函数来访问。CreateFile()函数是创建文件，另外还有读文件、写文件等相关的函数。因此，对于不同类型的设备，它们的访问方法是完全相同的，调用的是相同的一组函数。至于这些设备之间的差别，是由操作系统内部来处理的，程序员根本不需要知道。

另外，该函数的第一个参数 lpFileName，即文件名，这就是刚才所说的统一命名。也就是说，不管是什么类型的设备，都用统一的一种命名方式。例如，"A:\\1.txt"可能是软盘上的一个文件。"C:\\2.txt"可能是硬盘上的一个文件。"F:\\3.txt"可能是光盘上的一个文件。"COM1"是串口 1，"\\.\A:"是软盘设备，"\\.\C:"是硬盘分区，"CON"是控制台。总之，无论是访问什么类型的对象，使用的命名方式都是统一的路径名的方式。这样，程序

员使用起来就很方便。

下面再来看一下阻塞与非阻塞的 I/O 操作。所谓阻塞 I/O，就是指一个进程在调用一个 I/O 操作的 API 函数后，该进程会被阻塞起来，直到这次 I/O 操作完成，然后被唤醒。这种方式易于使用，也易于理解，前面讨论的都是这种方式。例如，在一个典型的 C 语言程序中，经常使用 scanf() 函数，让用户从键盘输入一个数据。这个 scanf() 函数就是一个阻塞的 I/O 函数，当这个函数被执行、I/O 操作被启动后，就会停在那里等待，而当前进程就会被阻塞起来，从而把 CPU 腾出来给别的进程。等到 I/O 操作完成后，该进程再继续往下运行。

但是在有些时候，可能需要非阻塞的 I/O。也就是说，在调用一个 I/O 操作的 API 函数后，无论这个 I/O 操作是否完成，该函数都会立即返回。在这种方式下，程序的执行具有异步性。当 I/O 操作正在进行时，该进程可以继续执行，继续去做别的事情。然后当 I/O 操作完成时，I/O 子系统会给进程发信号。这种方式的好处是调用者具有主动权，它能决定是否继续等下去。缺点是不太好理解，对程序员提出了更高的要求。因为这相当于是有两件事情在同时进行，所以一般都涉及多线程编程。在这种情形下，如何来协调各个并发线程之间的关系，有时候比较困难。

举个例子，假设在开始时，进程 A 在 CPU 上运行。后来 A 执行了一个 I/O 操作，如果是阻塞的 I/O 操作，那么进程 A 将会被阻塞，系统就会调度另一个进程 B 去运行。等这个 I/O 操作完成后，再把进程 A 唤醒。如果是非阻塞的 I/O 操作，那么进程 A 在启动 I/O 操作后，会立即返回，然后继续往下执行，此时不会发生进程的切换。

阻塞 I/O 示例代码如下。

```
HANDLE hCom;
hCom = CreateFile("COM1", GENERIC_READ, 0, NULL, OPEN_EXISTING, 0, NULL);
//EV_RXCHAR: 一个字符已收到,并放在输入缓冲区中
SetCommMask(hCom, EV_RXCHAR);
WaitCommEvent(hCom, &dwEvtMask, NULL);
if(dwEvtMask & EV_RXCHAR)
{
    ReadFile(hCom, buf, NumBytesToRead, NumBytesRead, NULL);
}
```

上面的代码是一个阻塞 I/O 的例子，其功能是去访问计算机的串口设备，当串口接收到别的机器发来的数据时，就去把它读进来。这段程序是一个标准的 C 语言程序，只不过它用到了 Windows 系统的一些数据类型和 API 函数，因此在源文件的开头要把 windows.h 头文件包含进来。在这段程序中，首先定义了一个句柄，然后用 CreateFile() 函数打开了 COM1 串口。CreateFile() 函数刚才已经讨论过，就是把串口这个外部设备当成一个普通的文件来打开。然后设置串口掩码为 EV_RXCHAR，也就是说，当串口的输入缓冲区接收到一个字符以后，就会触发 EV_RXCHAR 这样一个事件。接下来调用 WaitCommEvent() 函数，等待事件的发生。然后判断一下，如果该事件是 EV_RXCHAR，说明在输入缓冲区中有数据，然后就用 ReadFile() 函数把它读入到 buf 当中。显然，ReadFile() 也是一个很好的设备独立性的函数，它更常用于读取一个硬盘文件的内容。另外，在这个例子当中，WaitCommEvent() 和 ReadFile() 这两个函数的使用方法都是阻塞的 I/O 操作，即当它们被

调用时,会停在那里一直等待下去,等待事件的发生。当然,这种等待不是循环等待,浪费CPU时间,而是整个进程会被阻塞起来,然后把CPU让出来给其他进程使用。当等待的事件发生以后,该进程会被唤醒,从而可以继续往下执行。显然,这种阻塞性的I/O操作是易于理解的,也是我们通常访问I/O设备时所采用的方式。因为I/O设备的运行速度一般比较慢,比CPU要慢很多,所以为了提高CPU的使用效率,通常会采用这种方式。

非阻塞I/O示例代码如下。

```
HANDLE hCom;
OVERLAPPED o;
hCom = CreateFile("COM1", GENERIC_READ, 0, NULL, OPEN_EXISTING,
                  FILE_FLAG_OVERLAPPED, NULL);          //重叠 I/O
//EV_RXCHAR: 一个字符已收到,并放在输入缓冲区中
SetCommMask(hCom, EV_RXCHAR);
o.hEvent = CreateEvent(NULL, ...);
bR = WaitCommEvent(hCom, &dwEvtMask, &o);
if(!bR) ASSERT(GetLastError() == ERROR_IO_PENDING);
r = WaitForSingleObject(o.hEvent,INFINITE);
if(r == WAIT_OBJECT_0)                                 //有数据到达
{
    bR = ReadFile(hCom, buf, sizeof(buf), &nBytesRead, &o);
    if( !bR )
    {
        if(GetLastError() == ERROR_IO_PENDING)
        {
            r = WaitForSingleObject(o.hEvent, 2000);
            if(r == WAIT_OBJECT_0)
                GetOverlappedResult(hCom,&o,&nBytesRead,FALSE);
            else if(r == WAIT_TIMEOUT)...
        }
    }
}
```

以上是非阻塞I/O的例子。基本功能与前面的例子相似,只是稍微修改了一下。在创建文件时,把文件的属性设置为FILE_FLAG_OVERLAPPED,即重叠的I/O。这样,在对这个文件进行访问时,就可以实现I/O操作与程序的执行并行进行。

在调用WaitCommEvent()函数时,用法与刚才不太一样。由于hCom是以重叠I/O的方式打开,因此最后一个参数传递的是一个OVERLAPPED结构体变量的起始地址。这种参数形式就表示这是一次非阻塞的I/O操作,即当该函数被执行时,无论是否有事件发生,都会立即返回。如果事件的确发生了,则返回值为真;如果事件没有发生,则返回值为假。此时可以调用GetLastError()函数,其返回值应该为ERROR_IO_PENDING,表示这个操作正在后台进行。将来一旦发生了该事件,即有字符到达串口,那么系统将会自动地把o.hEvent置位,表示有信号到来。因此,在代码中可以用WaitForSingleObject()来等待该事件,时间是无限期等待。当然,也可以设置一个特定的等待时间,即等待多长时间以后,就不再等待了,转而作为超时处理。

接下来是调用ReadFile()函数,从系统缓冲区中,把数据读入到用户自己的缓冲区中。

这个操作也是一个非阻塞的 I/O 操作,无论该操作是否成功,都会立即返回。然后在使用 WaitForSingleObject()等待该操作完成时,设置了等待时间为 2000ms。如果在这段时间内,没有读到数据,那么就进行超时处理。

有的读者可能不太理解为什么要使用这种非阻塞 I/O 的方式。事实上,对于一个应用程序来说,它往往需要同时去做很多事情,如屏幕显示、数据刷新、用户交互、串口通信等。因此,有时它就不能因为等待某个 I/O 操作而把自己阻塞起来,从而耽误了其他的工作。

再来看一个简单的阻塞和非阻塞 I/O 的例子,这里的背景是 Linux 操作系统。

(1) 阻塞地读取串口一个字符。

```
char buf;
fd = open("/dev/ttyS1", O_RDWR);
res = read(fd, &buf, 1);        //只有当串口有输入时才会返回
if(res == 1) printf("%c\n", buf);
```

(2) 非阻塞地读取串口一个字符。

```
char buf;
fd = open("/dev/ttyS1", O_RDWR|O_NONBLOCK);
while(read(fd, &buf, 1) != 1);        //串口无输入时也会返回
printf("%c\n", buf);
```

上面这段代码是阻塞地读取串口的一个字符,在调用 read()函数时,只有当串口有输入时才会返回,否则当前进程会被阻塞。下面这段代码是非阻塞地读取串口一个字符,open()函数的参数是 O_NONBLOCK,表示以非阻塞的方式来打开串口。然后在调用 read()函数时,无论串口当前是否有输入都会立即返回,因此为了读到数据,需要用循环语句来不断尝试。

2. 操作系统与 I/O 设备的接口

我们知道,I/O 设备种类繁多,类型各异,那么操作系统如何跟它们打交道呢?

如图 5.14 所示,为了提高 I/O 软件的可重用性和可扩展性,在操作系统与设备驱动之间,也有一个接口,每一种 I/O 设备的驱动程序都必须遵守该接口。由于设备驱动程序是由硬件厂商制作和提供的,那么从硬件厂商的角度来说,他们希望操作系统提供一个什么样的接口呢?

由于 I/O 设备种类繁多,因此,操作系统不太可能为每一种 I/O 设备都单独制定一个接口。一般来说,为了实现设备独立性,操作系统会把各种类型的设备划分为三大类:块设备、字符设备和网络设备,并为每一类设备定义了一个标准接口,而大多数设备驱动程序都支持其中之一。例如,键盘属于字符设备,硬盘属于块设备。

如图 5.15 所示,所有的设备被归结为三类,然后操作系统为每一类设备定义了一组接口函数。这些接口函数都是一些抽象的函数,它们并不会去做一些具体的操作,如命令设备控制器去执行 I/O 操作。这些函数都是抽象的,它们仅仅是作为接口函数来使用,被上层的操作系统软件所调用。这样的好处是能够把硬件设备的细节封装在设备驱动程序里面,而对于上层的系统内核中的 I/O 软件来说,它所面对的就是这个抽象的接口。换言之,它

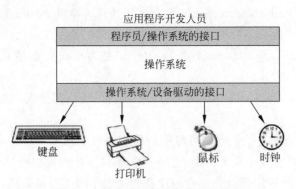

图 5.14　操作系统与设备驱动的接口

只会去调用这个接口中的函数,而不会直接跟底层的驱动程序打交道。由于这个接口是标准的、抽象的、固定不变的,因此,即使底层的硬件设备发生了变化,那么只需要去更新相应的设备驱动程序即可,而不会影响到上层软件对它的使用。事实上,上层软件不用做任何修改就可以继续使用,这样就有利于实现设备的独立性。

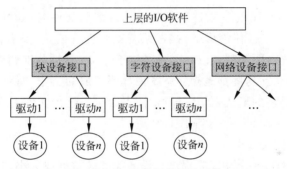

图 5.15　三种类型的接口函数

那么在这些接口中都包含哪一些函数呢? 首先,无论是哪一类设备,无论是块设备还是字符设备,它们都需要一些共同的接口函数,例如:

- open(deviceNumber):启动设备,初始化并分配资源,如缓冲区。
- close(deviceNumber):关闭设备,释放资源。

当然,对于不同的设备来说,这两个函数的具体实现肯定是不一样的。但是从接口的角度来看,这些函数可以做成标准,包括函数名、函数的参数个数、参数的数据类型等,这些都可以是固定不变的。

对于字符设备,如键盘、鼠标和串口等,主要的接口函数包括:

- read(deviceNumber,buffer,size):从一字节流设备中读入 size 字节写入到 buffer 缓冲区中。
- write(deviceNumber,buffer,size):从 buffer 缓冲区中取出 size 字节,写入到一字节流设备中。

所有的字符设备都会提供这两个函数,但它们的具体实现是各不相同的。

对于块设备,如硬盘、U 盘和光盘等,主要的接口函数包括:

- read(deviceNumber,deviceAddr,buffer)：从设备地址 deviceAddr 处读入一个数据块到 buffer 缓冲区。
- write(deviceNumber,deviceAddr,buffer)：把 buffer 中的数据块写入到设备地址 deviceAddr。
- seek(deviceNumber,deviceAddress)：把设备的访问指针定位到正确的位置。

3. 接口映射

刚才讨论了两个接口，一个是应用程序与操作系统的接口，另一个是操作系统与 I/O 设备的接口。显然，对于操作系统来说，它的一个基本任务就是实现这两个接口的映射，即把用户提交的接口函数调用转换为相应的设备驱动程序的接口函数调用。

例如，假设用户编写了如下 C 语言代码：

```
fp = fopen("C:\\1.txt","r");
fread(buffer,sizeof(char),100,fp);
```

这段代码的功能是去访问文件"C:\\1.txt"，从该文件中读入 100B 到内存 buffer 数组中。那么对于操作系统来说，首先就要进行分析，这个文件到底是存放在什么地方。具体来说，用户在访问文件时，给出的参数往往是带有路径名的文件名，如"C:\\1.txt""F:\\2.txt"和"G:\\3.txt"等。在这种情形下，操作系统就要进行翻译，查明 1.txt 文件是位于硬盘，2.txt 文件是位于光盘驱动器，3.txt 文件是位于 U 盘，然后分别调用相应的设备驱动程序，完成文件的访问操作。这些都是操作系统内部要完成的工作，而对于程序员来说，他只要使用这种简单的文件名的形式来访问即可，而不必关心这个文件到底是存放在哪一种存储设备上，也不需要直接跟设备驱动程序打交道。

4. 设备无关的数据块大小

内核 I/O 子系统的另一个功能是提供与设备无关的数据块大小。我们知道，磁盘的访问是以扇区为单位，但是不同的磁盘可能会有不同的扇区大小，有的是 512B，有的是 1KB。因此，在系统内核的 I/O 软件模块，为了实现设备独立性，可以向它的上层掩盖这一事实，并提供统一的数据块大小。例如，它可以规定一个数据块的大小是 4KB，这样，在操作系统的内部，数据块的大小都是 4KB。然后在访问实际的 I/O 设备时，再根据它的扇区大小来确定每个数据块到底包含多少个扇区。例如，如果物理扇区的大小是 512B，相当于是将 8 个物理扇区合并为一个数据块。如果物理扇区的大小是 1KB，则相当于是将 4 个物理扇区合并为一个数据块。这样，对于上层的软件来说，它们所面对的就是一些抽象的设备，这些设备都使用相同大小的数据块，这样就把数据块的大小统一起来了。事实上，无论是访问接口的统一、命名规则的统一，还是数据块大小的统一，其目的都是为了实现设备独立性这个最终的目标。

5. 缓冲技术

内核 I/O 子系统的另一个功能是缓冲技术。我们知道，在 CPU 和内存之间存在缓冲，这个缓冲是位于 CPU 内部的高速缓存 Cache，即为了减少对内存的访问次数，提高内存的访问速度，可以把常用的一些数据保存在 Cache 中。而在 CPU 和磁盘设备之间也有缓冲，这个缓冲是位于内存当中，即为了减少对磁盘的访问次数，提高磁盘的访问速度，可以把常用的一些数据块保存在内存中，如图 5.16 所示。

缓冲技术之所以能够起作用,根本原因在于程序的局部性原理。它的基本思想是:在实现数据的输入/输出操作时,为了缓解 CPU 与外部设备之间速度不匹配的矛盾,提高资源的利用率,可以在内存当中开辟一个空间,作为缓冲区。这样,当我们从磁盘读数据时,先到缓冲区当中去查找。如果能找到,就不用再去访问磁盘,而是直接从缓冲区中读取。在写磁盘时,也是先写入到缓冲区当中,以后再写到磁盘上。例如,假设要把一个非常大的数据文件从 C 盘复制到 D 盘,那么在执行完这次复制操作之后,该文件的很多数据块就可能会临时存放在内存的缓冲区当中。如果过了一会儿,需要再次访问该文件,例如,把它再复制一份到 E 盘,这时就会发现,这次复制的速度会比刚才要快,因为有一些数据块已经在内存当中了。

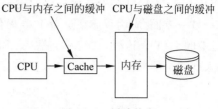

图 5.16　缓冲技术

在具体实现缓冲区技术时,可采用以下两种方案。

- 单缓冲:只有一个缓冲区,由 CPU 和外设轮流使用,在一方处理完之后就等待对方去处理。
- 双缓冲:有两个缓冲区,CPU 和外设都可以连续地处理而不需要等待对方。这种方式要求 CPU 和外设的速度比较接近,否则还是会有等待的现象。

缓冲技术是一种非常实用的技术,因为对于 I/O 设备的访问,也经常会满足程序的局部性原理。例如,在访问磁盘时,在一段时间内,可能会集中地访问其中的若干个数据块,因此设置缓冲区可以有效地减少对 I/O 设备的访问次数,从而提高系统的性能。换言之,缓冲技术的实质是以空间换时间。

5.3.3　用户空间的 I/O 软件

在 I/O 软件的最顶层是用户空间的 I/O 软件。前面介绍的各种 I/O 软件,都位于系统内核当中,是操作系统的一部分。但也有另外一小部分的 I/O 软件,它们并不在系统内核当中,主要可以分为以下两种。

- 库函数:与用户程序进行链接的库函数。例如,在 C 语言中与 I/O 有关的各种库函数,如 open()、write()、read() 等。不过,这些库函数实质上只是一个空的外壳,在具体实现时,它们会把传给它们的参数再往下传递给相应的系统调用函数,并由后者来完成实际的 I/O 操作。
- SPOOLing 技术:这是一种完全运行在用户空间中的程序,它是在多道系统当中,一种处理独占设备的方法。

SPOOLing(Simultaneous Peripheral Operation On Line)一般称为假脱机技术,或者虚拟设备技术。它可以把一个独占设备转变为具有共享特征的虚拟设备,从而提高设备的利用率。它的基本思想是:在多道系统当中,对于一个独占的设备,专门利用一道程序,即 SPOOLing 程序,来完成对这个设备的输入/输出操作。

具体来说,如图 5.17 所示,一方面,SPOOLing 程序负责与这个独占的 I/O 设备进行数据交换,这可以称为"实际的 I/O"。如果这是一个输入设备,那么 SPOOLing 程序预先从该设备输入数据并加以缓冲,然后在需要时再交给应用程序;如果这是一个输出设备,那么

SPOOLing 程序会接受应用程序的输出数据并加以缓冲,然后在适当的时候再输出到该设备。另一方面,应用程序在进行 I/O 操作时,只是与 SPOOLing 程序交换数据,这可以称为"虚拟的 I/O"。这时,它实际上是从 SPOOLing 程序的缓冲区当中读出数据或者是把数据送入到这个缓冲区,而不是直接地与实际的设备进行 I/O 操作。

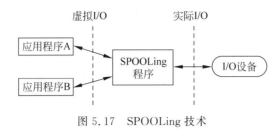

图 5.17　SPOOLing 技术

SPOOLing 技术的优点有以下两个。

- 高速的虚拟 I/O 操作:应用程序的虚拟 I/O 比实际的 I/O 速度要快,因为它只是在两个进程之前的一种通信,把数据从一个进程交给另一个进程。这种交换是在内存中进行的,而不是真正地让机械的物理设备去运作。这样,就能缩短应用程序的执行时间。

- 实现对独占设备的共享:由 SPOOLing 程序提供虚拟设备,然后各个用户进程就可以对这个独占设备依次地共享使用。

举个例子,打印机就是一种独占设备,在任何时候只能允许一个用户进程使用。在现代操作系统当中,对于打印机设备,普遍采用了 SPOOLing 技术。具体来说,首先创建一个 SPOOLing 进程,或称后台打印程序,以及一个 SPOOLing 目录。当一个进程需要打印一个文件时,首先会生成将要打印的文件,并把它放入 SPOOLing 目录当中,然后由这个后台打印进程来负责真正的打印操作。例如,在计算机上有各种各样的应用软件,如文字编辑软件、网页浏览器、图像编辑器等。在使用这些软件时,如果要打印一个文件,那么直接单击"打印"按钮即可。没过一会儿,软件就会提示"打印"已完成。此时,就可以把这个软件关闭。如果文件是存放在 U 盘上,甚至还可以把 U 盘拔掉,这些操作都没有问题。但实际上我们一看打印机,根本还没有开始打印,这是怎么回事呢?原来,对于应用软件来说,它所谓的打印,只是生成相应的打印文档,然后交给后台打印进程。然后对于它来说,整个任务就算完成了。而且由于这是两个进程之间的通信,数据是在内存中传送,因此速度会很快。剩下的就是后台打印进程与打印机之间的事情了,而且打印机是一个外部设备,它的运行速度比较慢,所以要过好一会儿,才会听到打印机开始工作。

5.3.4　I/O 实现举例

前面介绍了 I/O 软件的各个层次,即中断处理程序、设备驱动程序、设备独立的操作系统软件以及用户空间的 I/O 软件。每一层都是用来实现特定的功能,相邻的层次之间有着良好的调用接口。下面通过两个例子来把这些内容综合在一起,也就是说,为了完成一次完整的 I/O 功能,不同的角色应该如何分工,程序员需要做什么,操作系统需要做什么,设备驱动程序和中断处理程序需要做什么,这样就把整个过程给串起来了。

1. I/O 实现案例之一

假设在一个实验室当中,为了项目的需要,新开发了一个简单的字符输入设备。该设备类似于键盘,只不过比较简陋,没有标准的键盘那么大。由于该设备是自己制作的个性化的 I/O 设备,没有现成的驱动程序可以使用,因此,需要自己为这个设备编写相应的驱动程序,使之能正常使用起来。换言之,如果是从市场上购买的标准的 I/O 设备,如键盘、鼠标等,这些设备一般由专门的硬件厂商制作,并配备有相应的设备驱动程序,所以直接就可以使用。但如果是自己设计并实现的设备,那么不仅要做硬件,而且要做软件,要自己编写相应的设备驱动程序。

那么如何来完成这个任务呢? 首先要弄明白的是:为了让这个设备正常运转起来,到底需要做哪些事情? 具体来说,要编写哪些代码,这些代码存放在什么地方,如何把它们提交给操作系统,使得操作系统能够管理这个定制的设备,从而使用户可以像普通的其他设备一样来使用它。

假设我们已经编程实现了该设备的驱动程序,并且已经把它提交给了操作系统,在这种情形下,它是如何来使用的呢? 由于这是一个类似于键盘的输入设备,因此,用户在编程使用这个设备的时候,肯定是通过相应的函数调用来实现的。例如,在 C 语言中,如果要从键盘输入一个数据,那么一般会调用 scanf() 库函数。如图 5.18 所示,这就是这个设备的用户使用方式。对于应用程序开发人员来说,他编写了一个 C 语言应用程序,在 main() 函数当中,通过调用 scanf() 函数,从键盘读入一个整数,保存在变量 x 当中。所以这就是用户在使用该设备时所需要做的事情。

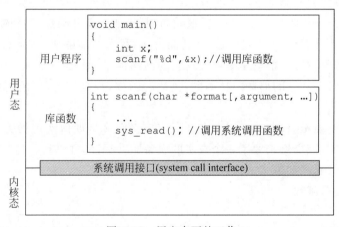

图 5.18　用户态下的工作

我们知道,scanf() 函数是 C 语言的库函数,即前面所说的用户空间的 I/O 软件,它在具体实现时,通常的做法是先进行一些参数验证和转换工作,然后就启动一次系统调用,让操作系统来完成此次 I/O 工作。我们不妨把这个系统调用称为 sys_read()。需要指出的是,当进程在执行 main() 和 scanf() 函数时,都是运行在用户态,而一旦启动了系统调用,就会发生状态的切换,CPU 就会从用户态切换为内核态,然后去执行操作系统内核的代码,如图 5.19 所示。

在内核态下,在 sys_read() 系统调用中,它会去做其他一些事情,这里不再详述,然后就去调用字符类的设备接口函数 read()。如前所述,对于字符设备、块设备和网络设备,每一类设备都会提供一组标准的、统一的对外接口函数。然后在内核 I/O 子系统中,只会去调用这组接口函数,而不会直接与设备驱动程序打交道。接下来,在 read() 函数的具体实现

I/O 设备管理

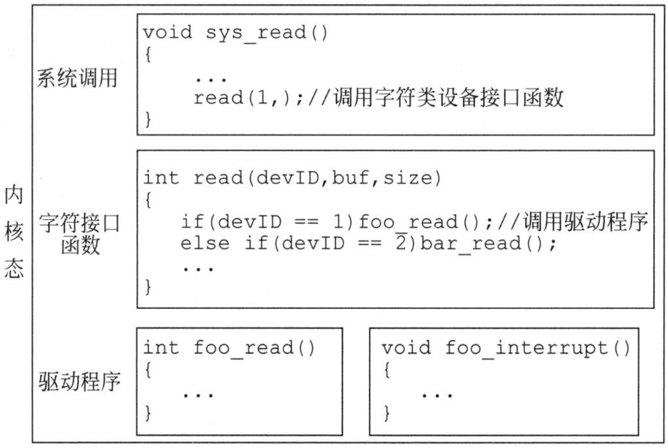

图 5.19　内核态下的工作

中,由于它是面向所有字符类设备的,包括键盘、鼠标和串口等,而每一种字符设备的驱动程序是不一样的,因此需要进行一个跳转。例如,如果该设备的设备号是 1,那么就跳转到 1 号字符设备的驱动程序 foo_read();如果该设备的设备号是 2,那么就跳转到 2 号字符设备的驱动程序 bar_read(),以此类推。假设这个新设备的设备号为 1,因此,如果选定了该设备,那么就会跳转到它的驱动程序 foo_read()去执行。另外,一般来说,设备驱动程序主要由两个函数组成:一个是 foo_read(),即该设备对 read()接口函数的具体实现;另一个是 foo_interrupt(),即中断处理函数。总之,到此为止,我们就能够明白,当在系统中新增加一个设备时,真正需要做的事情就是编程实现它的驱动程序,即 foo_read()和 foo_interrupt()这两个函数。而对于其他的那些内核函数,包括库函数,都是别人已经做好的接口,可以直接使用。

那么对于 foo_read()和 foo_interrupt()函数,它们又是如何实现的呢? 以下给出了一个参考的实现样例,该样例来源于一个真实的设备驱动程序,并进行了适当的裁剪。它的运行环境是一个类 Linux 的嵌入式操作系统。

(1) foo_read()函数。

```
size_t foo_read(struct file * filp, char * buf, size_t count, loff_t * ppos)
{
    foo_dev_t * foo_dev = filp->private_data;

    if(down_interruptible(&foo_dev->sem)           //互斥
        return - ERESTARTSYS;
    foo_dev->intr = 0;                             //同步
    outb(DEV_FOO_READ, DEV_FOO_CONTROL_PORT);
    wait_event_interruptible(foo_dev->wait,
                            (foo_dev->intr == 1)); //被阻塞
    if (put_user(foo_dev->data, buf)) return - EFAULT;
    up(&foo_dev->sem);
    return 1;
}
```

（2）foo_interrupt()函数。

```
void foo_interrupt( int irq, void * dev_id, struct pt_regs * regs)
{
    foo -> data = inb(DEV_FOO_DATA_PORT);
    foo -> intr = 1;
    wake_up_interruptible(&foo -> wait);
}
```

在上述代码中，foo_dev-> sem 是一个信号量，用于实现进程间的互斥，保证在任何时候只有一个进程去使用这个硬件设备。down_interruptible()函数类似于前面提到的 P 原语，而 up()函数则类似于 V 原语。foo_dev-> intr 是一个标志位，用来与中断处理程序实现进程间同步，outb 语句用来向 I/O 设备控制器中写入数据，而 inb 语句用来从设备控制器中读出数据。另外，wait_event_interruptible()函数用于把当前进程阻塞起来，而 wake_up_interruptible()函数则负责唤醒进程。

总的来说，上述代码的执行过程是：首先是用户进程 A 执行，它执行了 scanf()函数，然后进入系统调用，然后到标准接口 read()函数，然后再到驱动程序 foo_read()函数，这些都是普通的函数调用，都是在进程 A 的资源平台上运行。接下来，在 foo_read()函数中，在使用 outb 指令启动了这次 I/O 操作后，进程 A 就会被阻塞起来。然后进行进程切换，调度另一个进程 B 去运行。当 B 在运行时，如果 I/O 操作完成，就会发生一次中断，把进程 B 打断，并跳转到中断处理程序 foo_interrupt()去执行，然后在这里再去唤醒进程 A。

2. I/O 实现案例之二

上述案例只适用于需要互斥访问的设备，如键盘、鼠标等字符设备，在任何时候只能有一个进程去读取它的数据。但是对于块设备，数据是可以共享的。例如，假设进程 A 要访问磁盘的第 i 个数据块，而进程 B 也要访问磁盘的第 i 个数据块。如果采用上述方案，那么就必须进行两次独立的 I/O 操作，从而造成浪费。因此，有必要对这种方案再进行进一步的优化。

案例二主要用在块设备当中。它的基本思路是：在数据结构上，为每一个设备设置一个请求队列。然后把驱动程序中的函数分为两个层次：上层函数和底层函数。其中，上层函数负责管理请求队列。而底层函数则负责与硬件打交道，完成真正的 I/O。

在这种方式下，I/O 操作的过程如图 5.20 所示。假设有一个用户进程 A，需要执行一次 I/O 操作，如读取文件中的一个数据块，那么就去执行相应的库函数，而库函数会调用系统调用函数，从而进入内核态。在系统调用函数中，又会执行一些操作，然后就进入设备驱动程序，调用它内部的某个上层函数，如 make_request()，从而把这一次的 I/O 请求提交进去。而对于 make_request()函数，它会在请求队列中，新增加一个请求。在以上整个过程中，一直都是函数调用，没有发生进程切换。做完这些工作以后，对于用户进程 A 来说，它的任务就已经完成了，因此可以执行一个等待操作，把自己阻塞起来。然后系统就会调度另一个进程 B 去运行。由此可见，I/O 请求的提交与真正实现是分离的。对于每一个用户进程，当它需要 I/O 操作时，都可以通过刚才的函数调用路径来提交 I/O 请求，然后把自己阻塞起来。在做这件事时，进程之间是可以并行执行的，不存在互斥的问题，因为此时并没有真正去访问 I/O 设备。

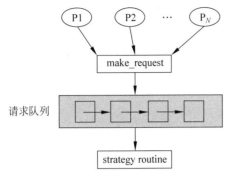

图 5.20　块设备驱动程序中的 I/O 操作

那什么时候开始真正启动 I/O 操作呢？在进程被阻塞起来之前，可能要通过某种方式通知系统内核。例如，通知内核的某个后台进程，该进程会定期执行。然后它会去调用设备驱动程序中的下层函数，如 strategy routine。该函数就会从请求队列中取出第一个请求，然后去完成它。具体做法就是去设置设备控制器，去读写它的端口地址，并有可能对 DMA 进行编程，让它来负责数据传输。做完这些事情后，该函数就结束了。

当这次 I/O 操作结束后，DMA 控制器会向 CPU 发出一个中断，打断当前进程的运行。注意当前是进程 B 在运行，而进程 A 已经被阻塞。然后在中断处理程序中，会去唤醒进程 A，告诉它 I/O 操作已完成。然后再检查一下请求队列，如果请求队列不为空，则再次执行 strategy routine 函数，去处理下一个请求。

采用这种方式，其优点是能对各个 I/O 请求进行优化。例如，假设进程 A 需要访问第 3 个扇区，进程 B 需要访问第 4 个扇区。在这种情形下，可以先执行 A 的请求然后再执行 B 的请求，这样磁头就不用移动，从而提高了访问的速度。

以下是 UNIX 系统 SCSI 磁盘驱动程序的一个例子，该设备驱动程序由如下若干个函数组成。

- sdstrategy：进行错误检查，如果设备不忙，发出一个请求。
- sdustart：将该请求放入到请求队列中，并发出启动信号。
- sdstart：为该请求申请所需的资源，如 scsi 总线或 DMA 资源。
- sdgo：往设备控制器中写入命令，设置中断向量，向设备控制器发出启动的信号。
- sdintr：中断处理程序，结束本次请求，唤醒被阻塞的进程。如果请求队列不为空，则执行下一个请求。

在这些函数中，前两个函数就是刚才所说的上层函数，负责对请求队列进行管理。而接下来的两个函数就是底层函数，负责去直接操作设备控制器，启动 I/O 操作。最后一个函数是中断处理程序，是在 I/O 操作完成、中断发生的时候被调用的。

5.4　磁　　盘

扫码观看

在本章的最后，来看两种具体的输入/输出设备，即磁盘和固态硬盘。本节主要讨论磁盘，它是一种非常普遍的外部存储设备，本节将学习磁盘的硬件、磁盘格式化、磁盘调度算法以及出错处理等方面的内容。

5.4.1　磁盘的硬件

磁盘包括软盘和硬盘。各位读者在使用计算机的时候，不知是否注意到，我们的外部存储设备，盘符一般是从 C 开始编号，如 C 盘、D 盘和 E 盘等，但是却没有 A 盘和 B 盘，这是为什么呢？这其实是兼容性的原因，在历史上，A 盘和 B 盘是给软盘驱动器预留的，其中 A

盘是容量为 360KB 的 5 英寸盘,B 盘是容量为 1.44MB 的 3 英寸盘。后来随着容量更大、性能更可靠的 U 盘的出现,软盘已经消失在历史的长河中了,因此这里不再赘述。如果读者在某部电影当中看到其中的角色仍然在使用软盘来作为存储介质(如碟中谍 1),那就说明这部电影已经有一些年头了。事实上,"碟中谍"这部电影名中的"碟"字,就是指盘碟。

我们讨论的磁盘主要是硬盘,或者说机械硬盘。如图 5.21 所示,硬盘一般由一个或多个金属盘片组成。这些盘片组合被固定在一根旋转轴上,由同一个马达来驱动。当旋转轴开始旋转时,所有的盘片都会跟着旋转。每个盘片都有上、下两个盘面,在盘面上涂有磁性材料,信息就记录在这些盘面上。另外,在每一个盘面的上方,都有一个磁头,它被固定在一个磁头臂上,而这个磁头臂又固定在一个传动装置上。这个传动装置是可以移动的,它的移动方向就是沿着盘片半径的方向,左移或右移。当这个传动装置在移动时,所有的磁头臂都会跟着移动,从而带动它上面的磁头也跟着移动。

当这个传动装置固定在某个位置时,与之相连的磁头臂的位置就是固定的,因而磁头的位置也是固定的。在这种情形下,如果旋转轴匀速旋转一圈,那么对于每一个磁头来说,它所能访问的盘片表面的区域,是一个圆环的形状。我们把这样的一个圆环区域称为一个磁道(Track)。显然,不同的磁道半径是不同的,靠近圆心的磁道半径小,远离圆心的磁道半径大。另外,由于磁盘有多个盘面,因此,在所有盘面上,半径相同的所有磁道就组成了一个柱面(Cylinder)。

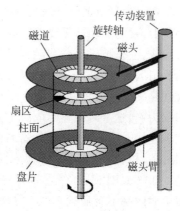

图 5.21　硬盘

另外,由于磁头的大小有限,它每次只能访问一小块区域。因此,对于每一个磁道来说,又把它平均地划分为一个个小格子,每个小格子就是一个扇区(Sector)。一个扇区的大小一般是 512B,也有的是 4KB。在访问磁盘时,一般都以扇区为单位,具体过程如下。

当需要访问某个扇区时,首先要告诉磁盘驱动器,该扇区的地址是什么。具体来说,它是位于哪一个柱面,在这个柱面上又是位于哪一个磁道,在这个磁道上又是位于第几个扇区。只有在知道了这些地址信息以后,磁盘驱动器才能精确地定位这个扇区。也就是说,首先要移动传动装置,通过它来移动磁头,向左或向右移动,从而找到正确的柱面。然后,根据磁道号,可以选中相应的磁头。接下来,由于想要访问的扇区不一定正好就在该磁头的正下方,因此要让旋转轴转动起来,等到目标扇区正好路过磁头的正下方时,就可以对它进行读写操作了。

需要指出的是,磁盘的访问是以扇区为单位。即使只想读写一字节,也必须把它所在的整个扇区读入和写入,如图 5.22 所示。

磁盘的存储容量取决于它的扇区的个数以及扇区的大小。早期的 5 英寸软盘,只有一张盘片,该盘片有上、下两个面。然后每个盘面被划分为 40 个同心圆环,即 40 个磁道。每个磁道又被划分为 9 个扇区。这样一来,该软盘总共有 40×2×9=720 个扇区,每个扇区的大小为 512B,因此,该软盘的容量为 360KB。而对于西部数据的 WD3000HLFS 硬盘,它大概有 36 481 个柱面,每个柱面有 255 个磁道,每个磁道平均约 63 个的扇区,因此,它总共有

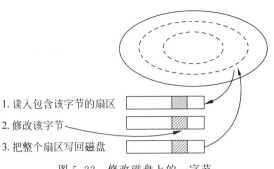

1. 读入包含该字节的扇区

2. 修改该字节

3. 把整个扇区写回磁盘

图 5.22　修改磁盘上的一字节

36 481×255×63＝586 067 265 个扇区,每个扇区的大小为 512B,因此,该硬盘的容量大约为 300GB。当然,现在的机械硬盘容量就更大了,如 4TB。

在讨论硬盘的性能时,一个重要的方面就是随机访问时间,即当给定一个随机的数据块地址后,硬盘驱动器需要多长时间来完成相应的读写操作。如前所述,这个时间主要由两部分组成,一是把磁头臂移动到目标柱面所需要的时间,这个时间也称为柱面定位时间;二是目标扇区旋转到磁头正下方所需要的时间,这个时间也称为旋转延迟时间。无论是柱面定位还是旋转延迟,它们都属于机械运动,速度比较慢,一般需要几毫秒的时间。以旋转延迟时间为例,这个时间显然取决于旋转轴的旋转速度,如果旋转速度越快,那么相应的延迟时间就越短。大部分的硬盘驱动器每秒能够旋转 60～250 圈,或者以 RPM(Rotations Per Minute,每分旋转多少圈)为单位,即 3600～15 000RPM。例如,假设某个硬盘驱动器的转速为 10 000RPM,那么它旋转一圈所需要的时间就是 6ms。这意味着任何一个扇区的旋转延迟时间都不会超过 6ms。显然,在机械硬盘当中,由于柱面定位和旋转延迟时间较长,这就限制了硬盘的随机访问速度。读者如果感兴趣,可以大致估算一下这个访问速度的数量级别。因此,为了提高这个访问速度,在机械硬盘中往往会设置高速缓存,其原理与内存的高速缓存是类似的。

硬盘性能的另外一个方面是数据流在硬盘驱动器与内存之间的传输速度,这取决于硬盘驱动器是如何连接在计算机当中。它可以直接连接在系统总线上,也可以通过专门的 I/O 总线连上去。典型的总线包括 ATA(Advanced Technology Attachment,高级技术附件)、SATA(Serial ATA,串行 ATA)、USB(Universal Serial Bus,通用串行总线)等,其中最常用的连接方式是 SATA。

作为一个例子,图 5.23 给出了西部数据公司的一款硬盘 WD40EZRZ 的参数列表,其容量为 4TB,对外接口的类型为 SATA3.0,接口速率为 6Gb/s。高速缓存的容量为 64MB。转速为 5400RPM,这意味着旋转一圈所需要的时间为 11ms 左右。

产品型号	WD40EZRZ
产品容量	4TB
外形规格	3.5英寸
产品接口	SATA 6Gb/s
高速缓存	64MB
转速等级	5400RPM
尺寸/mm	147×101.6×26.1
重量/kg	0.68

图 5.23　WD40EZRZ 硬盘参数

虽然硬盘的最小访问单位是扇区,但实际上,我们在访问硬盘时,通常是以数据块为单位,每一个数据块往往是由连续的若干个扇区组成。这样一来,对于上层用户来说,整个硬盘可以看成是一个巨大的一维数组,其中每一个数组元素都是一个数据块。当然,也可以把每一个数组元素看成是一个扇区,然后相邻的几个扇区组成一个数据块。因此,从用户的视角,这样来看待一块硬盘就可以了。每次访问硬盘时,只要给出一个块号即可,相当于是相应数组元素的下标。但是对于硬盘驱动器来说,它在真正工作时,是需要详细的内部地址的,即该数据块是由哪几个扇区组成,每个扇区的物理地址是什么。所谓扇区的物理地址,由三个部分组成:柱面号、该柱面上的磁道号和该磁道上的扇区号。有了这些地址信息,硬盘驱动器就能准确地定位到目标扇区,并且对它进行读写操作。换言之,这里需要进行一个地址映射,把一维地址即数据块号(或扇区编号)映射为三维地址,即柱面号、磁道号和扇区号。

例如,整个硬盘的扇区 0 可能是最外侧柱面上的第 1 个磁道上的第 1 个扇区,扇区 1 是相同柱面和相同磁道上的第 2 个扇区,以此类推。同一个磁道上的所有扇区都处理完以后,接下来的顺序是同一个柱面上的下一个磁道上的第 1 个扇区,然后又顺着该磁道上的扇区顺序依次编号。当同一个柱面上的所有磁道都处理完以后,再换到下一个柱面的第 1 个磁道的第 1 个扇区。或者可以这么来理解,把这个三维地址看成是一个三位数,然后把柱面号看成是该三位数中的百位数,磁道号看成是该三位数中的十位数,然后扇区号看成是该三位数中的个位数。对于个位数和十位数,每次满了十以后就进一位。

当然,以上的地址映射方法只是一种理论上的方法,在具体实现上还需要做一些修改和调整。这有两个方面的原因,首先,在硬盘上,有一些扇区可能是坏的,无法访问,所以在地址映射时需要用其他处的空闲扇区来替代它们。其次,每一个磁道上的扇区的个数可能是不一样的。这是因为对于不同半径的磁道来说,它们的圆环区域的面积是不一样的。越靠近圆心、半径越小的磁道,其圆环区域的面积越小;而越远离圆心、半径越大的磁道,其圆环区域的面积越大。因此,如果不去考虑这个问题,不去注意各个磁道在面积上的大小差异,而是简单地把所有磁道都划分为相同的扇区个数,就会带来一些不方便的地方。不过令人高兴的是,这种地址映射是由硬盘生产厂商自己来负责的,是在硬盘驱动器内部完成的,对于硬盘的使用者来说,不必关心其内部的实现细节。

5.4.2　磁盘格式化

下面简单介绍一下磁盘的格式化问题,主要讨论硬盘的格式化。假设我们手里拿到了一个全新的硬盘,并且已经把它安装到了计算机上,那么如何才能让它正常地工作起来,为我们存储数据呢?首先要做的事情就是对它进行格式化,没有格式化的磁盘是不能访问的。硬盘的格式化可以分为三个步骤:低级格式化、分区和高级格式化。

如前所述,磁盘的访问是以扇区为单位的,而扇区又在一个个磁道上。一个硬盘在刚刚出厂时,它是一个真正意义上的空盘,里面没有任何信息,就好像一张白纸。在这种情形下,我们根本就不知道哪里是磁道、哪里是扇区。因此,必须对它进行一种低级格式化,画出一个个扇区和磁道,并且在相邻的扇区之间用狭窄的间隙隔开。

每一个扇区一般由三部分的内容组成,即相位编码、数据区和纠错码。

- 相位编码:以某个特定的位组合模式开始,用来向硬件表明这是一个新扇区的开始。另外,它还包括柱面号、扇区号和扇区大小等类似的信息。
- 数据区:数据区的大小由低级格式化程序来确定,一般都设定为 512B。
- 纠错码:主要包含一些冗余信息,用来纠正在读取扇区时可能出现的错误。

在经过低级格式化以后,这个硬盘就不再是空白的了,而是画有各种各样的格式化信息。但是从另一个角度来说,它又是空白的,因为它里面还没有保存任何有用的用户数据。

换句话说,在进行低级格式化之前,磁盘可以说是一张白纸。在格式化以后,上面就画了很多个格子,即磁道和扇区,但每个格子里面都是空白的,还没有装数据。

在低级格式化以后,第二个步骤是分区,即用一个分区软件把整个硬盘划分为若干个逻辑分区,每一个逻辑分区都可以看成是一个独立的硬盘。具体来说,在物理上,硬盘只有一块,上面有很多个扇区。然后把相邻的一部分扇区作为分区 1,另一部分扇区作为分区 2,诸如此类。这样,在物理上这些分区都是位于同一个硬盘上,但是从逻辑上来说,可以把它们看成是各不相关的多个硬盘,可以分别使用。例如,假设一块硬盘有 4TB,那么可以把它分为 4 个分区,即 C 盘、D 盘、E 盘和 F 盘。C 盘一般用来安装操作系统和应用程序,而其余的分区则用来存放用户数据。

在大多数计算机上,一般都是用硬盘的第 0 个扇区来存放一些系统启动代码和一个分区表,在这个分区表当中,记录了每一个分区的起始扇区和大小。这有点像第 4 章中介绍的固定分区的存储管理方法,只不过这里管的不是内存,而是硬盘。

磁盘格式化的第三个步骤是高级格式化,即对每一个逻辑分区,分别进行一种高级的格式化操作。这其实就是我们平常在使用计算机时所说的格式化操作 Format。当这个格式化操作完成以后,相应的逻辑分区上将会生成一个引导块、空闲存储管理的数据结构、根目录和一个空白的文件系统。而且对于不同的逻辑分区,可以使用不同的文件系统,如 FAT、NTFS 和 Ext 等。

需要指出的是,一旦对磁盘进行了格式化操作,那么磁盘上的原有数据就全部丢失了。当然,有网友说在格式化硬盘以后,计算机会变得轻了许多,这应该是谣言。

5.4.3 磁盘调度算法

如前所述,磁盘的访问是以扇区作为最小的寻址和存取单位的,在访问一个磁盘扇区时,所需的时间主要有以下三方面。

- 柱面定位时间:在寻找目标扇区时,首先要移动磁头,找到正确的柱面。从具体的实现来看,其实是磁盘的传动装置在移动,然后带动固定在它上面的磁头臂移动,而磁头臂的移动,又使得固定在它上面的磁头移动,最后就移动到了指定的柱面上。而这种移动是一种机械运动,它需要一定的时间,这段时间就称为柱面定位时间。
- 旋转延迟时间:当磁头移动到正确的柱面后,目标扇区可能并不在磁头的正下方,因此必须再等一会儿,等待该扇区旋转到磁头的下方。而这种盘片的旋转也是一种机械运动,它也需要一定的时间,这段时间就称为旋转延迟时间。显然,这段时间的长短与磁盘的转速有关,磁盘转得越快,则旋转延迟时间就越短。
- 数据传送时间:现在目标扇区已经在磁头的正下方,剩下的事情就是往这个扇区中写入数据,或者从这个扇区中读出数据,而这个操作也需要一定的时间。

那么如何尽可能减少磁盘的访问时间,提高磁盘的访问速度呢?一种思路是从硬件方面着手,通过工艺水平的提高来改进各种硬件设施。例如,让磁头的移动速度更快、让盘片的旋转速度更高、让数据的传送时间更短等。这种硬件的提升不属于本书的讨论范畴,我们主要考虑的是另外一种思路,即从软件方面着手,在硬件条件不变的情形下,通过软件的办法来尽可能提高磁盘的访问速度,这主要有两种方法。

先来看第一种方法,即通过合理地组织磁盘数据的存储位置来提高磁盘的访问速度。

例如,假设一个磁盘的转速为 10 000rpm,每个磁道有 300 个扇区,每个扇区有 512B,现在要读一个大小为 150KB 的文件,请问这需要多长时间?假设柱面定位的平均时间为 6.9ms,旋转延迟的平均时间为旋转时间的一半,即 3ms。每个扇区的传送时间为 17μs。

情形 1:假设该文件存放在同一个磁道的 300 个连续的扇区当中。在这种情形下,磁盘访问的总时间为:

$$6.9\text{ms}+3\text{ms}+6\text{ms}=15.9\text{ms}$$

具体来说,柱面定位时间需要 6.9ms,旋转延迟时间 3ms,这是因为需要从文件的第一个扇区开始读起,而该扇区不一定正好就在磁头的下方。接下来旋转一周,就把这个磁道上的每个扇区的内容都读出来了,这需要 6ms,因此总的时间是 15.9ms。

有的读者可能会有疑问,为什么不考虑扇区的传输时间?实际上,在盘片旋转一周的过程中,数据就已经被读走了,也就是说,盘片的旋转与数据的读取是同步进行的。考虑一个生活中的例子,当我们乘飞机到达目的地以后,要在机场取行李。取行李的地方一般是一个大圆盘,圆盘上有传送带,所有乘客的行李被依次放在传送带上。乘客可以站在圆盘的任意一个位置,当看到自己的行李经过时,就伸手去拿下来。显然,在理想状态下,这个大圆盘只要旋转一周,那么所有的行李都会被取走,而且所需要的总时间就是该圆盘旋转一周的时间,不必考虑乘客伸手去取行李的时间,因为这两者是重叠在一起的。

情形 2:假设该文件的 300 个扇区随机分布在整个磁盘上。在这种情形下,磁盘访问的总时间为:

$$(6.9\text{ms}+3\text{ms}+0.017\text{ms})\times300=2975.1\text{ms}$$

也就是说,每个扇区的访问,都要经历完整的三个步骤,即柱面定位、旋转延迟和数据传送,因此总的时间是 2975.1ms。

由此可见,对于相同的一个文件,如果在磁盘上的存放位置不同,那么所需要的访问时间也是完全不同的。在上述例子中,情形 2 所需要的访问时间是情形 1 的 187 倍。当然,这两种情形其实都是最极端的情形,一种最好,一种最差。而对于实际的磁盘访问来说,一般介于这两者之间。总之,合理地组织磁盘数据的存储位置,是非常重要的,它直接影响到磁盘的访问速度。一般来说,当计算机使用了一段时间以后,随着不断地增加文件、删除文件,就会使各个文件在磁盘上的存储位置变得非常凌乱,而且不连续,因此需要定期使用磁盘整理工具去整理一下,使得各个文件能够尽可能地连续存放,从而提高磁盘的访问速度。例如,在 Windows 系统中,有一个工具软件 defrag,就是用于磁盘的碎片整理。

提高磁盘访问速度的第二种方法是磁盘调度。通过上面的例子可以看出,对于大多数磁盘来说,柱面定位时间(磁头移动时间)在总的访问时间当中占有主要部分。因此,对于整个系统来说,如果能减少平均柱面定位时间,那么将有效地改善系统的输入/输出性能。

磁盘调度的问题描述是:在操作系统的 I/O 子系统当中,来自不同进程的磁盘访问请求,会构成一个随机分布的请求队列,如图 5.24 所示。

对于每一个进程,在访问磁盘时都会给出一个三维的地址 (x,y,z),即柱面号、磁道号和扇区号。这里只考虑柱面号,因此把所有地址中的柱面号单独抽取出来,构成一个序列 $x_1,x_2,x_3,\cdots$。磁盘调度的基本思路就是通

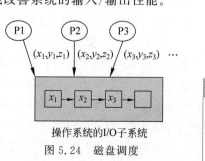

操作系统的I/O子系统

图 5.24　磁盘调度

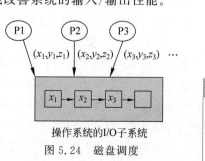

I/O 设备管理

过调整这些 I/O 请求的执行顺序,来减少整个请求序列所需的平均柱面定位时间。而磁盘调度程序所采用的算法就是磁盘调度算法。

下面介绍几种常用的磁盘调度算法,包括先来先服务算法、最短定位时间优先算法和电梯算法。

1. 先来先服务算法

先来先服务(First-Come First-Served,FCFS)算法是最简单的一种算法,它的基本思路就是按照访问请求到达的先后顺序来依次执行。其优点是简单、公平。缺点是效率不高。因为对于相邻的两次访问请求,它们可能没有任何关系,可能访问的是不同的文件,因而在磁盘上的存储位置相距甚远。这样,就有可能使得磁头反复移动,而且每次移动的距离都比较远,从而增加了柱面定位的时间。

例如,假设一个磁盘总共有 200 个柱面,其编号为 0~199。现有一批进程在同时访问该磁盘,这些访问请求的到达顺序为 38,184,99,123,15,126,66,70,这些编号都是各个访问请求中的柱面号。已知磁头的起始位置在第 60 个柱面上,现在要计算,当这些访问请求被执行完后,磁头移动的总距离是多少。

如图 5.25 所示,在使用了先来先服务算法以后,访问请求的执行顺序就是它们的到达顺序。因此,在这 8 次磁盘访问中,磁头总共移动的距离为 560,平均移动距离为 70。

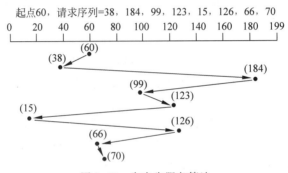

图 5.25　先来先服务算法

从这个例子可以看出,在 FCFS 算法下,磁头每一次移动的距离都比较大。因此,这种算法的效率不是很高。

2. 最短定位时间优先算法

最短定位时间优先(Shortest Seek Time First,SSTF)算法的基本思路是:从磁盘访问的请求队列当中,选择从当前的磁头位置出发,移动距离最短的那个访问请求去执行。这个算法的目标是使每一次的磁头移动距离最短,因此是一种局部最优算法。当然,它并不一定能够得到整体最短的平均柱面定位时间,即不一定能找到全局最优方案。但是一般来说,它比先来先服务算法具有更好的性能。

此外,SSTF 算法还有一个问题:如果需要访问的扇区是位于磁盘中间的柱面上,那么就会比较有利,因为它被执行的机会更多,只要在它左边或右边相邻的柱面上,有一个扇区被访问了,那么它就很可能被访问;反之,如果要访问的扇区是位于磁盘两侧的柱面上,那么就不太有利,因为它的邻居比较少,所以被访问的机会也就比较小。有时甚至可能会处于"饥饿"状态,即始终没有机会去执行。

对于刚才的例子,如图 5.26 所示,在使用了最短定位时间优先算法以后,访问请求的执行顺序为：(60),66,70,99,123,126,184,38,15。在这 8 次磁盘访问中,磁头总共移动的距离为 293,平均移动距离为 36.625。这就比使用先来先服务算法好很多了。

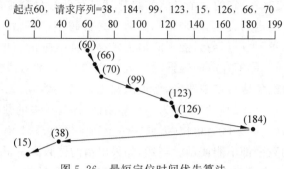

图 5.26　最短定位时间优先算法

3. 电梯算法

电梯算法(Elevator Algorithm),也称为扫描(Scan)算法。它的基本思路是:磁头从当前位置开始,先沿着一个方向移动,并且依次执行这条路径上所有的访问请求。直到前面已经没有任何访问请求,然后再换一个方向,回过头来继续进行。

电梯算法的优点是:它克服了最短定位时间优先算法的缺点,既考虑了距离的因素,又考虑了方向的因素。在 SSTF 算法中,如果需要访问的扇区位于磁盘两侧的柱面上,那么这个访问请求被执行的机会就很少,甚至有可能处于"饥饿"状态,始终得不到执行的机会。例如,当一个柱面号较偏的访问请求正在等待时,如果不断地有新的访问请求到来,而这些访问请求都是位于中间位置,那么它们总是会被优先执行。而对于那个正在等待的访问请求,却始终得不到执行的机会。但是在电梯算法中,就没有这个问题。因为只要电梯的当前移动方向是正确的,那么就会越来越近。它不会走到一半的时候又掉头往回走。

电梯算法有一个比较好的性质,即对于任何一组访问请求,磁头移动的总距离有一个固定的上界,即柱面总数的两倍。这其实很好理解,因为无论有多少个访问请求在等待,无论这些访问请求在什么位置,只要把磁头从最左边移动到最右边,然后再从最右边移动到最左边,只要走完这两趟,那么所有的访问请求都能够执行完毕。也就是说,磁头移动的总距离不会超过柱面总数的两倍。

对于刚才的例子,如图 5.27 所示,在使用了电梯算法以后,假设初始方向为往左,那么访问请求的执行顺序为:(60),38,15,66,70,99,123,126,184。在这 8 次磁盘访问中,磁头总共移动的距离为 214,平均移动距离为 26.75。

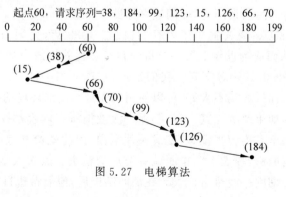

图 5.27　电梯算法

第 5 章

I/O 设备管理

5.4.4 出错处理

从磁盘的发展历史来看,它的一个必然的趋势就是存储容量越来越大。但是对于磁盘的盘面来说,其大小是固定的,甚至越来越小。因为磁盘越小,携带就越方便。在这种情形下,为了增加磁盘的容量,生产厂商只能不断地去提高盘面数据的密度。所谓数据密度,是指在单位长度的磁介质上能够存放的数据的位数。这样一来,就对磁盘的工艺水平提出了更高的要求,而且不可避免地会带来瑕疵,使得磁盘上的某些地方、某些数据位不能正确地访问。这样,这些数据位所在的扇区就成为一个坏扇区,即写进去的数据不能完全正确地读出来。由于磁盘的访问是以扇区为单位,因此在一个扇区当中,只要有一个数据位不能正常访问,那么整个扇区的数据都不能使用。当然,如果出错的位数不是很多,只有少量的几个,都可以通过扇区的纠错码来校正。但如果错误位再多一些,那就没有办法了,整个扇区都将无法使用。

对于磁盘中的坏扇区,有以下两种处理策略。

- 由设备控制器来处理:在磁盘出厂前,对整个磁盘进行测试,然后用一个列表来记录所有的坏扇区,并把它写入磁盘。然后对其中的每一个坏扇区,用一个备用的扇区来替代它。一般来说,在磁盘的性能参数中,会有磁盘的容量,即该磁盘包含多少个扇区。事实上,这其实是一个对外的数字,而对内一般会更多一些。这些多出来的扇区就是备用扇区。如果磁盘中有一些扇区坏了,就可以使用这些备用扇区来代替。

- 由操作系统来处理:操作系统对整个磁盘进行测试,以获得一个坏扇区的列表。在此基础上,可以构造一个重映射表,对扇区编号进行调整。另外,为了避免这些坏扇区被再次使用,可以构造一个特殊的"文件",该文件不是用来存放数据,而是用来"占用"所有的坏扇区。这样,这些扇区就不会再分配出去。

5.5 固态硬盘

在本章的最后,我们来看另外一种类型的硬盘,即固态硬盘,在当代计算机中,逐渐采用固态硬盘来替代原来的机械硬盘。

5.5.1 闪存

固态硬盘来源于闪存,所谓闪存,即闪速存储器(Flash Memory)。1984 年,日本东芝公司的工程师 Fujio Masuoka 首先提出了闪存的概念。1988 年,美国 Intel 公司推出了一款256KB 的闪存芯片,从而成为世界上第一个将闪存商业化并投放市场的公司。闪存是一种存储器,那为什么叫 Flash 这个名字呢?我们知道,在英文当中,Flash 的意思是闪光灯,即在使用照相机照相时,如果光线不太好,可以使用闪光灯来增加环境的亮度。那么当闪存这个技术在刚刚发明时,如果要擦除其内容,必须一次性把所有内容都擦除,给人的感觉就好像是闪光灯一闪,然后所有内容都没了,变成一片空白,因此就给它起了这样一个名字。事实上,以前有一部科幻电影"黑衣人",里面就有类似的镜头。黑衣人是星际移民局的警察,他们在调查案件时,会询问一些目击证人。在询问结束后,他们希望目击证人把所看到的事情全部忘记,因此就会拿出一个特殊的设备:记忆消除器。然后一按开关,只见一道白光闪过(就好像闪光灯一样),这时,目击证人的所有记忆就被消除了。当然,为了避免被误伤,黑衣人在使用该设备之前,要提前戴上一副墨镜。

闪存是一种存储器,它可以读也可以写。它的基本单元电路(即存储细胞)是双层浮空栅 MOS 管,然后带电表示存入 0,不带电表示存入 1。闪存的访问速度比机械硬盘要快,因为硬盘内部有机械装置,例如,需要把磁头移来移去,而且盘面还要不停地转动,这些都是机械运动,需要较长的时间。而闪存内部没有机械装置,它是通过电气的方法来进行擦写,因此速度比较快。另外,与磁盘一样,闪存也是非易失型的,即在断电以后也不会丢失信息。它还有一个优点就是经久耐用,能够忍受很大的压力和极端的温度,并且不怕水。这实际上是一个非常好的优点,尤其是对于一些马大哈来说。有一年,笔者的一个 U 盘忽然不见了,找了很久都没有找到,当时以为丢了,就没再管它。到了第 2 年,天气变凉,又到了穿外套的时间,有一天在穿一件衣服时,里面突然掉出来一个 U 盘,一看就是去年丢的那一个,原来它在外套里躲了一年,然后一试,还能用。这件衣服在去年收起来的时候,肯定是洗过的,换言之,这个 U 盘经历了洗衣机的考验。这是非常不简单的事情,因为衣服是泡在水里面,而且水里还有洗衣粉。然后洗衣机在工作时,衣服在里面翻来覆去,来回转动。尤其是在最后的甩干环节,旋转的速度和力度是非常大的。此外,在洗衣机洗完之后,衣服还要挂在太阳底下晒干,也就是说,这个 U 盘还要经历潮湿和高温的双重考验。在这种情形下,最后这个 U 盘还能继续使用,的确是很不容易。总之,由于闪存的上述这些特点,使它在嵌入式系统中得到了广泛的应用,然后现在又扩展到 PC 领域。

根据结构的不同,Flash 闪存又分为两种类型:NOR Flash 和 NAND Flash。对于 NOR Flash,它的设计目标是替代原来的只读存储器 ROM,但是又比 ROM 要好,可以方便地进行重写,所以它一般用来存储那些不经常更新的程序代码。NOR Flash 的读操作能力非常强,不仅速度快,而且提供完全的地址和数据总线,可以随机地访问任何一个存储单元。这一点类似于普通的随机访问存储器 RAM,即只要给出一个地址,就能访问相应的内存单元。在这种情形下,CPU 可以直接去执行存放在 NOR Flash 上面的程序,而不用事先把它装入到内存。对于写操作,它也能随机写,但是速度比较慢,而且在写入时有限制,只能把数据位从 1 变成 0,而不能反过来。如果要想把 0 变成 1,只能先进行擦除操作,但擦除必须以块为单位,即把整个块中的每一个数据位都变成 1。

NAND Flash 的设计目标是尽量缩小芯片的面积,实现大容量的存储,以匹敌磁介质的存储设备,如硬盘。换言之,它的设计目标是去替代传统的机械硬盘。根据这个目标,NAND Flash 有它自己的一些特点。首先,普通的硬盘是可读可写的,而 NOR Flash 的读操作能力较强,但写操作能力较弱。因此 NAND Flash 对此进行了改进,与 NOR Flash 相比,它的擦除和写入的速度都比较快。其次,硬盘的特点是容量大,因此 NAND Flash 在设计时,尽可能地进行压缩,每个存储单元都比较小,这样总的体积就比较小,存储密度也大,而且使用的元器件比较少,所以成本也就更低。当然,NAND Flash 也有缺点,它的 I/O 接口不提供随机访问的外部地址总线,换言之,不能对它进行随机访问,所有的操作(包括读、写和擦除)都必须以块为单位来进行。基于这个原因,NAND Flash 不适合取代原来的 ROM,因为微处理器不能直接执行存储在它上面的代码,它主要还是用来替代硬盘这样的块设备。

请读者思考一个问题,在一个嵌入式系统(如数码相机或摄像机)中,可能会用到哪些不同类型的存储器?

首先,需要一个存储器来存放系统的引导程序,所谓引导程序,即在开机后执行硬件检测、初始化和系统装入等功能的代码。也就是说,在这个存储器中存放的主要是代码,其内容一般不会修改,但必须是可以随机访问的,即可以直接执行它里面的代码,而不需要额外的其他存储器。另外,该存储器必须是非易失型的,即在断电以后其内容还在。那么什么样的存储器适合上述要求呢? 根据这些特点,可以用 ROM 或 NOR Flash 来实现。

其次,在系统正常运行时,需要一个存储器来存放程序的代码和数据。该存储器必须是可以随机访问的,而且访问速度要快。其内容可读可写,但不要求是非易失型的。显然,这个存储器就是通常所说的内存,内存一般用 DRAM 存储器来实现。

再次,系统的固件也需要存放在一个存储器当中。所谓系统的固件,包括设备驱动程序、操作系统、图形用户界面和各种应用程序等。要求这个存储器必须是可读可写的,而且有一定的容量,是非易失型,但不要求可以随机访问。根据上述特点,可以用 NAND Flash 来实现,一般不会用机械硬盘。

最后,需要一个存储器来存放用户产生的数据文件,如用户拍摄的照片和录像等。这个存储器的特点是可读可写,可以永久保存,而且容量越大越好,但不要求是随机访问的。根据这些特点,可以用 NAND Flash 或机械硬盘来实现。硬盘的好处是容量大,价格便宜。缺点是比较重、不太方便,而且有噪声。

5.5.2 NAND Flash

如前所述,NAND Flash 的设计目标是替代传统的机械硬盘,因此我们再对它进行进一步的阐述。机械硬盘的最小访问单位是扇区,一个扇区一般是 512B 或 4KB,然后若干个扇区组成一个数据块。那么在 NAND Flash 当中,它的做法也是类似的。最小的访问单位是页(Page),这个页就类似于磁盘中的扇区,每一页由若干个 KB 组成,如 4KB。然后连续的若干个页就组成了一个块(Block),这个块就类似于磁盘中的数据块。如图 5.28 所示,在这个 NAND Flash 中有 12 个页,下标从 0 到 11。然后每 4 个相邻的页组成一个块,如 0~3 页组成了块 0,4~7 页组成了块 1,8~11 页组成了块 2,以此类推。另外,对于每一页,它又是由两个部分组成,一个部分是有效容量,用来真正存储数据;另一个部分用来存放附加的校验信息。

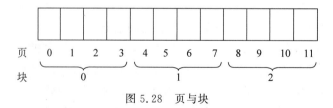

图 5.28　页与块

在 NAND Flash 当中,可以进行读取一页的操作,即读取某一页的所有内容。这跟磁盘是一样的,每次读磁盘至少要读一个扇区。读一页所需要的时间开销是 $10\sim20\mu s$。显然,这个时间是非常短的,速度很快。与之相比较,在读取一个硬盘扇区时,需要 3 个部分的时间,柱面定位大概 4ms,旋转延迟大概 2ms,数据传送大概 $1.4\mu s$。而 NAND Flash 没有机械部件，因此没有柱面定位和旋转延迟时间，所以速度就快很多。另外，NAND Flash 读取一页所需要的时间与页号和之前的访问请求无关。也就是说，连续的两次页访问之间是没有关系的，是相互独立的。而对于磁盘，连续的两次扇区访问之间是有关系的，如果是相邻的两个扇区，那么访问速度就更快，因为不再需要柱面定位和旋转延迟；如果是随机的两个扇区，那么访问速度就比较慢。总之，NAND Flash 的读操作能力是非常强的。

NAND Flash 的写操作有点奇特。写操作也可以以页为单位，每次写一页的内容，但是只能将数据位从 1 写成 0，而不能从 0 写成 1。例如，如果当前的值为 1111，那么可以对它进行修改，把它修改为 1110，即把最后一位从 1 改成 0。但是反过来就不行，也就是说，如果当前值为 1110，那么就不能把它修改为 1111。如果确实需要把某一个数据位从 0 改为 1，那么就必须先执行擦除操作，把所有的数据位都初始化为 1，然后再把相应的 1 修改为 0。但问题是，擦除操作又不是以页为单位，而是以块为最小单位，需要把这个页所在的整个块全部都初始化为 1。在时间开销上，擦除一个块需要 $1\sim2\text{ms}$，这就比读操作要慢很多。然后写操作需要 $20\sim200\mu s$，这虽然比擦除操作要快，但也比读操作要慢。而且在进行写操作之前，经常要先进行擦除，所以一次写操作所需要的总时间往往等于一次擦除时间再加上一次写入时间。另外，擦除操作是有次数限制的，超过了这个次数可能就无法再使用了。

NAND Flash 的写操作有点类似于生活中的一个例子。例如，国内在举办一些运动会的时候，经常会组织很多人去翻牌子，就是每个人手里拿着几块不同颜色的牌子，然后听从导演的指挥，在不同的时候举着不同颜色的牌子，这样就能拼出各种文字和图案。那么这就有点像 NAND Flash 的写操作。例如，背景颜色是红色，就是把所有的数据位都初始化为 1，然后再让其中的一些人举着白色的牌子，拼出来一幅图案，这就好比是把某些数据位从 1 修改为 0。

NAND Flash 的这种写操作显然是不太方便的。具体来说，在一次写入操作中，如果所有的修改仅限于把某些 1 修改为 0，那么没有问题，这次写入操作可以成功。反之，如果这次写入操作需要把某些 0 修改为 1，那么就不能直接写入，而要先增加一次擦除操作。

例如，假设某个存储单元当前的值为字符 'c'，即二进制的 01100011，在这种情形下，如果想把这个存储单元的值修改为字符 'b'，那是没有问题的，可以直接把这个字符写入。因为字符 'b' 的二进制是 01100010，所以如果要把字符 'c' 修改为字符 'b'，那么唯一要做的事情就是把字符 'c' 末尾的那个 1 修改为 0 即可。但是如果想把这个存储单元的值修改为字符 'G'（其二进制为 01000111），那么就不行了，因为如果要把 01100011 修改为 01000111，那么这涉及两个变动，一是把第 3 位的 1 修改为 0，这是允许的；二是把第 6 位的 0 修改为 1，而这是不允许的。所以不能直接把字符 'G' 写入，而是要先进行擦除，即把该存储单元的值修改为 11111111，然后再把这个字符写入。

有了 NAND Flash 以后，就有了一种新的存储器，可以用来存放数据。但闪存本身并不是一个完整的、独立的存储设备，并不能直接把它连在计算机上。如前所述，对于一个 I/O 设备，除了设备本身以外，还需要有设备控制器，存储设备也不例外。因此，只有给闪存配上了设备控制器以后，才能真正去使用它们。

5.5.3　U 盘

闪存在移动存储领域的一个重大成功案例是 U 盘。U 盘全称为 USB 闪存驱动器，它是一种使用 USB 接口的无需物理驱动器的微型高容量移动存储产品,通过 USB 接口与计算机连接实现即插即用。2002 年 7 月,我国朗科公司"用于数据处理系统的快闪电子式外存储方法及其装置"的专利获得国家知识产权局正式授权,从而揭开了移动式存储设备领域新的篇章,彻底地将软盘扫入了历史的长河。

图 5.29 是最初的 U 盘的系统结构图,它主要由两个部分组成:存储控制电路和快闪存储器(即闪存)。存储控制电路需要解决两个问题,一是对外的接口,二是对内的控制。对外的接口采用的是通用串行总线(Universal Serial Bus,USB),这是由英特尔、微软和康柏等公司于 1995 年联合制定的一种数据通信方式,并逐渐成为行业标准。USB 总线作为一种高速串行总线,具有传输速度快、供电简单、安装配置便捷(支持即插即用和热插拔)、易于扩展、传输方式多样化以及兼容性良好等优点,自推出以来,已成功替代串口和并口,成为现代计算机和智能设备的标准扩展接口和必备接口之一,目前已发展到 USB 4.0 版本。

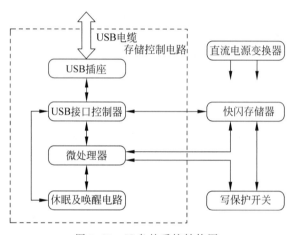

图 5.29　U 盘的系统结构图

存储控制电路实现控制功能的核心部件是微处理器,其内部有一个"快闪电子式外存储装置固件"(Firmware),用于直接控制闪存的存取并实现接口的标准功能。

当然,除了硬件以外,为了使 U 盘能正常工作,还需要有相应的软件,即设备驱动程序,设备驱动程序是安装在操作系统内核中的。

对 U 盘的读操作主要包括如下步骤。

- 操作系统接受用户的读命令,并将该命令发送给设备驱动程序。
- 设备驱动程序将读命令转换为内部固件能够理解并执行的特殊读操作指令,并通过 USB 接口控制电路传送给微处理器中的固件。
- 固件执行读操作,并将结果及状态返回给驱动程序。

对 U 盘的写操作主要包括如下步骤。

- 操作系统接受用户的写命令,并将该命令发送给设备驱动程序。
- 设备驱动程序判断 U 盘是否打开了写保护开关,如果有,则本次操作结束;如果没有,则继续往下进行。
- 设备驱动程序将写命令转换为内部固件能够理解并执行的多个特殊操作指令,并通过 USB 接口控制电路逐一传送给微处理器中的固件。

- 固件先按读操作指令对欲写入的存储区域进行读操作,并将读出的数据传回给驱动程序。
- 固件再按擦除操作指令对该存储区域进行擦除操作,并将擦除结果传回给驱动程序。
- 驱动程序将读出的数据同欲写入的数据进行整合,并将整合后的数据及写操作指令发送给固件,由固件将整合后的数据重新写入目标存储区域。
- 固件将写入后的结果与状态传回给驱动程序。

显然,写操作比读操作要复杂得多,原因主要有两个,一是对于闪存来说,在写入之前先要进行擦除操作,而擦除会破坏相邻的其他数据,所以先要用读操作把它们保存起来;二是擦除的最小单位是块。

5.5.4 SSD

闪存的另外一个应用案例是固态硬盘(Solid State Drive,SSD)。SSD 是一种固态存储设备,使用集成电路部件来永久地存储数据,它的外部接口与传统的机械硬盘相同,可以像普通的硬盘那样来使用。SSD 的存储介质主要是 NAND Flash,早期也有用 DRAM 的,但 DRAM 是易失型存储器,因此为了不丢失数据,还得配一个电池,这样就不太方便。既然固态硬盘的存储介质是 NAND Flash,因此前面讨论过的 NAND Flash 的优点和缺点也都存在。它的优点是:可靠、无噪声(没有机械装置)、读取速度快。另外,对外部环境不是太敏感,不像机械硬盘那么娇弱,害怕碰撞和震动。事实上,它的存在形式主要就是一块电路板,上面焊着一些芯片,没有什么精密的零部件,因此更加皮实一些。从缺点来看,SSD 的价格比较贵,比机械硬盘贵很多,因此,虽然现在主流的计算机基本上都采用 SSD 而不是机械硬盘来作为外部存储器,但是存储容量却变小了。不过,从半导体行业的发展历史来看,这个问题应该很快就会得到解决。另外,SSD 的写入速度较慢,而且擦除的次数有限。

图 5.30 是固态硬盘的系统结构图,它与 U 盘组成结构的基本逻辑是差不多的,只是更加复杂一些。

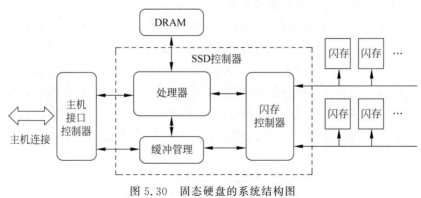

图 5.30　固态硬盘的系统结构图

首先,和机械硬盘一样,SSD 也需要采用某种方式连接到计算机上,因此,它会有一个主机接口单元(包括控制器和连接线缆等)来完成这个功能。常用的接口包括 SATA、M.2

和 PCI-E 等。

其次,固态硬盘的核心或者说大脑是 SSD 控制器,也叫主控芯片,它的存在形式通常是一块独立的芯片,由专门的芯片设计产商提供。SSD 控制器的主要功能就是承上启下,实现数据的中转,将硬盘内部的闪存与外部的主机接口连接起来,并合理地调配数据在各个闪存芯片上的负载。这些工作是通过 CPU 处理器中的固件来完成的。

最后,SSD 控制器中的闪存控制器与闪存芯片相连,它通过各种专门的控制指令,管理着数据的读取和写入。

在访问方式上,固态硬盘与机械硬盘没有任何区别,都是把它看成一个块设备,然后通过数据块的地址来访问。但是从另外一个方面来说,由于它们内部的实现机理是不一样的,因此在使用时也要注意有所区别。

首先,对于机械硬盘,考虑到柱面定位和旋转延迟问题,因此在使用了一段时间以后,要进行碎片整理工作,即把文件内部的数据块尽量连续存放,以提高文件的访问速度。但是对于固态硬盘来说,由于它根本就没有柱面定位和旋转延迟环节,因此就不需要进行碎片整理。而且由于它的擦写次数是有限的,因此如果硬要进行碎片整理,那么不仅没有好处,反而会磨损硬盘。举一个生活中的例子,对于机械硬盘,好比是统一用一辆校车来接送全校的孩子,因此,如果能让孩子们搬家住在一块儿(即碎片整理),那么校车的接送就会很方便,每次只要跑一个地方即可。而对于固态硬盘,好比是每个家庭都是家长自己开车接送孩子,这样孩子们是否住在一起就没有什么影响。

其次,有的读者认为,既然固态硬盘的访问速度比机械硬盘要快,因此,有了固态硬盘以后,就可以疯狂地下载电影了,这也是不对的。固态硬盘和机械硬盘各有优点和缺点,因此,最好的做法是扬长避短,把两者的优点结合起来。固态硬盘的优点是速度快,缺点是价格高。因此,为了提高它的使用效率,可以把那些经常要使用的、以读为主的以及运行速度较慢的内容保存在固态硬盘,这样能提高访问的速度;而对于那些很少使用的或者运行速度已经足够快的内容,则可以保存在另外一块机械硬盘中。如电影文件,偶尔才看一次,然后文件又特别大,因此不适合保存在固态硬盘。另外,对于那些需要频繁更新的文件,最好也保存在机械硬盘,因为固态硬盘的擦写次数是有限的。

最后,如前所述,为了提高硬盘的访问速度,操作系统会在内存提供缓存功能,即把最近访问过的一些磁盘数据块放在内存中,这样能减少对磁盘的访问次数。那么在引入了固态硬盘以后,考虑到它的访问速度比较快,这时是否还需要缓存功能呢? 当然还是需要的,不管是什么类型的硬盘,有了内存缓存后,都能减少对硬盘的访问次数,提高访问速度。尤其是对于写操作,使用缓存后可以减少对硬盘的擦除和写入次数,从而延长硬盘的工作时间。事实上,在固态硬盘的内部通常也会有一块 DRAM 芯片,作为缓存来使用。

习　题

一、单项选择题

1. (　　)是直接存取(Direct Access)的 I/O 设备。

A. 磁盘   B. 磁带   C. 打印机   D. 键盘

2. 下列哪一个是软件？（　　　）

    A. Device Controller   B. DMA

    C. Hard Disk Drive   D. Device Driver

3. 在单处理机系统中，可并行的是（　　　）。

    Ⅰ 进程与进程   Ⅱ 处理机与设备   Ⅲ 处理机与 DMA   Ⅳ 设备与设备

    A. Ⅰ、Ⅱ和Ⅲ   B. Ⅰ、Ⅱ和Ⅳ   C. Ⅰ、Ⅲ和Ⅳ   D. Ⅱ、Ⅲ和Ⅳ

4. 下列选项中，能引起外部中断的事件是（　　　）。

    A. 键盘输入   B. 除数为 0   C. 浮点运算下溢   D. 访存缺页

5. 在使用 I/O 设备时，以下哪一种情形不会产生 I/O 中断？（　　　）

    A. 打印机脱纸   B. 数据传输结束   C. 数据开始传输   D. 键被按下

6. 使用 DMA 可以节省（　　　）。

    A. 内存访问时间   B. 磁盘访问时间

    C. 总线访问时间   D. CPU 时间

7. 下列关于 I/O 的工作，哪一个不是在设备驱动程序中运行？（　　　）

    A. 在读磁盘时，将抽象的参数转换为柱面、磁道、扇区等具体的参数

    B. 向设备控制器发出各种命令

    C. 对于磁盘来说，磁盘的调度程序

    D. 为了维护最近所访问的数据块而设置的缓冲区

8. 引入缓冲区的主要目的是（　　　）。

    A. 节省内存

    B. 改善 CPU 和 I/O 设备之间速度不匹配的情况

    C. 提高 CPU 的利用率

    D. 提高 I/O 设备的运行效率

9. 为了缓解 CPU 与 I/O 设备之间速度不匹配的矛盾，系统通常会采用缓冲技术。那么这里所说的缓冲区是位于（　　　）中。

    A. 外存   B. 内存   C. ROM   D. 寄存器

10. SPOOLing 技术是一种实现虚拟（　　　）的技术。

    A. 处理器   B. 设备   C. 存储器   D. 链路

11. SPOOLing 技术提高了（　　　）的利用率。

    A. 独占设备   B. 共享设备   C. 文件   D. 内存

12. 磁盘上的文件是以（　　　）为单位来进行读写的。

    A. 块   B. 记录   C. 柱面   D. 磁道

13. 关于辅助存储器，（　　　）的提法是正确的。

    A. "不是一种永久性的存储设备"   B. "是 CPU 与内存之间的缓冲存储器"

    C. "是文件的主要存储介质"   D. "可以像内存一样被 CPU 直接访问"

14. 磁盘调度的目的是缩短（　　　）。

    A. 柱面定位时间   B. 旋转延迟时间

    C. 数据传送时间   D. 启动时间

二、填空题

1. 在计算机系统中,可以按照数据组织的形式,把 I/O 设备分为两类,一类是块设备,一类是字符设备。请各举一个例子。块设备:＿＿＿＿＿＿＿＿＿＿＿＿＿,字符设备:＿＿＿＿＿＿＿＿＿＿＿＿＿。

2. 每个 I/O 单元由两部分组成,一个是机械部分,即 I/O 设备本身;另一个是电子部分,即＿＿＿＿＿＿＿＿＿＿＿＿＿。

3. 在设计 I/O 软件时,一个非常关键的概念或设计目标是:＿＿＿＿＿＿＿＿＿。

4. I/O 地址的编址方式有三种,即＿＿＿＿＿＿＿＿＿＿＿、＿＿＿＿＿＿＿＿＿＿＿和混合编址。

5. I/O 设备的控制方式有三种,即＿＿＿＿＿＿＿＿＿＿＿、＿＿＿＿＿＿＿＿＿＿＿和＿＿＿＿＿＿＿＿＿＿＿。

6. 是否所有的 I/O 设备都需要用到 DMA?(回答是或不是)＿＿＿＿＿＿＿＿＿＿＿。

7. 在 I/O 软件中,直接对设备控制器进行操作的软件是:＿＿＿＿＿＿＿＿＿＿＿。

8. 操作系统通过＿＿＿＿＿＿＿＿＿＿＿技术,可以把独占设备转换为具有共享特征的虚拟设备。

9. 当我们使用 Word 应用程序来打印一篇文档的时候,必须等到打印机已经完成此次打印任务以后,才能够把 Word 关闭,否则可能会丢失打印数据。以上这段话是否正确?＿＿＿＿＿＿＿＿＿＿＿。

10. 在访问一个磁盘扇区时,所需的时间主要包括三部分,即＿＿＿＿＿＿＿＿＿＿＿、＿＿＿＿＿＿＿＿＿＿＿和数据传送时间。

11. 假设磁盘的转速为 10 000rpm,每个磁道有 300 个扇区,每个扇区有 512B,现要读一个 50KB 的文件。假设柱面定位(平均)时间为 6.9ms,旋转延迟(平均)时间为 3ms,扇区数据传送时间为 $17\mu s$。①如果文件由同一个磁道上的 100 个连续扇区构成,那么总共需要的时间为:＿＿＿＿＿＿＿＿＿＿＿;②如果文件由 100 个随机分布的扇区构成,那么总共需要的时间为:＿＿＿＿＿＿＿＿＿＿＿。

三、简答题

1. 在一个 I/O 设备的设备控制器当中,主要有哪些寄存器? CPU 又是如何去访问这些寄存器的(即 I/O 编址方式有哪几种)?

2. 是否每一个 I/O 设备都有相应的设备控制器? 在一个设备控制器当中,主要有哪些寄存器? 在 I/O 软件中,谁负责去访问这些寄存器? 如何访问这些寄存器?

3. 以磁盘读取操作为例,说明 DMA 的工作原理。

4. I/O 设备管理软件分为哪几个层次? 其中哪几个层次是与硬件设备有关? 哪几个层次是与硬件设备无关?

5. 在 I/O 软件的层次结构中,设备驱动程序是由谁提供的? 当它在运行的时候,CPU 处于什么状态? 设备驱动程序和中断处理程序之间如何同步? 设备独立的 I/O 软件是由谁编写的? 操作系统与设备驱动程序之间的接口是由谁定义的?

6. 磁盘的最小访问单位是什么? 假设系统要去修改磁盘上的某一字节,应当如何实现这个过程?

四、应用题

1. 某硬盘的参数为：盘片数 5；柱面数 100；扇区/磁道：16。

   假设分配以扇区为单位，若使用位示图管理磁盘空间，请问位示图需要占用多大的空间？

2. 某软盘有 40 个磁道，磁头从一个磁道移至另一磁道需要 6ms。文件在磁盘上非连续存放，逻辑上相邻的数据块的平均距离为 13 磁道，每块的旋转延迟时间及传输时间分别为 100ms 和 25ms，请问读取一个 100 块的文件需要多长时间？

3. 假设一个磁盘总共有 100 个柱面，它们的编号为 0～99，访问请求的到达顺序为（柱面号）20,44,40,4,80,12,76，磁头的起始位置在 40，假设每移动一个柱面需要 3ms，请分别采用先来先服务算法、最短定位时间优先算法和电梯算法（起始方向为指向第 0 个柱面的方向），来确定这些访问请求的实际执行顺序，并计算总共花费的柱面定位时间。

4. 假设一个磁盘有 100 个柱面（编号为 0～99），每个柱面上有 12 个磁道（编号 0～11），每个磁道上有 200 个扇区（编号 0～199）。现在有 7 个磁盘访问的请求，每个访问请求用一个三维地址来表示，即柱面号，磁道号，扇区号。假设这些访问请求的到达顺序为(10,0,10)、(22,1,20)、(20,5,100)、(8,5,50)、(40,10,50)、(6,11,120)、(36,8,100)，并且已知上一次磁盘访问的扇区地址为(20,1,70)。请分别采用先来先服务算法、最短定位时间优先算法和电梯算法（起始方向为指向第 0 个柱面的方向）来确定这些访问请求的实际执行顺序，并计算磁头移动的总距离（不需要画出磁头移动的轨迹图）。

5. 假设磁盘的转速为 10 000rpm，每个磁道有 300 个扇区，每个扇区 512B，现要读一个 150KB 的文件。若柱面定位（平均）时间为 6.9ms，旋转延迟（平均）时间为旋转时间的一半，扇区数据传送时间为 17μs。

   (1) 如果该文件由同一个磁道上的 300 个连续扇区构成，那么访问该文件总共需要多长时间？

   (2) 如果该文件由 300 个随机分布的扇区构成，则访问该文件需要多长时间？

   (3) 假设该磁盘有 12 个盘片、24 000 个柱面，那么该磁盘的容量是多大？

   (4) 对于柱面定位、旋转延迟和数据传送，磁盘调度算法试图减少的是其中哪一部分时间？这部分代码位于什么地方？

6. 假设计算机系统采用 CSCAN（循环扫描）磁盘调度策略，使用 2KB 的内存空间记录 16 384 个磁盘块的空闲状态。

   (1) 请说明在上述条件下如何进行磁盘块空闲状态的管理。

   (2) 设某单面磁盘的旋转速度为每分钟 6000 转，每个磁道有 100 个扇区，相邻磁道间的平均移动的时间为 1ms。若在某时刻，磁头位于 100 号磁道处，并沿着磁道号增大的方向移动（如图 5.31 所示），磁道号的请求队列为 50,90,30,120。对请求队列中的每个磁道需读取 1 个随机分布的扇区，计算读完这些扇区总共需要多少时间，并给出计算过程。

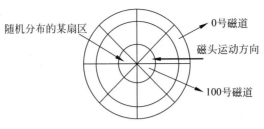

图 5.31　磁盘状态

第6章　文件系统

在存储器的层次结构中,CPU 和内存都属于易失型存储器,即在掉电以后,其内容就全部都没有了。但有时需要永久地保存信息,这时就需要用到非易失型存储器,如光盘、磁盘、固态硬盘和 U 盘等外部存储器。

那么,外部存储器(如硬盘)上的信息应该如何来存储和访问呢? 程序员与系统之间的接口是什么? 系统内部的数据单位是什么? 硬盘空间如何来管理? 这些都是在存储信息时需要考虑的问题。

信息的种类繁多。例如,对于数据,既有数值型数据,又有字符型数据和二进制数据。对于程序,既有可执行程序,又有源程序。另外,进程对信息的访问具有局部性,每次只会访问一部分的信息。例如,有时候需要运行代码,有时需要处理数据。最后,有的信息可能会被多个不同的进程所访问,也就是说,需要在这几个进程之间共享这些信息。为了解决这些问题,人们提出了"文件"的概念,把各种各样的信息组织成文件的形式,用文件作为信息的存储和访问单位。

文件是由操作系统来管理的,包括文件的结构、文件的命名、文件的使用、文件的保护和文件的实现,等等,这些都是在操作系统的设计当中需要解决的问题。总之,在一个操作系统当中,负责处理文件相关事宜的部分,就称为文件系统。

图 6.1 是一个简单的文件系统的示意图。文件系统主要包括两个功能:目录服务和存储服务。所谓目录服务,即把系统中的所有文件组织起来,形成一个目录结构,从而便于文件的检索和访问。一般来说,用户在访问一个文件时给出的都是文本字符串形式的文件名,而目录服务就会把这个文件名映射为内部使用的标识符,从而能精确地定位该文件。此外,目录服务还要处理文件的各种属性信息,如访问权限。存储服务就是如何把文件和目录的内容存放在外存上,它通常以数据块为单位。文件系统的下方就是 I/O 子系统,即第 5 章的内容。

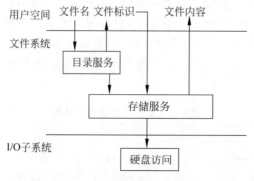

图 6.1　文件系统示意图

关于文件系统,可以从以下两种不同的观点来讨论。

- 用户观点:所谓用户,即计算机的使用者以及应用程序的编写人员。对于用户来说,他们关心的是文件系统所提供的对外的用户接口,包括文件如何命名、如何保护、如何访问(创建、打开、关闭、读和写等)。
- 操作系统观点:对于操作系统的设计者来说,他们关心的是如何来实现与文件有关的各个功能模块,包括如何来管理存储空间、文件系统的布局、文件的存储位置如何安排等。

在本章中,首先从用户的角度出发来介绍文件系统的对外接口,包括文件和目录的基本概念。然后再从操作系统的角度出发来讨论文件系统的实现方法。另外,外存虽有不同的类型,但文件系统并不涉及具体的 I/O 访问,因此为了便于讨论,本章就统一以磁盘为例。

6.1 文　　件

6.1.1　文件的基本概念

文件是一种抽象机制,它提供了一种把信息保存在磁盘等外部存储设备上,并且便于以后访问的方法。这种抽象性体现在用户不必关心具体的实现细节,例如,这些信息被存放在什么地方,是如何存放的,磁盘的工作原理是什么,等等,这些底层的实现细节用户都不必去关心。这种抽象性还体现在:对于任何一个文件,它可以看成是一个单独的、连续的逻辑地址空间,数据就是存放在这个地址空间当中。其大小就是文件本身的大小,与用户进程的地址空间没有关系。

1. 文件的命名

当一个文件被创建时,必须给它指定一个名字,因为用户就是通过文件名来访问这个文件。文件的命名规则:文件名是一个有限长度的字符串,它一般由两部分组成,即文件名和扩展名,中间用句点隔开。例如:

config.txt　　winword.exe　　song.mp3　　hello.c

对于以前的一些老系统,文件名的长度不能超过 8 个字符。但现在大多数系统都支持长文件名,即最多支持 255 个字符。文件名可以由字母、数字和特殊字符组成。有的系统区分英文字母的大小写,如 UNIX,而有的系统则不区分,如 Windows。

文件的扩展名一般用来指明文件的类型,表 6.1 列出了当前常用的一些文件类型以及相应的扩展名。事实上,在 Windows 系统中,它会把一个文件的扩展名与某一个应用程序关联起来。这样,如果用鼠标双击该文件,那么系统就会自动去运行相应的程序,并且把该文件名作为参数。例如,如果双击一个文档文件,那么系统就会自动去运行 Word 程序,并打开该文档。

表 6.1　文件类型及其扩展名

文件类型	扩展名	功　　能
可执行文件	exe,com,bin	可以运行的机器语言程序
目标文件	obj,o	经过编译但尚未链接的机器语言程序

文件类型	扩 展 名	功 能
源文件	c,java,pas,asm	不同语言的源代码文件
批处理文件	bat,sh	在命令解释器中执行的一组命令
文档文件	txt,doc	文本数据,文档
库文件	lib,a,dll	程序员使用的函数库
打印或阅览文件	ps,pdf	ASCII 或二进制文件,用于打印或阅览
压缩文件	arc,zip,tar	经过压缩的一组文件,用于存档
多媒体文件	mpeg,mov,rm	包含音频或视频信息的二进制文件

2. 文件的结构

这里所说的文件结构,指的是文件的逻辑结构,即文件系统向外提供给用户的文件结构形式。它不同于文件在磁盘上的存储结构,即文件的物理结构。

在现代操作系统(如 UNIX 和 Windows)当中,普遍采用了无结构的方式,即把整个文件看成是由一序列无结构的字节流组成。这种文件也叫作流文件,它是由一个个字节拼接在一起组成的,文件的大小就是这些字节的个数。对于操作系统来说,它既不知道也不关心每个文件内部的逻辑结构和具体内容,而是完全由用户程序自己去设计。

图 6.2 是文件结构的一个示意图。在文件系统眼中,所谓的文件就是由很多字节所组成的字节流,至于各字节之间有什么关系,内部结构如何,它并不知道也不想知道。而在用户眼中,该文件的确是有结构的,如数组结构、记录结构、树状结构等。任何数据结构都是允许的,这完全由用户程序自己来设计和维护。但无论文件的内部结构是什么,它最终提交给文件系统的,一定是一个字节流。

当然,唯一的例外是可执行文件。对于任意一个操作系统,它必须了解和支持可执行文件的内部结构,这样才能正常运行该程序。

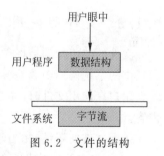

图 6.2　文件的结构

3. 文件的分类

系统中的文件可以按照不同的标准来分类。例如,按照文件的性质和用途来分类,可以把文件分为系统文件和用户文件;按照文件的保护方式来分类,可以把文件分为只读文件、读写文件和可执行文件,等等。

这里采用通常的分类方法,把文件分为两类,即普通文件和目录文件。

(1)普通文件:通常意义上的文件,里面包含用户的各种信息。可以分为以下两种。

① ASCII 文件:里面包含的是一行行的文本。

② 二进制文件:非 ASCII 文件,通常具有某种内部的逻辑结构,为相关的应用程序所了解。例如,对于一个可执行文件,如果用一个文本编辑器打开它,会发现里面全是乱码,根本看不懂。但是对于操作系统,它就能看懂,它知道可执行文件的内部格式是什么,即在文件的不同位置,分别存放的是什么信息。

(2)目录文件:用来管理文件系统组织结构的一种系统文件,是一种专用的特殊文件。

4. 文件的属性

每一个文件都会有一个文件名,并且在该文件中保存了一些数据。除此之外,操作系统

图 6.3　文件的属性

还会给每一个文件附加一些其他信息，这些信息称为文件的属性。对于不同的操作系统，文件属性的类型和个数各不相同，常见的一些文件属性如下。

- 保护信息：指明谁可以对该文件进行何种操作。
- 创建者：该文件是谁创建的。
- 只读标志位：如果该位的值为 0，表示该文件可读、可写；如果该位的值为 1，表示该文件只读。
- 隐藏标志位：0 表示普通文件，1 表示隐藏文件。
- 系统标志位：0 表示普通文件，1 表示系统文件。
- 创建时间、最后访问时间、最后修改时间。
- 文件长度。

如图 6.3 所示为 Windows 操作系统中一个文件的各种属性，包括文件名、文件类型、文件的打开方式、文件在磁盘上的存放位置、文件的大小、文件实际占用的磁盘空间大小、文件的创建时间、最后修改时间、最后访问时间、文件是否只读、是否隐藏等。

6.1.2　文件的使用

文件的使用指的是操作系统提供的与文件有关的系统调用。对于不同的操作系统，它们提供的系统调用函数是各不相同的，这里只介绍一些最常用的函数。

用户在使用文件时，主要有两种类型的操作，一是访问文件的属性，二是访问文件的内容。

访问文件的属性，相当于访问文件的元数据，即关于该文件的各种管理信息，包括：

- 创建文件：创建一个空白的文件。
- 删除文件：删除一个文件，释放磁盘空间。
- 获取文件属性：读取文件的属性信息。
- 设置文件属性：设置文件的属性信息。
- 修改文件名：改变文件的文件名。

在文件系统中，文件的属性信息与文件的内容是分开存放的，因此，对文件的属性信息进行读写操作，并不会影响到文件的内容。

访问文件的内容，这是真正去访问文件内部的数据。在现代操作系统中，普遍采用的是随机存取（Random Access）方式。它的基本思路是：根据所需访问的字节在文件中的位置，将文件的读写指针直接移动到该位置，然后进行读写。因此每一次的读写操作都需要指定该操作的起始位置，如图 6.4 所示。

在访问文件的内容时,主要有如下一些操作。

- 打开文件:在访问一个文件前,必须先打开它。
- 关闭文件:在使用完一个文件后,要关闭该文件。
- 读文件:从文件的当前位置读取数据。
- 写文件:把数据写入文件的当前位置。
- 添加操作:将数据添加到文件的末尾。
- 定位操作:将文件的读写指针移动到指定的位置。

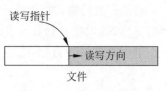

图 6.4　文件的随机存取

需要指出的是,在访问文件的内容时,在程序员的眼中,文件就是一个无结构的字节流,只要按这种方式来访问即可。此时并不涉及文件的物理结构,即文件的各个数据块在磁盘上的存储方式。

6.2　目　　录

6.2.1　目录的基本概念

如前所述,磁盘上的信息是以文件的形式来组织、存储和访问的,但这样一来会有两个问题。首先,如果系统中的文件太多了怎么办? 在我们的计算机上,可能安装了各种各样的应用程序,而每一个应用程序可能需要一系列不同类型的文件。另外,如果有多个用户在使用同一台计算机,那么他们可能会有不同的文件。因此,必须想出某种办法,来对这些文件进行组织和分类,使它们变得井然有序。其次,如何对文件进行管理? 当用户需要访问某个文件时,如何根据用户给出的这个字符串形式的文件名迅速地定位到相应的文件,从而对文件的属性和内容进行各种操作? 总之,为了解决这些问题,人们就引入了目录的概念。

目录(Directory)也称为文件夹(Folder),它是一张表格,里面记录了在该目录下的每一个文件的文件名和其他一些管理信息。一般来说,每一个文件都会占用这张表格中的某一行,即一个目录项,如图 6.5 所示。

图 6.5　目录

这张表格本身也是以文件的形式存放在磁盘上。具体来说,该文件的内容是这样生成的:把每一个目录项变成一个字节流,如 32B,然后把各个目录项依次拼接在一起,就形成了一个文件。另外,在目录的管理上,也有相关的一些系统调用,如创建目录、删除目录、修改目录名等。

那么如何来组织目录的逻辑结构呢? 一般来说,有如下几个设计目标。

(1) 效率:目录的基本功能就是给定一个文件名,然后快速定位相应的文件。

(2) 命名:在文件的命名上,要方便用户。

① 重名:允许重名,即对不同的用户文件,可以使用相同的名字。例如,有两个用户,他们使用同一台计算机,然后各自创建了一个文件。那么在给文件命名时,应该允许这两个文件使用相同的名字,而且不会出错。

② 别名:对于同一个文件,允许它具有若干个不同的名字。这种功能对于用户来说,有时是很方便的。

（3）分组功能：能够把不同的文件按照某种属性进行分组。例如，对于某一门课程的所有文件，可以把它们分为讲义、作业和参考资料等不同的组。这样，在结构上就非常清晰。

以上这些设计目标，就是文件系统在组织目录的逻辑结构时必须考虑的问题。

6.2.2 目录的结构

从历史的发展演变来看，目录的结构主要有三种：一级目录结构、二级目录结构和多级目录结构。这里所说的结构，指的是目录的逻辑结构，即用户眼中的目录结构形式，这是由文件系统提供的对外结构。该结构不同于目录在磁盘上的物理存储结构。

1. 一级目录结构

一级目录结构是最简单的一种目录结构，它的基本思想是：对于系统中的所有文件，只创建一个目录文件，即一张线性表格，每个文件占用其中的一个目录项。这种结构主要用于早期的单用户操作系统，其特点如下。

（1）结构简单，易于实现。

（2）如果系统中的文件较多，则目录检索的时间较长。

（3）存在命名冲突，不能实现多个文件的重名。由于所有的文件都位于同一个目录下，因此，如果文件名相同，就会发生冲突。

（4）不具备分组的功能。

如图 6.6 所示为一级目录结构的一个例子。在该系统中，总共有 4 个文件。一个是特殊的目录文件，还有三个是普通文件。对于每一个文件，在目录文件中都有一个相应的目录项。当用户需要访问某个文件时，系统就会到这个目录文件中去查找。在找到相应的目录项以后，就可以根据里面存放的管理信息去访问该文件。

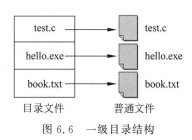

图 6.6 一级目录结构

2. 二级目录结构

二级目录结构的基本思路是：把目录分为两级，第一级称为根目录，第二级称为用户子目录。根目录只有一个，而用户子目录可以有多个。对于每一个用户的所有文件，它们的管理信息保存在相应的用户子目录当中。而对于每一个用户子目录，它们也是文件，它们的管理信息保存在根目录中。这种目录结构适用于早期的多用户系统，每一个用户可以拥有自己的专用目录，其特点如下。

（1）在不同的用户之间，可以使用相同的文件名，从而解决了文件重名的问题。

（2）提高了目录检索的效率。系统在检索一个文件时，首先在根目录中查找，找到相应的用户，然后再到第二级目录中查找。这样，查找速度就会快一些。

（3）仍然不具备分组的功能，用户不能在自己的子目录下再去创建新的目录。

如图 6.7 所示为二级目录结构的一个例子。在系统中，根目录文件只有一个，它包含两个目录项，分别指向两个用户子目录文件。然后对于每一个用户子目录，里面都包含两个普通的文件。

3. 多级目录结构

一级和二级目录结构都是在早期的操作系统中使用的目录结构，而现代操作系统一般采用的是多级目录结构，也称为树状目录结构或层次目录结构，其形状好似一棵倒立的树。

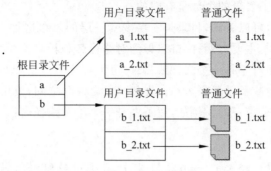

图 6.7　二级目录结构

这个树状结构可以按照下列算法得到。

（1）在开始时,在系统当中只有一个根目录,即整棵树只有一个根结点。

（2）对于这棵树中的每一个结点,如果它是一个目录文件,那么可以在此目录下增加新的文件,该文件既可以是目录文件,也可以是普通文件。所谓增加文件,即把新文件的文件名和各种管理信息登记在该目录文件的某个目录项中,然后转第（2）步,继续执行。

（3）最后得到的就是一个树状的目录结构,内部结点为目录文件,而叶子结点既可以是普通文件,也可以是目录文件。

如图 6.8 所示为多级目录结构的一个例子。树根结点表示根目录,在系统中根目录有且仅有一个。然后在每一个目录当中,既有普通的文件,也有子目录文件。对于这种多级目录结构,实际上人们每天都在使用。在 Windows 操作系统当中,只要打开资源管理器,看到的就是这样的目录结构。

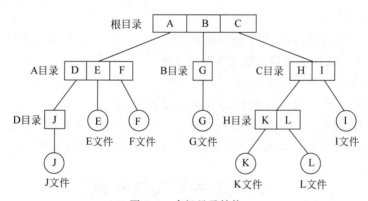

图 6.8　多级目录结构

请读者思考一个问题：如前所述,每一个目录都是以文件的形式存放在磁盘上,那么根目录又是如何存放的呢？如果也用文件的形式来存放,那么这个文件本身的管理信息存放在哪里呢？对于普通的目录文件,没有任何问题,它们的管理信息存放在上一级目录当中,在上一级目录中有它的目录项。但是对于根目录,它没有上级目录,因此无法把它的管理信息存放在某一个目录项中。一种解决办法是在磁盘空间中专门预留一块区域,用来存放根目录的内容。但这样又会带来新的问题,即由于该块空间的大小是固定的,而每个目录项的长度也是固定的,因此在这块区域中能够存放的目录项个数是有限的。这就意味着,在根目录下能够创建的文件和子目录的个数是有限的。

在多级目录结构中,可以看到,目录是一层嵌套一层的。在这种情形下,如何来指定需要访问的文件或目录呢? 主要有两种方法,即绝对路径名和相对路径名。

所谓绝对路径名,即对于每一个文件或目录,可以用从根目录开始依次经由的各级目录名,再加上最终的文件名或目录名来表示。在每一级目录名之间,要用分隔符隔开。一个文件或目录的绝对路径名是唯一的。例如,以下就是一个绝对路径名:

\spell\mail\copy\all

它表示从根目录开始,经过了 spell 子目录、mail 子目录和 copy 子目录,最后是文件名 all。在各级子目录之间,用反斜杠隔开。当然,对于不同的操作系统,这个分隔符可能是不一样的。

除了绝对路径名以外,还有一种相对路径名。在介绍相对路径名之前,首先要了解当前目录的概念。所谓当前目录,也叫工作目录,用户可以自己指定一个目录来作为当前的工作目录。然后在需要访问一个文件或目录时,可以使用相对于这个当前目录的部分路径名,即相对路径名。例如,假设当前工作目录为:

\spell\mail\copy

那么以下两个路径名是完全等价的:

\spell\mail\copy\all
all

前者使用的是绝对路径名,后者使用的是相对路径名。

多级目录结构具有如下一些特点。

(1) 当文件数目较多时,便于系统和用户将文件分散管理,使得文件和目录的层次结构比较清晰。因此,它适用于比较大的文件系统管理。

(2) 解决了文件的重名问题,在不同目录下的两个文件可以使用相同的名字。

(3) 文件被分散在不同的目录下,查找速度会加快。

(4) 目录的级别不能太多,否则会增加路径的检索时间。由于每一个目录都是以文件的形式存放在磁盘上,因此,如果目录的级别很多,就会影响到检索的速度。

6.3　文件系统的实现

扫码观看

前面两节介绍的是文件和目录的基本概念,主要是从用户的角度来看待文件系统,讨论的是文件如何命名、可以对文件进行哪些操作、目录的逻辑结构如何,诸如此类的各种与用户接口有关的问题。但是从文件系统的实现来看,我们更关心的是文件和目录是如何实现的,它们是如何存储在磁盘上的,磁盘空间如何管理,如何才能使整个文件系统高效、可靠地运转,这些才是文件系统的设计者和实现者所关心的问题。

在讨论文件系统的具体实现之前,先来介绍一个新的概念,即块(Block)。

如图 6.9 所示,在现代操作系统中,文件的逻辑结构一般都是无结构的字节流。也就是说,在用户的应用程序内部,可以构造自己所需要的各种类型的数据结构,如二叉树、表格和图等。但是应用程序与文件系统之间的接口，必须是无结构的字节流，这是应用程序提交给文件系统的数据形式。而数据最终要存放在磁盘上，如前所述，磁盘的最小访问单位是扇区。因此，文件系统与磁盘的接口为扇区。在这种情形下，在文件系统的内部，使用的单位是什么呢？是扇区吗？事实上，由于扇区的大小并不是统一不变的，因此，为了实现设备独立性，通常的做法是把磁盘空间划分为一个个大小相同的数据块，即物理块。与此同时，把应用程序提交给文件系统的字节流（即逻辑地址空间）也划分成大小相同的逻辑块。然后在文件系统的内部，以块来作为基本的处理单元，把每一个逻辑块保存在一个物理块当中。需要指出的是，对于每一个文件，逻辑地址空间是连续的，即逻辑块的编号(0,1,2,…)是连续的，而相应的物理块的编号则不一定连续。这种做法有点像页式存储管理方案当中的页面，一个页面就好比是一个块。当然，这种数据块只是在文件系统的内部使用，在真正访问磁盘的时候，具体来说，在设备驱动程序当中，会把每一个物理块转换为相应的扇区。而且这种转换是非常容易的，因为在设计时，一个物理块就是由一个或多个连续的扇区组成。例如，假设扇区的大小为 512B，那么块的大小可以是 512B、1KB、2KB、4KB 等，也就是说，块的大小肯定是扇区大小的整数倍。

读者可以在自己的计算机上做一个小实验。以 Windows 系统为例，在硬盘上随便找一个比较小的文件，然后看它的属性，这时会发现文件的大小与它实际占用的空间是不一样的。例如，一个文件的大小可能是 10 604B，但是它实际上占用的空间是 12 288B。这就说明了块的存在，也就是说，文件存放在硬盘上时，是以块为单位，如果最后一个逻辑块不够一个整块，那么也要在硬盘上占用一个完整的物理块。因此，假设块的大小为 4096B，那么文件的大小虽然是 10 604B，即 2.589 个块，但是它实际占用的硬盘空间是 3 个物理块，即 12 288B。

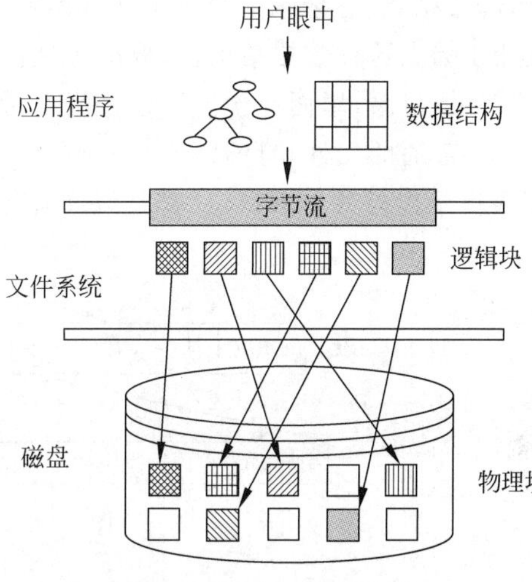

图 6.9　逻辑块与物理块

6.3.1　文件系统的布局

文件系统的布局指的是在一个磁盘分区中，包含哪些内容，以及它们的格局是怎么样的。如前所述，一块磁盘在低级格式化以后，可以用分区软件把它划分为若干个分区。在分区以后，磁盘的扇区 0 称为主引导记录(Master Boot Record, MBR)，它主要是用来启动计算机。在 MBR 的末尾有一个分区表，里面记录了每一个分区的起始扇区和大小。在磁盘的多个分区中，有一个是活动分区，操作系统就保存在该分区中。当然，在不同的分区中，可以保存不同类型的操作系统。例如，C 盘安装的是 Windows 操作系统，D 盘安装的是 Linux操作系统。然后，如果哪一个分区被设置为活动分区，那么在计算机启动以后，就会到相应的分区中，把操作系统装入到内存运行。如果 C 盘是活动分区，那么当计算机启动后，运行的就是 Windows 系统；如果 D 盘是活动分区，那么当计算机启动后，运行的就是 Linux 系统。另外，对于不同类型的文件系统，它们在磁盘分区中的布局也是不一样的。

如图 6.10 所示为一个具体的例子，这是某种文件系统在磁盘分区上的布局。从图 6.10

中可以看出,磁盘的第 0 个扇区是 MBR,在它末尾有一个分区表。然后整块磁盘被划分为 3 个分区,即 C 盘、D 盘和 E 盘。在对这些分区进行格式化时,可以在不同的分区中,分别装入不同的文件系统,图 6.10 中是第二个磁盘分区即 D 盘中的文件系统的布局,它主要包括以下内容。

(1) 引导块,或称引导扇区。它里面装了一个程序,其功能是把该分区中存放的操作系统程序装入到内存。当然,如果在这个磁盘分区中,没有可以启动的操作系统,那么引导扇区里面就是空的。

(2) 分区控制块,里面保存了关于这个文件系统的所有重要的参数,包括:

① 文件系统的标识符,用来表明该文件系统的类型。

② 块的大小,即在该分区中,每一个物理块的大小是多少。

③ 物理块的个数。在一个磁盘分区中,物理块的个数可以这样来计算:首先从 MBR 中读出该磁盘分区的大小,即扇区的个数,然后把它除以每个物理块的大小即可。

(3) 空闲空间管理,用于空闲物理块管理的一些数据结构,如空闲块的个数,空闲块的链表指针、位图等。

(4) I 结点,它记录了每一个文件的所有管理信息。当然,并不是所有的文件系统都需要使用 I 结点这种数据结构,这取决于文件系统的具体实现方式。

(5) 根目录,里面包含位于该分区根目录下面所有文件或子目录的各种说明信息。

(6) 普通的文件和目录,这是该磁盘分区所包含的主要内容。所有的信息,包括普通文件和根目录以外的所有目录,都是以文件的形式存放在磁盘上。

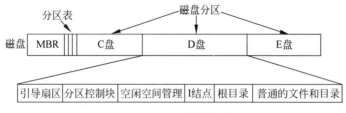

图 6.10　文件系统的布局

当一台计算机加电启动以后,位于主板上的 BIOS(Basic Input Output System,基本输入输出系统)程序就会被执行。该程序会去检查并设置系统当中的各种硬件资源,然后去查询一个表格,看看是从什么地方启动的,是 U 盘、硬盘还是光盘。如果是从硬盘启动的,那么它就会把 MBR 当中的引导程序装入到内存运行,然后该引导程序就会去查询硬盘上的分区表,看看在这 3 个分区当中,哪一个是活动分区。如果第二个分区是活动分区,就会把该分区的引导块当中的程序装入到内存去运行。当这个程序开始运行时,它就会把保存在这个磁盘分区中的操作系统程序,一步步地装入内存去运行。这样,操作系统就逐渐获得了系统的控制权,开始运行了。

6.3.2　文件的实现

在一个文件系统中,文件的实现需要解决以下两个问题。

(1) 如何描述一个文件,即用什么数据结构来记录文件的各种管理信息?

(2) 如何存放文件,即如何把文件的各个连续的逻辑块存放在磁盘上的空闲物理块当中,并且记录这些逻辑块与物理块之间的映射关系?

总之,在文件系统的眼中,一个文件主要由两个东西组成,一个是元数据,即关于该文件的各种管理信息;另一个是一组数据块,即该文件的内容会被切分为一个个数据块,分别存放在磁盘的不同位置。

1. 文件控制块

文件控制块(File Control Block,FCB)是操作系统为了管理文件而设置的一种数据结构,里面存放了与一个文件有关的所有管理信息,它是文件存在的标志。这有点像前面讲过的进程控制块(PCB),在一个进程的 PCB 中,保存的是与该进程有关的所有管理信息。当然,两者还是有区别的。PCB 是存放在内存当中,而且是在进程运行时创建,在进程结束时撤销;而 FCB 是存放在磁盘上,只要相关的文件还在,就会永久地保存。

对于不同的文件系统,FCB 的内容也不太一样,但是一般来说,它主要包括两个方面的信息,一是文件的属性,二是文件的内容在磁盘上的存储位置。具体来说:

* 文件的类型和长度。
* 文件的所有者、文件的访问权限。
* 文件的创建时间、最后访问时间、最后修改时间。
* 文件所在的物理块信息,即该文件在磁盘上的存放位置,它的每一个逻辑块被存放在磁盘的哪一个物理块当中。只有知道这个信息,文件系统才能对这个文件的内容进行访问。

2. 文件的物理结构

文件的物理结构讨论的是如何把一个文件的内容存放在磁盘等物理介质上。具体来说,就是以块为单位,研究如何把文件的一个个连续的逻辑块分别存放在不同的物理块当中,即研究逻辑块与物理块之间的映射关系。这有点类似于在页式存储管理方案中,逻辑页面与物理页面之间的映射关系。

一般来说,文件的物理结构主要有三种形式,即连续结构、链表结构和索引结构。下面分别对它们进行介绍。

3. 连续结构

连续结构也称为顺序结构,它的基本思想是把文件的各个逻辑块按照顺序存放在若干个连续的物理块当中。也就是说,一方面,文件的逻辑地址是连续的;另一方面,在把它存放到磁盘上以后,物理地址也是连续的。

请读者思考一个问题:连续结构类似于哪一种内存管理方法?这种方式类似于可变分区的存储管理方案。在可变分区存储管理中,一个程序被整个装入到某个内存分区当中,因此它在内存中的地址是连续的。

连续结构的优点是:

* 简单、易于实现。对于文件系统来说,只要记住第一个物理块的编号和物理块的个数,即可通过简单的加法来实现逻辑块到物理块的映射关系。具体来说,假设在文件中总共有 N 个逻辑块,且第一个逻辑块是存放在第 X 个物理块当中,那么第 i 个逻辑块就是保存在第 $X+i-1$ 个物理块当中。因此,文件系统只要记住 X 和 N,就可以推算出每一个逻辑块保存在哪一个物理块当中。
* 由于物理块是顺序存放的,因此,如果外部存储设备是磁盘,那么在访问文件时,只

要将磁头定位到第一个物理块,即可顺序地读取每一个数据块,而不用再去移动磁头,或等待相应的扇区旋转到磁头的下方。这样,磁盘的访问速度是非常快的。

如图 6.11 所示为连续结构的一个例子。假设一个磁盘总共有 18 个物理块,按照顺序编号分别为 0~17。在文件系统的一个目录文件中,记录了该目录下所有文件或子目录的管理信息,这里只列出了文件名和文件的起始地址,即第一个物理块的编号,以及文件的长度,即数据块的个数。对于文件 a.txt,它总共有两个数据块,第 0 个逻辑块存放在磁盘的第 0 个物理块当中,第 1 个逻辑块存放在磁盘的第 1 个物理块当中;对于文件 b.jpg,它总共有三个数据块,即第 0、第 1 和第 2 个逻辑块,它们分别存放在磁盘的第 2、第 3 和第 4 个物理块当中。对于文件 c.doc 和 d.exe,也是类似的,这里不再赘述。这 4 个文件总共占用了 15 个物理块,因此在磁盘上只剩下三个物理块是空闲的,即第 5、第 16 和第 17 个物理块。

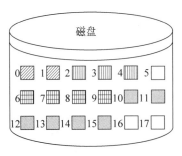

文件名	起始地址	长度
a. txt	0	2
b. jpg	2	3
c. doc	6	4
d. exe	10	6

图 6.11　连续结构的一个例子

连续结构的缺点:

- 随着磁盘上的文件的增加和删除,将会形成已占用物理块与空闲物理块之间相互交错的情形。这样一来,那些较小的、无法再利用的物理块,就成为外碎片。如图 6.11 所示,第 5 个物理块虽然是空闲的,但如果后继的每一个文件都不止一个数据块,那么它就无法被使用,就成了外碎片。当然,为了解决这个问题,可以采用存储紧缩技术,把所有的文件往一个方向移动,这样所有的空闲物理块就在另外一个方向形成一个比较大的区域。但这样做的代价非常大,因为它是对磁盘文件进行移动,而磁盘的访问速度是比较慢的。

- 文件的大小不能动态地增长,在创建一个新文件时,必须事先指定该文件的大小,这样文件系统才知道应该把哪一片连续的空闲空间分配给它。但如果在新建一个文件时,并不知道它的大小,或者说,文件的大小是动态可变的,那么在这种情形下,就会比较麻烦。如果预留的磁盘空间少了,就会不够用;如果预留的空间多了,又会造成浪费。

总之,连续结构主要用在早期的一些文件系统当中,现在已经不常用了。只有一个例外,即在 CD-ROM、DVD 和其他一些一次性写入的光学存储介质中,连续结构又重新活跃起来,被广泛地应用。原因在于:在刻录一张光盘时,文件的个数是事先知道的,每个文件的大小也是已知的,而且以后也不会再发生改变。在这种情形下,连续结构的两个缺点都不存在了,而它的优点还保留着。

4. 链表结构

链表结构的基本思路是:把文件的各个逻辑块依次存放在若干个物理块中,这些物理块既可以是连续的,也可以是不连续的,然后在各个块之间通过指针连接起来,前一个物理块指向下一个物理块。

在具体实现链表结构时,需要在每一个物理块中,专门利用若干字节来作为指针,指向下一个物理块。然后,对于文件系统来说,它只要记住这个链表结构的首结点指针,就可以定位到该文件中的任何一个物理块,这相当于是链表的遍历。

链表结构的优点是:它克服了连续结构的所有问题。在连续结构中,两个文件之间夹杂的空闲物理块没法使用,成为外碎片。而在这里,不连续的物理块之间可以通过指针连接起来,因此磁盘上的每一个物理块都能用上,不存在外碎片的问题,而且文件的大小也可以动态变化。打个比方,可以把一个物理块看成是火车的一节车厢。如果要装的货物比较多,就多挂几节车厢;如果要装的货物比较少,就少挂几节车厢。这些都是可以动态调整的,而且每一节车厢都能用上,不会造成浪费。当然,对于每一个文件来说,在它的最后一个物理块中,可能没有装满,也就是说,会有一些内碎片。

如图 6.12 所示为链表结构的一个例子。每一个物理块均由两部分组成:一部分是一个指针,用来指向下一个物理块;另一部分是数据区,用来存放数据。在图 6.12 所示的例子中,文件 a.txt 总共有 3 个数据块,它的起始地址为 0,即第 0 个逻辑块是存放在第 0 个物理块当中,然后在第 0 个物理块中存放了下一个数据块的地址 2,即第 1 个逻辑块是存放在第 2 个物理块当中。然后在第 2 个物理块当中存放了下一个数据块的地址 4,即第 2 个逻辑块是存放在第 4 个物理块当中。然后在第 4 个物理块当中,指针的值为 0,表示链表结束。对于文件 b.jpg,它的情形也是类似的,总共有 6 个数据块,然后在每一个物理块当中都存放了下一个物理块的地址。为了直观起见,对于每一个文件,还可以把这种链接关系转换为相应的逻辑块与物理块的映射关系,如图 6.13 所示。

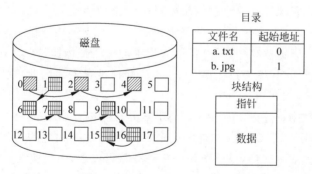

图 6.12 链表结构的一个例子

(a) 文件a.txt

逻辑块号	物理块号
0	0
1	2
2	4

(b) 文件b.jpg

逻辑块号	物理块号
0	1
1	6
2	7
3	9
4	16
5	15

图 6.13 逻辑块与物理块的映射

链表结构的缺点：

- 在访问一个文件时，只能进行顺序访问，不能随机访问，否则速度会很慢。例如，为了访问一个文件的第 n 个逻辑块，文件系统必须从这个文件的第一个数据块开始，按照每一个数据块的指针所指向的地址，依次顺序去访问。也就是说，我们的目标是要去访问第 n 个逻辑块（下标从 0 开始），但为了得到第 n 个逻辑块的物理块地址，就必须先去访问 n 次磁盘。而磁盘的访问速度是很慢的，因此如果要随机去访问某一个逻辑块，时间就会比较长。如图 6.12 所示，如果要访问文件 b.jpg 的第 2 个逻辑块，由于事先并不知道这个逻辑块是存放在哪一个物理块当中（图 6.13 中的映射表是为了直观起见而自己画的，系统中并没有），所以先要访问第 0 个逻辑块（位于第 1 个物理块当中），从中取出第 1 个逻辑块的地址（即物理块 6），然后再访问第 1 个逻辑块，从中取出第 2 个逻辑块的地址（即物理块 7），最后才能去访问第 2 个逻辑块，因此总共要访问 3 次磁盘（不包括目录的访问）。

- 每个物理块上的数据存储空间不再是 2 的整数次幂，因为指针要占用若干字节，这样，就使得文件的访问不太方便。

为了解决这些问题，人们对链表结构进行了改进，提出了带有文件分配表的链表结构。

5. 带有文件分配表的链表结构

带有文件分配表的链表结构，它的基本思路是：在链表结构的基础上，把每一个物理块当中的链表指针抽取出来，单独组成一个表格，即文件分配表（File Allocation Table，FAT），然后平时存放在磁盘上，在使用时就把它装入内存，从而提高访问的速度。

如前所述，链表结构的问题在于不能随机去访问某一个逻辑块。所谓随机去访问一个逻辑块，目标很简单，只要知道这个逻辑块所对应的物理块编号即可，剩下的事情就是简单地去读写磁盘。那么如何才能知道一个逻辑块所对应的物理块地址呢？在链表结构中，这个地址信息保存在一条链表当中，而这条链表当中的每一个指针又保存在磁盘上，是和文件的数据混合在一起的，这样既占用了磁盘空间，访问速度又慢。因此，现在的思路就是把这条链表单独抽取出来，放在内存当中。这样，一方面，它不会再占用磁盘空间，因此整个物理块都可以用来存放数据；另一方面，由于 FAT 表是放在内存当中的，因此，如果要随机去访问文件的第 n 个逻辑块，那么可以先查询这个 FAT 表，找到相应的物理块地址，然后根据这个地址再去访问磁盘。这样，只要访问一次磁盘就可以了，因此速度会很快。

那么如何来实现文件分配表呢？文件分配表类似于页式存储管理中的反置页表的思路。也就是说，在整个文件系统当中，只设置一个一维的线性表格。它的表格项的个数等于磁盘上物理块的个数，并且按照物理块编号的顺序来建立索引。对于每一个文件，在它的文件控制块（FCB）中记录了该文件所在的第一个物理块的编号 X1。然后在 FAT 表的第 X1 项当中，记录了该文件的第二个物理块编号 X2，以此类推，从而形成了一条链表。然后在最后一个 FAT 表项当中，存放了一个特殊的文件结束的标识，即 −1。

如图 6.14 所示为带有文件分配表的链表结构的一个例子，它是对图 6.12 的一个修改。在这种结构下，文件的每一个逻辑块还是保存在相同的物理块当中，这与图 6.12 是完全一样的。因此，这里就没有画出磁盘上的数据块的分布情况。当然，严格地说，还是会有一些变化。因为在刚才的情形下，每一个物理块内部要留出几字节作为指针，而这里则没有这个必要，每个物理块的所有空间都可以用来保存数据。在图 6.14 中，文件 a.txt 有 3 个数据块,文件 b. jpg 有 6 个数据块,每个逻辑块与物理块的映射关系与图 6.13 是完全一样的,只不过这些信息现在是存放在 FAT 表中。事实上,对于文件系统当中的每一个文件,它们的地址链表信息,都保存在同一个 FAT 表当中,即每一个磁盘分区只有一张 FAT 表。

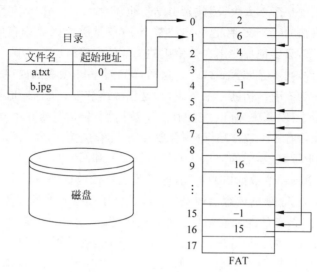

图 6.14　带有文件分配表的链表结构

请读者思考一个问题:如前所述,每一个进程都有一个页表。在进程创建时,就会生成一个相应的页表。然后在进程结束时,就会释放该页表。也就是说,页表是一种动态生成的表格,不需要长久地保存。但是对于 FAT 表来说,它是否需要长久地保存呢?当然是需要的,因为它描述的是文件在磁盘等外部存储设备上的存放位置,而文件是一直保存在磁盘上的,因此 FAT 表也应该是长久保存的。它应该是存放在磁盘上,然后在需要时再调入到内存。另外,FAT 表除了用来存放链表信息,还可以实现空闲空间管理。具体来说,如果某个物理块没有被使用,那么在 FAT 表中,相应的表格项内容为空。

如前所述,文件分配表有点类似于反置页表,但它不能像反置页表那样在给定了一个逻辑页面号以后,通过 TLB 硬件和哈希表来迅速地找到对应的物理页面号,而必须顺序地去查找 FAT 表中相应的链表。当然,由于 FAT 表是位于内存当中,因此访问速度比外存要快。另外,FAT 表还有一个缺点,就是在使用时,需要把整个 FAT 表都保存在内存中,哪怕只访问一个文件,也必须这样。这是因为系统中的所有文件被打散地存放在不同的物理块当中,因此它们占据的 FAT 表项也是分散的。在访问一个文件时,我们事先并不知道它需要用到哪些 FAT 表项,因此只好把整个 FAT 表都装入内存。但这样一来,对于那些暂时还用不上的 FAT 表项,就会浪费内存空间。因此,人们又提出了另外一种方式:索引结构。

扫码观看

6. 索引结构

索引结构的基本思路很简单,就是类似于普通页表的做法,把一个文件中的每一个逻辑块所对应的物理块编号直接记录在文件的 FCB 中,称为 i 结点(inode,index-node,索引结点)。这样一来,对于系统中的每一个文件,都有一个自己的索引结点。这就好比是每一个进程都有一个自己的页表。通过这个索引结点,就能直接地实现逻辑块与物理块之间的映射关系。例如,假设想访问文件的第 i 个逻辑块,那么只要到该文件的索引结点里面的地址映射表中,去查一下它的第 i 项的内容,就可以立即知道它所对应的物理块编号,然后就可以去访问磁盘了。而且与普通的页表不同,普通的页表太大了。如果逻辑地址空间为 4GB,页面大小为 4KB,那么页表项的个数为 1M。而对于索引结构,其长度由文件的长度来决定,而文件的长度一般不太大,因此索引结点也不会太大。另外,在刚才介绍的文件分配表方案中,哪怕只访问一个文件,也必须把整个 FAT 表都装入到内存中,这样才能使用。而在索引结构方式下,只要把那些正在被使用的文件的索引结点装入到内存即可,而对于那些没有被打开的文件,则不必装入到内存。这样,就不会占用太多的内存空间。

如图 6.15 所示为索引结构的一个例子,在这里继续沿用图 6.12 和图 6.14 中的那个例子,即系统中有两个文件,其中 a.txt 文件有 3 个数据块,分别存放在第 0、第 2 和第 4 个物理块当中;b.jpg 文件有 6 个数据块,分别存放在第 1、第 6、第 7、第 9、第 16 和第 15 个物理块当中。在这种情形下,磁盘上的数据块的分布情况就和图 6.12 和图 6.14 是相同的,因此这里就没有画出磁盘内部的数据块的情况,而是重点讨论地址映射信息的存储方式。可以看出,在这种方式下,目录项的内容已经发生了变化。里面存放的不是文件的首个物理块的编号,而是该文件的 i 结点的地址或编号。通过这个地址,就可以在磁盘上找到该文件的索引结点,里面存放了文件的各种管理信息。其中有一张地址映射表,里面记录了每一个逻辑块是存放在哪一个物理块当中,就像普通的页表一样。在这种情形下,如果要去访问某个文件当中的某一个逻辑块(如第 k 个逻辑块),那么在打开文件时,首先通过该文件的目录项,查询到它的索引结点的存放位置。然后把该结点装入到内存,再以 k 为下标去查询一下它里面的地址映射表,把第 k 个表项取出来,这样就可以知道该逻辑块是存放在哪一个物理块当中,然后就可以直接去访问磁盘了。需要说明的是,在地址映射表中只需要保存每个逻辑块所对应的物理块号即可,不需要把逻辑块号也保存在里面。因为逻辑块号是固定的,是从 0 开始的一个连续的整数序列。这就好比在内存中存放一个数组时,只需要把数组元素的值存放在内存即可,并不需要把数组的下标也存放起来。

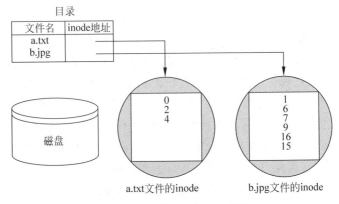

图 6.15　索引结构的一个例子

请读者思考一下,这种索引结构有什么问题?我们注意到,索引结点一般保存在一个物理块当中,而物理块的大小是固定的。也就是说,它能够存放的地址映射信息是有限的。例如,假设一个数据块的大小为 4KB,在索引结点中,逻辑块号不用存,只用存物理块编号,假设每个块号占用 4B。在这种情形下,在一个数据块中只能存放 1K 个地址,因此对于系统中的任意一个文件,它的最大长度为 1K×4KB=4MB。换句话说,如果文件的长度超过了 4MB,那么就无法表示。怎么来解决这个问题呢? 一种办法就是引入间接索引,即在地址映射表中存放的某一个地址,它并不是用来指向某个数据块,而是用来指向另外一个地址映射表。

图 6.16 是 UNIX 系统的索引结点。它里面主要包括两个方面的信息,一个是文件的各种属性信息,另一个就是逻辑块到物理块的映射信息。对于地址映射信息,又分为以下四个部分。

- 直接访问索引:里面存放的就是逻辑块所在的物理块编号,总共有 12 个。
- 一级间接索引:指向一个数据块,该数据块也是一张地址映射表,里面存放了若干个数据块的物理块编号。
- 二级间接索引:指向一个数据块,该数据块中存放了若干个地址,其中每一个地址都是一个一级间接索引。
- 三级间接索引:指向一个数据块,该数据块中存放了若干个地址,其中每一个地址都是一个二级间接索引。

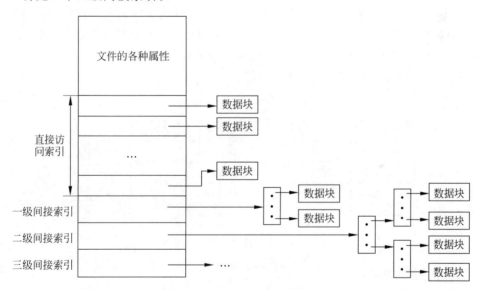

图 6.16　UNIX 系统的索引结点

请读者思考一个问题,假设数据块的大小为 4KB,每个地址的长度为 4B,那么采用这种索引结构以后,能够访问的文件的最大长度是多少? 显然,对于直接访问索引,能够表示的文件的最大长度是 12×4KB=48KB;对于一级间接索引,能够表示的文件的最大长度是 1K×4KB=4MB;对于二级间接索引,能够表示的文件的最大长度是 1K×4MB=4GB;对于三级间接索引,能够表示的文件的最大长度是 1K×4GB=4TB,因此,从理论上来说,系统所允许的最大的文件长度是:48KB+4MB+4GB+4TB。

6.3.3　目录的实现

当用户需要访问一个文件时,他提交的是一个简单的 ASCII 形式的文件名或者路径名。对于文件系统来说,它必须根据这个文件名或路径名,迅速地定位到相应的文件,了解到该文件的各种属性信息以及它在磁盘上的存储位置等。换句话说，就是要把它的文件控制块的内容读进来，这样才能进行下一步操作。而要做到这一点，就必须通过目录来完成。下面就来介绍目录的实现方法，这需要解决以下三个问题：目录项的内容、长文件名问题以及目录的搜索方法。

1. 目录项的内容

对于目录项的内容，不同的文件系统采用的是不同的实现方法。一般来说，可以分为以下两种类型。

- 直接法：把文件控制块的内容直接保存在目录项当中，即目录项＝文件名＋FCB，其中包括文件的各种属性信息和它在磁盘上的存放位置。典型的例子就是 MS DOS 和 Windows。
- 间接法：每一个文件的 FCB 不是保存在它的目录项中，而是单独存放。例如，把系统中所有文件的 FCB 统一保存在磁盘的某个位置，然后在每一个目录项中，目录项＝文件名＋FCB 的地址。典型的例子就是 UNIX。

无论是直接法还是间接法，目录的基本功能都是一样的，即只要用户给出一个文件名，就能找到相应的 FCB。通过上述介绍可以知道，一个文件的文件名与文件的内容是分开存放的，因此有些用户出于私密性方面的考虑，把计算机上的一些视频文件的文件名进行了修改，这是完全没有问题的，不会影响到文件的内容和正常的使用。

图 6.17 是直接法和间接法的一个示意图。

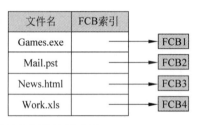

图 6.17　直接法和间接法示意图

2. 长文件名问题

在早期的一些操作系统当中，文件名的最大长度为 8 个字符，扩展名的最大长度为 3 个字符。而在 UNIX 第 7 版当中，文件名的最大长度为 14 个字符，其中包括扩展名的长度。如果文件名的长度超过了这个限制，就必须进行修改以满足该要求。例如，有网友发现在 Windows 的某个软件的配置中出现了"PROGRA～1""PROGRA～2""MICROS～1"等路径。原来，真正的路径名应该是"Program Files""Program Files（x86）""Microsoft"，然后由于长度限制的原因被自动截取为 8 个字符。

当然，在现代操作系统当中，文件名的长度一般不再限制，而是支持更长的、可变长度的文件名。

如何来实现这种长文件名的机制呢？主要有以下三种方法。

- 方法 1：在目录项中，将文件名的长度固定为 255 个字符，即为每一个文件名都预留 255B 的空间。这种方法虽然很简单，但是它会浪费大量的目录空间。因为对于一般的文件名来说,长度都是非常短的,一般只有几个字符或十几个字符。即便是那些比较长的文件名,一般也不会用到 255B。所以在这种情形下,大量的目录空间被浪费掉了。

- 方法 2:每一个目录项的长度是可变的,对于不同长度的文件名,其目录项的长度也是不一样的。具体来说,把每一个目录项的内容分为三部分:目录项的长度、文件的属性信息和文件名。对于目录项的长度和文件的属性信息,这两部分内容的长度是固定的,而文件名的长度是可变的。换句话说,每一个目录项可以看成是一个变长的记录,而记录的长度是保存在它的起始位置。这种方法的缺点是:当一个文件被删除以后,由于它的目录项的长度不固定,因此它所占用的空间就不太好回收利用。具体来说,如果该文件的文件名比较短,则它的目录项就比较短,这样就无法再把它分配给一个名字较长的文件;反之,如果该文件的文件名比较长,则它的目录项就比较长,此时如果把它再分配给一个名字较短的文件,则在目录项中,会有较多的空间被浪费。

- 方法 3:每一个目录项本身的长度是固定的,然后把长度可变的文件名统一放在目录文件的末尾。这样,当一个目录项被释放以后,它所占用的空间就能方便地回收和利用。

3. 目录的搜索方法

所谓目录的搜索,即在一个目录文件中,当给定了一个文件名以后,如何定位到相应的目录项。寻找目录项的目的在于取出该文件的 FCB,这样就能访问它的各种属性信息,如修改文件名、修改文件的访问时间等。此外,还能根据 FCB 中存放的地址映射信息,去读写该文件的每一个数据块。

目录搜索的难点在于:用户给出的是 ASCII 形式的文件名,因此系统只能用文件名来作为索引,而不能用整数编号来作为索引。如果是整数编号,那就会非常方便。例如,如果想去访问第 i 个文件,那么非常简单,直接去目录文件当中查找第 i 个目录项即可。这可以通过简单的加法运算来实现定位,就好像数组下标一样。

目录的搜索方法主要有以下两种。

- 线性搜索:对目录中的每一个目录项,依次与该文件名进行比较,直到找到相应的目录项。例如,在图 6.17 中,如果用户需要访问 News.html 文件,那么系统就会从头开始,逐一去比较每一个目录项,看它的文件名是不是 News.html。当比较到第三个目录项时,查找成功。线性搜索法的优点是非常简单,不需要其他的系统开销。如果每一个目录下所包含的文件个数不是很多,那么这种方法也就够用了。但如果目录非常长,那么搜索的时间就会很长。

- Hash 表:用 Hash 表的方法来加快搜索速度。具体来说,另外再构造一个 Hash 表,假设目录的长度为 N,则 Hash 函数的功能是:将一个文件名映射为 $0 \sim N-1$ 的一个值,然后在相应的 Hash 表项中,存放该文件所对应的目录项地址。如果有多个不同的文件名被 Hash 函数映射为相同的一个值,那么就建立一个链表,将这些文件的目录项地址串起来,然后把链表的首结点地址保存在相应的 Hash 表项中,这就是创建 Hash 表的过程。在搜索时,其过程也是类似的。对于用户给定的一个文件名,先通过 Hash 函数映射为某个值,然后到 Hash 表项中取出相应的目录项地址。如果有必要,再去遍历搜索一下相应的链表即可。

6.3.4 系统调用的实现

前面已经介绍了文件和目录是如何实现的,在此基础上,下面来讨论一下在文件系统的内部,如何来实现与文件有关的各种系统调用函数。对于程序员来说,正是通过这些系统调用函数来与文件系统打交道。因此,了解这些函数的实现过程,将有助于更好地使用它们。

如前所述,一个文件主要由两个东西组成,一个是元数据,即文件控制块;另一个是一组数据块,即文件的内容。在这种情形下,对文件的访问,也就相应地分为两种情形,一是对文件属性的访问,二是对文件内容的访问。

1. 访问文件的属性

在文件系统当中,如果要创建一个文件、修改一个文件的文件名、读取或修改某个文件的属性、删除一个文件或者移动一个文件,那么这些操作本质上都是对文件的属性进行访问,而并不涉及文件的内容。具体来说,一个文件的文件名和文件控制块是存放在它的目录项当中(如果是间接法,那么目录项中存放的是文件控制块的地址),因此,上述这些操作,在具体实现时其实就是对相应的目录项进行访问。

如果要在某个目录下创建一个新文件,例如,在 Windows 操作系统中,在某个目录下单击鼠标右键,然后新建一个文件。那么从文件系统的角度,它所要做的事情就是在该目录表格当中添加一行,里面存放该文件的文件名和各种属性信息,如是否只读、是否隐藏、创建时间、访问时间等,此时该文件并无任何内容,其大小和占用空间均为 0。换言之,在硬盘上,只有该目录文件的内容发生了变化,其他地方都没有发生变化。

如果要修改一个文件的文件名,那么对于文件系统来说,它所要做的事情就是先根据该文件当前的文件名,对树状的目录结构进行搜索,找到该文件所对应的目录项。然后在这个目录项当中,把旧的文件名修改为新的文件名。

如果要读取或修改某个文件的属性,那么同样要先找到该文件所对应的目录项,通过该目录项进一步找到该文件的文件控制块,然后对里面的相应字段进行读取或修改,如将文件设置为只读和隐藏。

如果要删除一个文件,那么文件系统一般的做法仅仅是对该文件的目录项进行操作,如打上一个删除标记,并回收该文件所占用的物理块,但此时一般不会立即去破坏这些物理块的内容。换言之,在删除一个文件后,该文件的内容暂时并未被清除。因此,如果不小心删错了一个文件,只要该文件的物理块还未被破坏,就可以使用专门的软件来进行恢复。曾经有网友在网上发帖子求助"大吵一架后把男朋友的博士论文给删了,还有办法挽回吗?"如果她学过操作系统的话就会知道,这是可以挽回的。

如果要把一个文件从一个目录移动到另一个目录,那么通常的做法就是把旧的目录项删除,然后在新的目录表格中添加一行。换言之,这个操作只涉及目录项的修改,而不会对文件的内容进行复制和删除。读者可以在自己的计算机上做一个小实验,把一个巨大的文件(如大小为 10GB 的文件)从一个目录移动到另一个目录,这时就会发现这个操作完成的速度非常快,片刻就结束了。这里的原因就是因为移动一个文件只涉及目录项的修改,并不涉及文件的内容,因此与文件的大小无关。当然,这里有一个前提条件,就是移动文件的操作必须是在同一个磁盘分区上进行,不能跨分区。

总之,对于上述这些操作,基本上都是对文件的属性进行访问,而不会涉及文件的内容。因此,当这些操作完成后,在硬盘上,只有相关的目录项的内容发生了变化,而文件的数据块的内容不变。

2. 访问文件的内容

下面讨论对文件内容的访问,这就真的需要对文件的数据块进行读写操作了。

首先来看相关的数据结构。数据结构可以分为以下两个部分。

(1) 位于外存上的数据结构。

① 目录结构:用来组织文件,可以通过文件名来寻找相应的文件控制块。

② 文件控制块:记录了文件的各种属性信息和文件在外存的存储信息,即它被保存在哪一些物理块当中。

(2) 位于内存中的数据结构。

① 系统内打开文件表:整个系统只有一张,它记录了在整个系统当中,所有被打开的文件,它们的文件控制块和共享计数值等信息。

② 进程内打开文件表:每一个进程都有这样一张表格,它描述了在进程内部所打开的所有文件,包括每个文件的打开方式、当前读写指针、该文件在系统打开文件表当中的索引等信息。

有的读者可能会问,为什么在内存中要建立两个表格呢?为什么不把这两个表格合二为一,然后用它去记录系统当中所有被打开的文件,这样不就更简单吗?事实上,在系统当中,对于任何一个文件来说,如果在任意一个时刻,只允许一个进程去访问它,这种做法的确是可以的。但如果允许文件的共享,也就是说,允许多个进程同时去访问同一个文件,那么在这种情形下,就应该把这两个表格分开。用系统打开文件表去记录每一个被打开文件的一些共性信息,如文件控制块、共享计数值等。然后用进程打开文件表去记录在各个进程中,每一个被打开文件的一些个性信息,如文件的打开方式、当前读写指针等。另外,由于文件的文件控制块是存放在系统打开文件表中的,因此,在进程文件表的每一个表项中,都要指向相应的系统文件表表项。

例如,在图 6.18 中,有两张进程打开文件表和一张系统打开文件表。在进程 P1 的打开文件表中,记录了该进程所打开的所有文件。每一行表示一个文件,包括该文件的打开方式,如只读、可读可写等。还包括文件读写指针,即进程 P1 在打开了该文件后,经过一段时间的读写操作,目前读写指针位于文件的什么位置。对于进程 P2,它的打开文件表也是类似的。

从图 6.18 中可以看出,有一个文件在进程 P1 中被打开了,然后又在进程 P2 中被打开了,也就是说,有两个进程在同时对这个文件进行访问。因此,在系统打开文件表中,该文件的共享计数值为 2。当然,这两个进程的打开方式可以是不同的,当前的读写指针也可以是不同的。事实上,它们对该文件的访问是相互独立的。

读者可以回忆一下,在第 2 章中曾经讲过,进程控制块(PCB)主要包括三方面的内容,即进程管理方面的内容、存储管理方面的内容和文件管理方面的内容。而现在所说的进程内打开文件表,就属于文件管理方面的内容。该表格即保存在进程的 PCB 中,或者是保存在内存的另外一个位置,然后将其地址记录在 PCB 中。

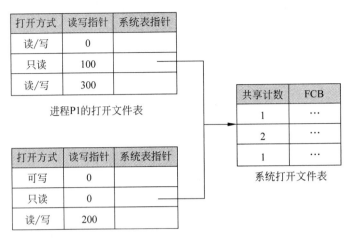

图6.18　进程和系统打开文件表

3. 打开文件

任何一个文件在使用之前都必须先打开，只有在打开文件以后，才能对它进行属性访问和读写等操作。那么为什么文件在使用之前先要打开呢，所谓打开文件，到底是做什么呢？

在"阿里巴巴与四十大盗"的故事中，强盗们把搜刮来的金银珠宝藏在了一个山洞里，山洞有门，如果念对了咒语，门就会自动打开，这个咒语就是"芝麻开门"。阿里巴巴偷听到了这个咒语，于是趁强盗们不在的时候打开了山洞的大门，拿走了这些财物。那么所谓的打开文件，是不是也是这个意思？数据藏在一间房间里，打开文件就好比是打开了房间的大门，然后就可以进去读写数据了？其实不是的。如前所述，文件是以数据块为单位存放在硬盘上，而整个硬盘都是对外敞开的，只要知道数据块的地址，就可以去访问。也就是说，这里是没有房间也没有大门的，但问题在于，硬盘上的物理块太多了，容易迷路，所以首先得弄清楚，需要访问的那些数据块到底是存放在哪一些物理块当中。因此，所谓的打开文件，类似于先去找到一张藏宝图，上面标明了每一处的金银财宝存放在什么地方，然后才能按图索骥，这张藏宝图就是文件控制块。

打开一个文件的系统调用一般为如下形式：

fd = open(文件路径名,打开方式);

对于程序员来说，他在编程时需要做的事情就是调用这个函数。而对于文件系统来说，它是如何来实现这个系统调用的呢？我们把整个过程归纳为如下一种算法的形式。

（1）文件系统会调用目录结构方面的服务功能，根据文件的路径名一层层地去查找各级目录结构，直到找到该文件所在的目录项。

（2）根据文件的打开方式和共享说明等信息检查这次访问的合法性，如果不合法，则没有必要再继续下去，直接返回一个出错编码。

（3）查找系统内打开文件表，看看该文件是否已经被其他进程打开。如果是，说明该文件的文件控制块已经在内存中，因此就直接把它的共享计数值加1，然后转第（4）步；如果不是，说明这是第一次打开该文件，因此要把它的文件控制块从外存读入到内存，并保存在系统打开文件表的某个空闲的表项中，然后把共享计数值初始化为1。

（4）在进程打开文件表中增加一项，填写该文件的访问方式、当前读写指针等。一般来说，在刚刚打开一个文件时，读写指针是指向文件的起始位置。另外，在这个表项中还要记录该文件在系统打开文件表中的相应表项，用一个指针来指向它。

（5）返回一个指针给 fd，指向进程打开文件表当中的相应表项，以后的文件操作均通过该指针来完成。

图 6.19 是上述算法的一个示意图。

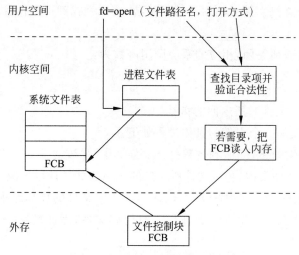

图 6.19　打开一个文件示意图

在打开一个文件的过程中，第一步是目录搜索，即根据文件的路径名一层层地去查找各级目录结构，直到找到该文件所在的目录项，如图 6.20 所示即为一个例子。

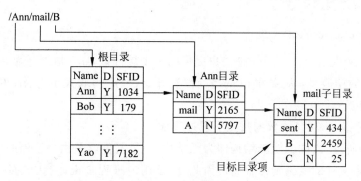

图 6.20　目录搜索

在图 6.20 中，假设需要打开的文件的路径名为"/Ann/mail/B"，即该文件的名字为 B，它是位于根目录下的 Ann 子目录下的 mail 子目录当中。当文件系统获得这个路径名以后，首先会把根目录的内容读进来。根目录的实现方式不太一样，有的是以文件的形式存在，有的则是存放在硬盘的固定位置，这里假设是后者，于是去该位置把根目录的内容读进来，然后在里面查找 Ann 子目录。在相应的目录项中，存放了一个地址信息，即 Ann 子目录文件的 FCB 的地址。注意，Ann 目录在具体实现时也是以文件的形式存在，因此需要把这个文件的内容读进来，然后在里面查找 mail 子目录。那么如何把 Ann 子目录文件的内容读进来呢？在根目录的相应目录项中，能够得到 Ann 子目录文件的 FCB 地址，即 1034，然后去读取硬盘的第 1034 个数据块，把 Ann 子目录文件的 FCB 读入内存。根据 FCB 中的地址映射信息（即每一个逻辑块存放在哪一个物理块当中），可以把 Ann 子目录文件的每一个数据块读入内存，这样就构成了完整的 Ann 子目录文件的内容。然后再到里面去查找 mail 子目录，找到相应的目录项，里面存放了 mail 子目录文件的 FCB 的地址，这样就能把它的 FCB 读入内存。然后根据 FCB 中的地址映射信息，把 mail 子目录文件的内容读入内存。然后再到里面去查找文件 B 所对应的目录项，这样就找到了目标目录项。

4．关闭文件

文件在使用完后必须关闭，相应的系统调用函数为：

close(fd);

其中，fd 即为打开文件时所返回的指针。

对于文件系统，关闭一个文件的具体过程如下。

（1）根据用户提供的参数 fd，到进程打开文件表中，将该文件所对应的表项删除。

（2）到系统打开文件表中，将该文件所对应的表项的共享计数值减 1。如果该值仍然大于 0，这说明还有其他进程在使用该文件，因此本次关闭文件的操作结束，直接返回；否则，如果该值等于 0，这说明已经没有其他进程在使用该文件，因此转第（3）步，进行一些收尾工作。

（3）如果有的文件信息被更新过，那么就要把它们写回到硬盘的目录结构中，然后把系统打开文件表中的相应表项删除。

5．读文件

读文件的系统调用函数为：

int read(fd,userBuf,size);

其中，fd 是文件指针，userBuf 是用户提供的一个缓冲区，size 是需要读取的字节数。因此，read() 函数的功能是：从文件 fd 的当前位置开始，顺序读取大小为 size 的数据块，并保存在 userBuf 中。

对于文件系统，read() 函数的具体实现过程如下。

首先，如前所述，文件的逻辑结构即为无结构，一个文件就是由一系列的字节所组成的，这个字节流就是文件的逻辑地址空间。因此，对于用户进程来说，它在访问一个文件时，通常所做的事情就是从文件的当前位置开始，顺序地读取若干字节，如图 6.21 所示。

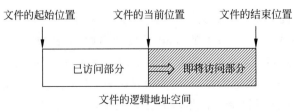

图 6.21　文件的读操作

当然,文件的访问方式也可以是随机访问,在访问一个文件时,并不需要每一次都从起始位置开始,而是可以通过修改文件的读写指针,直接指向中间的某个位置。例如,对于下列语句:

```
lseek(fd,50,SEEK_SET);
```

它可以把文件的读写指针直接修改为从起始位置开始的第 50 字节,这样一来,如果后面再对文件进行读写操作的话,那么文件的当前位置就是第 50 字节。

文件的当前位置这个信息存放在进程打开文件表的相应表项中,文件系统通过 fd 去访问进程打开文件表,就可以把这个信息取出来。

其次,文件系统根据文件的当前位置和需要读取的字节数,可以知道这段区间在逻辑地址空间中的位置,并计算出相应的逻辑块号和块内偏移。这个计算是比较简单的,由于整个逻辑地址空间被切分为相同大小的逻辑块,因此,对于任意一个逻辑地址,只要把它除以块的大小,得到的商就是它所在的逻辑块号,余数就是它在该逻辑块中的偏移地址。这与"给定逻辑地址,计算相应的逻辑页面号和页面偏移"的计算方法是完全相同的。另外,由于即将读取的是一段区间而不是一字节,因此,它所涉及的逻辑块可能有多个,这取决于这段区间的长度,也取决于它的起始位置。例如,同样是读取 100B,如果这 100B 的起始地址是位于某个逻辑块的起始位置,那么可能就只涉及一个逻辑块;如果这 100B 的起始地址是位于某个逻辑块的末尾,那么这段区间就可能会超出该逻辑块的边界,从而进入相邻的下一个逻辑块;如果这 100B 的起始地址是位于整个文件的末尾附近,离文件末尾只剩下几字节,那么这段区间就会超出文件的有效范围。

最后,根据系统打开文件表中的相应表项去访问该文件的 FCB,由此可知该文件的各个逻辑块在外存上的存储位置,然后以块为单位来访问外存,把每一个所涉及的数据块都读入来。然后再根据块内偏移地址,截取或拼接出所需的 size 字节。

例如,假设数据块的大小为 4000B,文件的当前位置为 3950,然后用户程序发出如下的系统调用:

```
read(fd,buf,100);
```

即从文件 fd 的当前位置读入 100B 的数据,保存在数组 buf 当中。那么这个系统调用的执行过程是怎么样的呢?

由于文件的当前位置是 3950,然后从该位置开始读入 100B,因此,这就相当于是要读取该文件的 3950～4050 这一段的内容。如图 6.22 所示,这段区间是位于两个相邻的逻辑块当中,即第 0 个和第 1 个逻辑块。准确地说,这段区间是第 0 个逻辑块末尾的 50B 和第 1 个逻辑块开始的 50B。

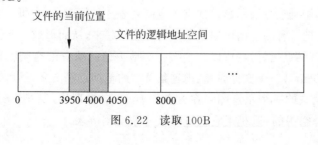

图 6.22　读取 100B

接下来,文件系统可以去查询 FCB 中的地址映射表,找到第 0 个逻辑块和第 1 个逻辑块在外存上的存储位置,即相应的物理块号。然后就可以命令设备驱动程序去磁盘上把这两个数据块读进来。在读进来之后,还要再处理一下。因为读进来的是完整的数据块,总共有两个数据块即 8000B,而用户需要的仅仅是其中的一部分,即 100B。因此,需要把这一部分内容单独挑出来,然后复制到用户提供的缓冲区 buf 中。

除了以上介绍的 open()、close() 和 read() 函数,在文件系统中,还有其他一些相关的系统调用函数,如创建文件、写文件、添加文件和文件定位等,这里就不一一介绍了。

6.3.5 空闲空间管理

在实现一个文件系统时,还有一个重要的问题就是空闲空间的管理。这有点类似于存储管理当中的空闲内存空间的管理,只不过这里管理的是空闲的磁盘空间。为了记录磁盘上的空闲空间,系统会维护一个空闲空间的列表,它记录了磁盘上所有的空闲物理块。在具体实现这个空闲列表时,主要有三种方法,即位图法、链表法和索引法。

1. 位图法

所谓位图法,是指用位图来表示磁盘的空闲空间列表。具体来说,把磁盘上的每一个物理块用 1 个位来表示。如果该物理块是空闲的,则相应位的值就为 1;如果该物理块已经被分配,则相应位的值就为 0。因此,如果磁盘上有 N 个物理块,那么就对应于 N 个位。然后将这些连续的位流分隔为一个个的字节,每 8 位为一字节。再把这些字节组织成一个个的字,每个字可能是 2B 或 4B,这样就得到了相应的位图。

如何根据这个位图来寻找磁盘上的第一个空闲物理块呢? 方法很简单,就是从位图的第一个字出发,一直往下找,直到找到第一个不为 0 的字。如果某个字等于 0,这说明它里面的每一位都等于 0,即相应的物理块都已经被占用。在找到第一个不为 0 的字以后,可以根据下列公式来计算磁盘的第一个空闲物理块的编号:

$$值为 0 的字个数 \times 字长 + 首个 1 的字内偏移量$$

需要说明的是:位图本身是存放在磁盘上的,因此它也要占用磁盘空间。假设磁盘的大小为 16GB,每个物理块的大小为 1KB,则整个位图需要的位数为:

$$2^{34} / 2^{10} = 2^{24}$$

2^{24} 个位相当于 2MB 或 2048 个物理块。

位图法的优点是:在位图中连续的若干个位,它们所对应的物理块也是连续的。因此把它们分配给一个文件以后,这个文件在磁盘上的存储位置就比较连续。这样一来,在访问这些物理块时,磁头臂的移动就比较少,读写速度就比较快。

2. 链表法

所谓链表法,即用链表来表示磁盘的空闲空间列表。具体来说,在每一个空闲的物理块上都有一个指针,然后把所有的空闲块通过这个指针连接起来,从而形成一条链表。文件系统只要记住这条链表的首结点指针,就可以一个接一个地去访问所有的空闲物理块。当系统需要分配一个空闲物理块给某一个文件时,就把这条链表的首结点摘下来,然后分配出去。

图 6.23 是链表法的一个示意图。在磁盘上有 12 个物理块,其中,第 1、第 2、第 5、第 8 和第 10 个物理块是空闲的,系统把它们链接成一条空闲链表。

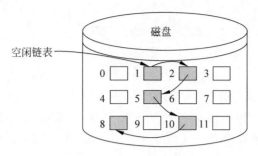

图 6.23   链表法示意图

3. 索引法

索引法是对链表法的一种修改。也就是说,它不是把系统中的所有空闲物理块链接成一条链表,而是单独预留少量的一些空闲物理块,把它们链接成一条链表。这些物理块本身并不参与分配,而是专门用来记录系统中所有空闲物理块的编号,或者叫索引。读者可以这样来理解:对于每一个空闲的物理块,可以看成是一个空箱子。对于普通的箱子来说,它里面装的是货物,即用户文件的内容。但有那么一些特殊的箱子,它们里面装的不是数据,而是一些索引,即另外一些空箱子的编号。这些特殊的箱子就构成了链表当中的各个结点。

当系统运行时,会把这条链表当中的某一个结点(即一个物理块)装入到内存。然后,如果有一个文件需要申请磁盘空间,那么就把该结点所包含的空闲物理块编号分配给这个文件。反之,如果有一个文件被删除、其磁盘空间被释放,那么就把它释放的空闲物理块编号装入到该结点中。另外,如果这个结点已经装满了,而此时又有新的磁盘空间被释放,在这种情形下,就要把这个结点写回到磁盘,并且调入新的结点。反之,如果该结点所包含的空闲物理块已经全部分配出去,它已经空了,而此时又有新文件需要申请磁盘空间,在这种情形下,也要把这个结点写回到磁盘,并且调入新的结点。

图 6.24 是索引法的一个示意图。假设在磁盘上总共有 18 个物理块,其中,第 4、第 5、第 8、第 9、第 10、第 12、第 14、第 16 和第 17 个物理块是空闲的。而第 1、第 2 和第 7 个物理块是特殊的,它们被链接成一条链表,而且本身并不参与分配。在这些链表结点当中,记录了系统中所有空闲物理块的编号。例如,在第 1 个物理块中,记录了 3 个空闲物理块的编号,即 4、5 和 8。事实上,一个物理块的编号一般需要用 4B 来表示。因此,如果物理块的大小为 1024B,那么在一个块当中,就可以存放 1024/4＝256 个空闲物理块的编号。当然,准确地说应该是 255 个,因为还要预留出 4B 来作为指针,指向链表的下一个结点。

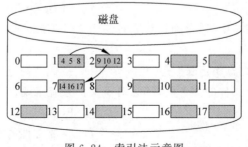

图 6.24   索引法示意图

习 题

一、单项选择题

1. 文件系统的主要目的是(　　　)。

    A. 实现对文件的按名存取　　　　　　　B. 实现虚拟存储

    C. 提高外存的读写速度　　　　　　　　D. 用于存储系统文件

2. 文件系统是指(　　　)。

    A. 文件的集合

    B. 文件的目录

    C. 实现文件管理的一组软件

    D. 文件、管理文件的软件及数据结构的总体

3. 在现代操作系统中,文件的逻辑结构普遍采用的是(　　　)。

    A. 记录结构　　　　B. 无结构的字节流　C. 树状结构　　　　D. 索引结构

4. 用户把其用 C 语言编写的一个源程序作为文件保存,这个文件是一个(　　　)。

    A. 流式文件　　　　B. 记录式文件　　　C. 顺序文件　　　　D. 树状文件

5. 下列关于文件系统中树状目录结构的叙述中,(　　　)是错误的。

    A. 可以解决文件重名问题

    B. 文件名可以是绝对路径名或相对路径名

    C. 有利于文件分门别类存储

    D. 目录结构层次较多,不能提高文件检索速度

6. 文件系统中,文件访问控制信息存储的合理位置是(　　　)。

    A. 文件控制块　　　B. 文件分配表　　　C. 用户口令表　　　D. 系统注册表

7. 在文件系统内部,磁盘上的文件是以(　　　)为单位来进行读写的。

    A. 块　　　　　　　B. 记录　　　　　　C. 柱面　　　　　　D. 磁道

8. 在下列文件的物理结构中,不利于文件长度动态增长的是(　　　)。

    A. 索引结构　　　　B. 链表结构　　　　C. 连续结构　　　　D. FAT 表

9. 假设要访问一个文件最末尾的那个数据块,那么在下列文件的物理结构中,访问速度最慢的是(　　　)。

    A. 顺序结构　　　　　　　　　　　　　　B. 索引结构

    C. 链表结构　　　　　　　　　　　　　　D. 带有 FAT 表的链表结构

10. 下列文件物理结构中,适合随机访问且易于文件扩展的是(　　　)。

    A. 连续结构　　　　　　　　　　　　　　B. 索引结构

    C. 链式结构且磁盘块定长　　　　　　　　D. 链式结构且磁盘块变长

11. 如果修改了一个文件的文件名,那么对于文件系统来说,(　　　)会发生变化。

    A. 目录项　　　　　　　　　　　　　　　B. FCB

    C. FAT 表　　　　　　　　　　　　　　　D. 存放文件的数据块

12. 一般来说,文件名及属性可以收纳在(　　　)中以便查找。

    A. 目录　　　　　　B. 索引　　　　　　C. 字典　　　　　　D. 作业控制块

13. 在文件系统中,可以设定一个"当前工作目录",这样,在访问某个文件或目录时,可以采用相对于当前工作目录的部分路径名。请问,设置"当前工作目录"的主要目的是( )。

A. 节省外存空间　　　　　　　　B. 节省内存空间

C. 加快文件的检索速度　　　　　D. 加快文件的读写速度

二、填空题

1. _____当中存放了一个文件的所有管理信息,是文件存在的标志。

2. 在文件系统中,文件的属性信息(如文件大小、创建时间和是否只读等)存放在_____。

3. 目录如何存放在磁盘上? _____。

4. 目录项的内容包括: _____。

5. 在文件系统的内部,是以_____为单位来进行数据处理的。

6. 如果一个文件的大小是 10B,那么它所占用的磁盘空间也是 10B,这种说法对吗? _____。

7. 如果文件系统采用的是带有文件分配表 FAT 的链表结构,那么对于每一个文件来说,它的第一个数据块的物理地址存放在_____。

8. 在文件的三种物理结构当中,不利于文件长度动态增长的是: _____。

9. 在操作系统中,存储管理研究的是进程在内存的存放方式,而文件的物理结构描述的是文件在磁盘上的存放方式,这两者有一些相似的地方。请问:文件的连续结构对应于哪一种存储管理技术? _____。

10. 在文件系统的内部,使用了两张表格,即系统内打开文件表和进程内打开文件表,对于进程内打开文件表,它主要包括_____、_____和系统文件表指针等内容。

11. 如何来管理磁盘上的空闲空间? 请给出两种具体的实现方法: _____和_____。

三、简答题

1. 在文件系统中,目录是以什么形式存放在磁盘上的? 目录的属性信息(如读写权限、隐藏标志、最近访问时间和文件长度等)存放在什么地方? 每个目录项中的内容是什么?

2. 文件的物理结构主要有三种类型,其中一种是链表结构。请叙述链表结构的基本思想,以及它的主要缺点。

3. 在同一个磁盘分区当中,进行如下的两个操作:第一个操作是把一个文件从一个目录移动到另一个目录;第二个操作是把同一个文件从一个目录复制到另一个目录。请问,是第一个操作的速度快,还是第二个操作的速度快,还是两者的速度相当? 为什么?

4. 很多操作系统都提供了文件重命名的功能,能把一个文件赋予一个新名字。假设在磁盘上有一个文件,其路径名为"C:\temp\old. txt",现在用户想把它修改为"C:\temp\new. txt",请简要描述一下,文件系统将如何实现这个操作? 在这个操作的实现过程中,有哪些数据结构发生了变化?

5. 许多操作系统提供文件重命名的功能,在具体实现时,一种方法是直接赋予文件一

263

第6章

文件系统

个新名字,另一种方法是对文件进行复制,并给复制文件起一个新名字,然后删除旧文件,请问哪一种方法更快? 这两种实现方法有何不同?

6. 打开一个文件的系统调用为:fd=open(文件路径名,打开方式),请叙述这个系统调用的实现过程。

7. 文件系统的一个功能就是对外提供一组系统调用函数,程序员正是通过这组函数来访问磁盘上的文件。如果让你来设计一个文件系统,那么你应该如何来实现其中的 write() 系统调用? 例如,假设用户程序发出一个系统调用:

        write(fd,userBuf,100);

即往文件 fd 中写入 100B 的数据,这些数据目前存放在用户空间的缓冲区 userBuf 中,那么这个系统调用的实现过程是怎样的?

四、应用题

有一个文件系统如图 6.25 所示,图 6.25 中的方框表示目录,圆圈表示普通文件。根目录常驻内存,目录文件组织成链接文件,不设文件控制块。普通文件组织成索引文件。目录表目指示下一级文件名及其磁盘地址(各占 2B,共 4B)。若下级文件是目录文件,指示其第一个磁盘块地址;若下级文件是普通文件,指示其文件控制块的磁盘地址。每个目录文件磁盘块最后 4B 供拉链使用。下级文件在上级目录文件中的次序在图中为从左至右。每个磁盘块有 512B,与普通文件的一页等长。

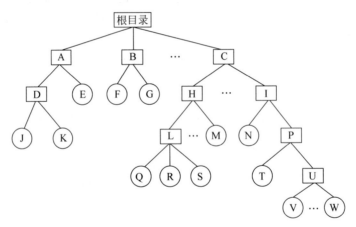

图 6.25 文件系统结构示意图

	该文件的有关描述信息
1	磁盘地址
2	磁盘地址
3	磁盘地址
⋮	⋮
11	磁盘地址
12	磁盘地址
13	磁盘地址

图 6.26 普通文件的文件控制块组织

普通文件的文件控制块组织如图 6.26 所示。其中,每个磁盘地址占 2B,前 10 个地址直接指示该文件前 10 页的物理地址;第 11 个地址指示一级索引表地址,一级索引表中每个磁盘地址指示一个文件页地址;第 12 个地址指向二级索引表地址,二级索引表中每个地址指示一个一级索引表的地址;第 13 个地址指向三级索引表地址,三级索引表中的每个地址指示一个二级索引表地址。

请问:

（1）一个普通文件最多可有多少个文件页？

（2）若要读文件 J 中的某一页，最多启动磁盘多少次？

（3）若要读文件 W 中的某一页，最少启动磁盘多少次？

（4）就（3）而言，为最大限度减少启动磁盘的次数，可采用什么方法？ 此时，磁盘最多启动多少次？

参 考 文 献

［1］ Andrew S T，Herbert B. Modern Operating Systems［M］. 4th Edition. Pearson Education，Inc. ，2015.

［2］ Abrahan S，Peter B G，Greg G. Operating System Concepts［M］. 10th Edition. John Wiley & Sons，Inc. ，2018.

［3］ Daniel P B，Marco C. Understanding the Linux Kernel［M］. 3rd Edition. O'Reilly Media，Inc. ，2005.

图书资源支持

感谢您一直以来对清华版图书的支持和爱护。为了配合本书的使用，本书提供配套的资源，有需求的读者请扫描下方的"书圈"微信公众号二维码，在图书专区下载，也可以拨打电话或发送电子邮件咨询。

如果您在使用本书的过程中遇到了什么问题，或者有相关图书出版计划，也请您发邮件告诉我们，以便我们更好地为您服务。

我们的联系方式：

地　　址：北京市海淀区双清路学研大厦 A 座 714

邮　　编：100084

电　　话：010-83470236　　010-83470237

客服邮箱：2301891038@qq.com

QQ：2301891038（请写明您的单位和姓名）

资源下载：关注公众号"书圈"下载配套资源。

资源下载、样书申请

书 圈

图书案例

清华计算机学堂

观看课程直播